松井秀俊／小泉和之 著
Hidetoshi Matsui　Kazuyuki Koizumi
竹村彰通 編
Akimichi Takemura

統計モデルと推測

Statistical Model and Inference

講談社

「データサイエンス入門シリーズ」編集委員会

シリーズ刊行によせて

人類発展の歴史は一様ではない．長い人類の営みの中で，あるとき急激な変化が始まり，やがてそれまでは想像できなかったような新しい世界が拓ける．我々は今まさにそのような歴史の転換期に直面している．言うまでもなく，この転換の原動力は情報通信技術および計測技術の飛躍的発展と高機能センサーのコモディティ化によって出現したビッグデータである．自動運転，画像認識，医療診断，コンピュータゲームなどデータの活用が社会常識を大きく変えつつある例は枚挙に暇がない．

データから知識を獲得する方法としての統計学，データサイエンスやAIは，生命が長い進化の過程で獲得した情報処理の方式をサイバー世界において実現しつつあるとも考えられる．AIがすぐに人間の知能を超えるとはいえないにしても，生命や人類が個々に学習した知識を他者に移転する方法が極めて限定されているのに対して，サイバー世界の知識や情報処理方式は容易く移転・共有できる点に大きな可能性が見いだされる．

これからの新しい世界において経済発展を支えるのは，土地，資本，労働に替わってビッグデータからの知識創出と考えられている．そのため，理論科学，実験科学，計算科学に加えデータサイエンスが第4の科学的方法論として重要になっている．今後は文系の社会人にとってもデータサイエンスの素養は不可欠となる．また，今後すべての研究者はデータサイエンティストにならなければならないと言われるように，学術研究に携わるすべての研究者にとってもデータサイエンスは必要なツールになると思われる．

このような変化を逸早く認識した欧米では2005年ごろから統計教育の強化が始まり，さらに2013年ごろからはデータサイエンスの教育プログラムが急速に立ち上がり，その動きは近年では近隣アジア諸国にまで及んでいる．このような世界的潮流の中で，遅ればせながら我が国においても，データ駆動型の社会実現の鍵として数理・データサイエンス教育強化の取り組みが急速に進められている．その一環として2017年度には国立大学6校が数理・データサイエンス教育強化拠点として採択され，各大学における全学データサイエンス教育の実施に向けた取組みを開始するとともに，コンソーシアムを形成して全国普及に向けた活動を行ってきた．コンソーシアムでは標準カリキュラム，教材，教育用データベースに関する3分科会を設置し全国普及に向けた活動を行ってきたが，2019年度にはさらに20大学が協力校として採択され，全国全大学への普及の加速が図られている．

本シリーズはこのコンソーシアム活動の成果の一つといえるもので，データサイエンスの基本的スキルを考慮しながら6拠点校の協力の下で企画・編集されたものである．

第 1 期として出版される 3 冊は，データサイエンスの基盤ともいえる数学，統計，最適化に関するものであるが，データサイエンスの基礎としての教科書は従来の各分野における教科書と同じでよいわけではない．このため，今回出版される 3 冊はデータサイエンスの教育の場や実践の場で利用されることを強く意識して，動機付け，題材選び，説明の仕方，例題選びが工夫されており，従来の教科書とは異なりデータサイエンス向けの入門書となっている．

今後，来年春までに全 10 冊のシリーズが刊行される予定であるが，これらがよき入門書となって，我が国のデータサイエンス力が飛躍的に向上することを願っている．

2019 年 7 月

北川源四郎
（東京大学特任教授，元統計数理研究所所長）

昨今，人工知能 (AI) の技術がビジネスや科学研究など，社会のさまざまな場面で用いられるようになってきました．インターネット，センサーなどを通して収集されるデータ量は増加の一途をたどっており，データから有用な知見を引き出すデータサイエンスに関する知見は，今後，ますます重要になっていくと考えられます．本シリーズは，そのようなデータサイエンスの基礎を学べる教科書シリーズです．

2019 年 3 月に発表された経済産業省の IT 人材需給に関する調査では，AI やビッグデータ，IoT 等，第 4 次産業革命に対応した新しいビジネスの担い手として，付加価値の創出や革新的な効率化等などにより生産性向上等に寄与できる先端 IT 人材が，2030 年には 55 万人不足すると報告されています．この不足を埋めるためには，国を挙げて先端 IT 人材の育成を迅速に進める必要があり，本シリーズはまさにこの目的に合致しています．

本シリーズが，初学者にとって信頼できる案内人となることを期待します．

2019 年 7 月

杉山　将
（理化学研究所革新知能統合研究センターセンター長，東京大学教授）

巻 頭 言

情報通信技術や計測技術の急激な発展により，データが溢れるように遍在するビッグデータの時代となりました．人々はスマートフォンにより常時ネットワークに接続し，地図情報や交通機関の情報などの必要な情報を瞬時に受け取ることができるようになりました．同時に人々の行動の履歴がネットワーク上に記録されています．このように人々の行動のデータが直接得られるようになったことから，さまざまな新しいサービスが生まれています．携帯電話の通信方式も現状の4Gからその100倍以上高速とされる5Gへと数年内に進化することが確実視されており，データの時代は更に進んでいきます．このような中で，データを処理・分析し，データから有益な情報をとりだす方法論であるデータサイエンスの重要性が広く認識されるようになりました．

しかしながら，アメリカや中国と比較して，日本ではデータサイエンスを担う人材であるデータサイエンティストの育成が非常に遅れています．アマゾンやグーグルなどのアメリカのインターネット企業の存在感は非常に大きく，またアリババやテンセントなどの中国の企業も急速に成長をとげています．これらの企業はデータ分析を事業の核としており，多くのデータサイエンティストを採用しています．これらの巨大企業に限らず，社会のあらゆる場面でデータが得られるようになったことから，データサイエンスの知識はほとんどの分野で必要とされています．データサイエンス分野の遅れを取り戻すべく，日本でも文系・理系を問わず多くの学生がデータサイエンスを学ぶことが望まれます．文部科学省も「数理及びデータサイエンスに係る教育強化拠点」6大学（北海道大学，東京大学，滋賀大学，京都大学，大阪大学，九州大学）を選定し，拠点校は「数理・データサイエンス教育強化拠点コンソーシアム」を設立して，全国の大学に向けたデータサイエンス教育の指針や教育コンテンツの作成をおこなっています．本シリーズは，コンソーシアムのカリキュラム分科会が作成したデータサイエンスに関するスキルセットに準拠した標準的な教科書シリーズを目指して編集されました．またコンソーシアムの教材分科会委員の先生方には各巻の原稿を読んでいただき，貴重なコメントをいただきました．

データサイエンスは，従来からの統計学とデータサイエンスに必要な情報学の二つの分野を基礎としますが，データサイエンスの教育のためには，データという共通点からこれらの二つの分野を融合的に扱うことが必要です．この点で本シリーズは，これまでの統計学やコンピュータ科学の個々の教科書とは性格を異にしており，ビッグデータの時代にふさわしい内容を提供します．本シリーズが全国の大学で活用されることを期待いたします．

2019 年 4 月

編集委員長　竹村彰通
（滋賀大学データサイエンス学部学部長，教授）

まえがき

世の中の複雑な現象を表現する方法の１つとして，数理モデルを用いる方法がある．例えば，物体の動きを表現した運動方程式や，物体における熱の移動を表現した熱方程式は，物理現象を表現するための物理モデルである．これらの方程式は，実際の現象のメカニズムが明らかになった上で導出されたものである．しかし，世の中のすべての現象がこのような形で明らかにされているとは限らない．あるいは，現象が複雑すぎて，それを厳密に物理モデルとして表現しても現象の解釈や説明が困難な場合もある．

これに対して，現象から得られる観測に基づいて，現象を表現する数式を仮定する数理モデルが，統計モデルである．観測されたデータからこのモデルを推定することで，たとえ実際の現象が未知であったり複雑であったりしても，その関係性を数式を用いて近似的に明らかにできると期待される．この意味で，物理モデルは演繹モデル，統計モデルは帰納モデルともよばれる．本書では，世の中のさまざまな現象を表すための統計モデルとして，基本的なものを取り上げる．また，統計モデルは，一般的にパラメータとよばれる値によってその特徴が規定されており，この値はデータに基づいて決定される．これらの方法についても学習する．

統計モデリングは，一般的に次の流れに従って行われる．

1. 分析目的にかない，かつ現象をよく表現していると考えられる統計モデルを設計する．
2. 設計した統計モデルに含まれるパラメータを推定するための方法を選択する．
3. パラメータを推定するための最適化アルゴリズムを実行する．
4. 推定されたパラメータにより定まったモデルの良さを，何らかの基準で評価する．
5. 1.〜4. を，さまざまなモデルに対して繰り返し行い，4. において最適と判定されたものを最適なモデルとみなす．

近年では，上記の流れがある程度自動化された機械学習の手法やツールが開発されており，その精度も向上している．しかし，実際の現象やデータの構造に即し，かつ解釈しやすいモデルを得るためには，データが発生された背景に基づき統計モデルを設計することが重要である．そしてこの点は，少なくとも現在では計算機による自動化は困難であり，人間による判断が必要であると考えている．

本書は，数字の羅列として与えられたデータと統計モデルとを繋げ，データの構造を説明するために必要な知識や方法について紹介するものである．1 章から 3 章では，続く 4 章以降で用いられる確率分布や統計的推定，仮説検定の考え方について紹介する．そして 4 章から 7 章では，データが観測されたとき，それらの関係性や特徴を表現するための統計モデルと，データからモデルを推定する方法について紹介する．1 章では，データの分布を数学的に表現した確率分布として，データの種類に応じたさまざまなものを紹介する．2 章では，データから統計モデルに含まれるパラメータを決定するために必要な統計的推定について，その基礎を学び，続く 3 章では，統計的仮説検定の考え方について学ぶ．4 章では，2 種類の変数が与えられたとき，これらの変数間の関係を表現するためのモデルである線形回帰モデルについて紹介する．5 章では，データとして比率やラベルが与えられたとき，これらと特徴量との関係を明らかにするためのロジスティック回帰モデルについて述べる．そして 6 章では，線形回帰モデルやロジスティック回帰モデルを包含した，より広い枠組みの回帰モデルである一般化線形モデルについて紹介する．最後に 7 章では，1 章で紹介した確率分布を複数融合させることで，より複雑な確率分布を構成する混合分布モデルについて紹介する．これらを読み進めながら，前述の 1.〜4. との対応付けを意識することで，より深い理解への助けになるのではと考えている．

確率分布や統計モデル，およびその推定方法を理解する上で，数学的知識は必須である．本書は，大学初年次で学習する微分積分・線形代数や，確率の知識を前提としているため，これらの履修が終了した大学 2 年次以降を対象読者として想定している．なお，本書で扱う数学については，同シリーズの「データサイエンスのための数学」を参考にすれば十分にカバーできる内容である．また，各章では統計解析ソフトウェア R によるデータの分析例およびプログラムも掲載している．実際にこれらのプログラムを実行することで，理解の一助になれば幸いである．

最後に，本書を執筆する機会を頂いた，本シリーズの編集委員長である滋賀大学の竹村彰通教授に御礼を申し上げる．また，査読者である東京大学の小川光紀講師，統計数理研究所の二宮嘉行教授からは本書の質の向上のために貴重なコメントをいただいた．さらに，滋賀大学の高柳昌芳准教授には隅々まで文章を確認いただいた．講談社サイエンティフィクの大塚記央氏，横山真吾氏，瀬戸晶子氏には本書の出版にあたり多大なるご協力をいただいた．この場を借りて心より感謝申し上げる．

松井秀俊・小泉和之

目 次

第5章 ロジスティック回帰モデル 114

第6章 一般化線形モデル 140

第 1 章 確率分布

現象を合理的に説明するためには，その現象が発生する頻度を定量化できる確率を用いると便利である．本章では，確率とは何かを簡単に説明するとともに，起こりうる現象を変数として扱う確率変数，そして，その現象の起こりやすさを定量化した確率分布について紹介する．特にここでは，統計モデルとして用いられることの多い確率分布を中心に扱う．また，それら確率分布の中心的位置や散らばりの程度を表す期待値および分散，そして分布を決定的に特徴づける積率母関数についても紹介する．

1.1 確率変数と確率

確率変数 (random variable) は，数学などで扱う関数における変数とは異なり，値それぞれの起こりやすさ (頻度) の情報まで保有した変数のことである．実際の問題では，サイコロの出目や明日の天気といった不確実性を伴う現象 (事象) に対して，その値と起こりやすさを 1 つの変数に対応付けるために用いられる．確率変数は整数値を扱うか実数値を扱うかの区別は必要となるが，それは以降の演算の都合のみで区別されるものであって，基本的には同じものとして考えればよい．

一般的に，確率変数は X のように大文字で表し，X に関して実際に観測された値を小文字 x で表す．この x のことを**実現値** (realization) あるいは観測値とよぶ．そして，確率変数 X の実現値 x の起こりやすさを**確率** (probability) とよび，$\Pr(X = x)$ と表す．例えば，6 面サイコロを 1 度投げるという試行を考えたとき，

確率変数 X は 1 から 6 の整数値を取りうるサイコロの出目に対応し，実現値として 6 の目が出る確率は，(サイコロが公平であれば) $\Pr(X=6)=1/6$ である．

1.2 離散型確率変数

確率変数 X が整数値のような離散的な値をとるとき，X を**離散型確率変数** (discrete random variable) とよぶ．確率変数がとりうる値とその確率を総合的に対応させる場合は，次のように確率を実現値 x の関数として表すとよい．

$$f_X(x) \equiv \Pr(X=x)$$

この $f_X(x)$ を確率変数 X の**確率関数** (probability function) とよぶ．ここに，"≡" は "定義する" ことを表す．確率関数と，確率変数が取りうる値をまとめたものを**確率分布** (probability distribution) とよぶ．

確率分布を特徴づけるものとして，中心的な役割を果たす期待値，分布の広がりがどの程度なのかを表す分散，また，それら以外の特徴まで表現できる積率母関数を次のように定義する．

定義 1.1 離散型確率変数 X の期待値

確率関数 $f_X(x)$ をもつ離散型確率変数 X の**期待値** (expectation) $E(X)$ は，

$$E(X)=\sum_x x f_X(x) \tag{1.1}$$

で定義される．ここで $\sum_x$ は起こりうるすべての確率変数の値，つまり，$P(X=x)>0$ をみたす x について和をとることを意味する．

定義 1.2 離散型確率変数 X の分散

確率関数 $f_X(x)$ をもつ離散型確率変数 X の**分散** (variance) $V(X)$ は，

$$V(X)=E[\{X-E(X)\}^2]=\sum_x (x-E(X))^2 f_X(x) \tag{1.2}$$

で定義される.

簡単な計算により,

$$
\begin{aligned}
V(X) &= \sum_x (x - E(X))^2 f_X(x) \\
&= \sum_x x^2 f_X(x) - 2E(X)\sum_x x f_X(x) + \{E(X)\}^2 \sum_x f_X(x) \\
&= \sum_x x^2 f_X(x) - \{E(X)\}^2
\end{aligned}
$$

であることがわかるので, $E(X^k) = \sum_x x^k f_X(x)$ とすれば,

$$
V(X) = E(X^2) - E(X)^2
$$

となることがわかる.

定義 1.3　離散型確率変数 X の積率母関数

確率関数 $f_X(x)$ をもつ離散型確率変数 X の**積率母関数** (moment generating function) $m_X(t)$ は,

$$
m_X(t) = E(e^{tX}) = \sum_x e^{tx} f_X(x) \tag{1.3}
$$

で定義される.

積率母関数の便利な性質として,

$$
m'_X(0) = E(X) \tag{1.4}
$$

$$
m''_X(0) = E(X^2) \tag{1.5}
$$

が成り立つ. このことから, 積率母関数を利用して, これから紹介する確率分布の期待値や分散を求めることもできる. なお, $t = 0$ のときはすべての確率分布に対して $m_X(0) = 1$ となる.

これらを用いて, いくつかの特徴的な離散型確率分布を紹介すると共に, それらの特徴を見てみよう.

1.2.1 一様分布

先に例として挙げたサイコロでは，公平であれば出目が 1 から 6 となる確率は等しく 1/6 である．このように，確率変数が取りうる値，すなわち $\Pr(X=x)>0$ となるような x の確率がすべて等しくなるような確率変数は，(離散型) 一様分布に従うという．

定義 1.4　一様分布

確率変数 X が，n 個の異なる実現値 $x_1,\ldots,x_n$ を取りうる**一様分布** (uniform distribution) に従うとき，X の確率関数 $f_X(x)$ は

$$f_X(x)=\begin{cases}\dfrac{1}{n} & x=x_1,\ldots,x_n\\ 0 & \text{その他}\end{cases}$$

である．このとき，$X\sim U(x_1,\ldots,x_n)$ などと表す．

定理 1.1

一様分布に従う確率変数 $X\sim U\left(x_1,\ldots,x_n\right)$ の期待値，分散および積率母関数はそれぞれ

$$E(X)=\frac{1}{n}\sum_{i=1}^{n}x_i,\ V(X)=\frac{1}{n}\sum_{i=1}^{n}x_i^2-\{E(X)\}^2,$$
$$m_X(t)=\frac{1}{n}\sum_{i=1}^{n}e^{tx_i}$$

で与えられる．特に，$x_i=i\ (i=1,2,\ldots,n)$ のとき，

$$E(X)=\frac{n+1}{2},\ V(X)=\frac{n^2-1}{12},$$
$$m_X(t)=\frac{e^t}{n}\frac{1-e^{tn}}{1-e^t},\quad -\infty<t<\infty$$

となる．

証明 期待値は,

$$E(X) = \sum_{i=1}^{n} x_i \cdot \frac{1}{n} = \frac{1}{n}\sum_{i=1}^{n} x_i$$

となる．また，分散については

$$E(X^2) = \sum_{i=1}^{n} x_i^2 \cdot \frac{1}{n} = \frac{1}{n}\sum_{i=1}^{n} x_i^2,$$

$$V(X) = E(X^2) - \{E(X)\}^2 = \frac{1}{n}\sum_{i=1}^{n} x_i^2 - \{E(X)\}^2$$

として求められる．さらに，積率母関数については,

$$m_X(t) = \sum_{i=1}^{n} e^{tx_i}\frac{1}{n} = \frac{1}{n}\sum_{i=1}^{n} e^{tx_i}$$

となる．

$x_i = i$ の場合は，次のように計算される．

$$E(X) = \frac{1}{n}\sum_{i=1}^{n} i = \frac{1}{n}\frac{n(n+1)}{2} = \frac{n+1}{2},$$

$$V(X) = \frac{1}{n}\sum_{i=1}^{n} i^2 - \{E(X)\}^2 = \frac{(n+1)(2n+1)}{6} - \left(\frac{n+1}{2}\right)^2 = \frac{n^2-1}{12},$$

$$m_X(t) = \frac{1}{n}\sum_{i=1}^{n} e^{ti} = \frac{1}{n}\frac{e^t(1-e^{tn})}{1-e^t}$$

■

1.2.2 ベルヌーイ分布

当たりと外れの入ったくじ引きを行ったとき，当たり (外れ) を引く確率を考えよう．具体的に，10 本のくじのうち当たりが 1 本入っていて外れが 9 本入っているとすると，当たりを引く確率は $1/10 = 0.1$ で，外れを引く確率は $9/10 = 0.9$ である．この例のように，何らかの意味で成功・失敗というような二択の結果が想定

される試行 (ベルヌーイ試行，Bernoulli trial という) において，その成功確率を p $(0 \le p \le 1)$ とし，成功を 1，失敗を 0 としてとるような確率変数 X を考えると，これはベルヌーイ分布とよばれる分布に従う.

定義 1.5　ベルヌーイ分布

確率変数 X が成功確率 p の**ベルヌーイ分布** (Bernoulli distribution) に従うとき，X の確率関数 $f_X(x)$ は，

$$f_X(x) = \begin{cases} p^x(1-p)^{1-x} & x = 0, 1 \\ 0 & \text{その他} \end{cases}$$

である．ただし，$0 \le p \le 1$ である．このとき，$X \sim B(1, p)$ と表現する.

$x = 1$ のとき (成功するとき)，$f_X(1) = p$ であり，$x = 0$ のとき (失敗するとき)，$f_X(0) = 1 - p$ となるので，この定義は不自然なことではないだろう.

この成功確率 p は，コイン投げのように想定される成功確率が明らかな状況を除いては未知である．確率分布におけるこのような値のことをパラメータという．統計学では得られたデータからその成功確率 p の値がどの程度であるかを推測したいことが多い．これは統計的推定とよばれるもので，次章で詳しく説明する.

定理 1.2

ベルヌーイ分布に従う確率変数 $X \sim B(1, p)$ の期待値，分散および積率母関数はそれぞれ

$$E(X) = p,\ V(X) = p(1-p),$$
$$m_X(t) = pe^t + (1-p),\ -\infty < t < \infty$$

で与えられる.

証明 離散型確率変数の期待値は

$$E(X) = \sum_{x=0,1} x f_X(x)$$

として定義されるので，

$$E(X) = 1 \cdot p + 0 \cdot (1-p) = p$$

となる．また，分散については

$$\begin{aligned} E(X^2) &= 1^2 \cdot p + 0^2 \cdot (1-p) = p, \\ V(X) &= E(X^2) - \{E(X)\}^2 = p - p^2 = p(1-p) \end{aligned}$$

として求められる．積率母関数については，

$$m_X(t) = \sum_{x=0,1} e^{tx} f_X(x) = p \cdot e^t + (1-p) \cdot e^0 = pe^t + (1-p)$$

となる．■

1.2.3　2 項分布

前項で述べたくじ引きの例では，くじを 1 回だけ引く状況を想定した．では，このくじ引きを 5 回繰り返したとき，5 回中 2 回当たりを引く確率はどの程度だろうか．この問題は，同一のベルヌーイ試行を n 回繰り返したときに，n 回中 x 回 $(x = 0, 1, 2, \ldots, n)$ 成功する確率を求めることに対応する．これは，真の成功確率 p の事象を n 回繰り返し行っているのだから，成功する割合 x/n が p に近い可能性が最も高いと考えられる．成功回数 x を確率変数 X の実現値とすると，X が従う確率分布は次に紹介する 2 項分布として表現できる．

定義 1.6　2 項分布

確率変数 X が試行回数 n，成功確率 p の **2 項分布** (Binomial distribution) に従うとき，X の確率関数 $f_X(x)$ は，

$$f_X(x) = \begin{cases} {}_nC_x p^x (1-p)^{(n-x)} & x = 0, 1, 2, \ldots, n \\ 0 & \text{その他} \end{cases} \tag{1.6}$$

である．ただし，n は自然数，$0 \leq p \leq 1$ である．2 項分布に従う確率変数は $X \sim B(n, p)$ と表す．

2 項分布がどのような分布になるのかを視覚的に捉えるために，$p = 0.5$，$n = 30$

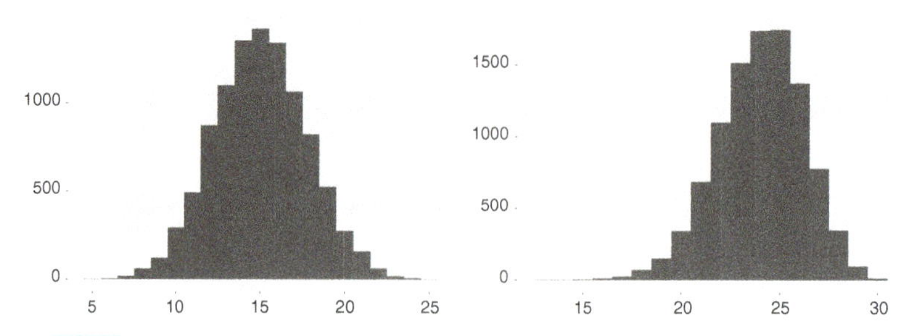

図 1.1　2 項分布のヒストグラム (左) ： $p=0.5, n=30$, (右) ： $p=0.8, n=30$
共に乱数を 1 万個発生させたときのヒストグラム

表 1.1　フリースロー成功率 75% の選手の 1 試合 (8 回) あたりのシュート成功確率

成功回数 (x)	0	1	2	3	4	5	6	7	8
理論確率	0.000	0.000	0.004	0.023	0.087	0.208	0.311	0.267	0.100
累積確率	0.000	0.000	0.004	0.027	0.114	0.321	0.633	0.900	1.000

と，$p=0.8$, $n=30$ の 2 パターンの設定で，計算機を利用して乱数を発生させ，擬似的に 2 項分布に従う確率変数の実現値を得た．これをヒストグラムにしたものが図 1.1 である．擬似乱数とは，コンピュータ上で擬似的にその分布に従う実現値を出力させることである．$p=0.5$, $n=30$ では 30 回中 15 回となる頻度が最も高く，そこから左右対称になっていることがわかる．一方，$p=0.8$, $n=30$ では 30 回中 24, 25 回の頻度が最も高く，左に裾が重い左右非対称な分布となっていることがわかる．

例えば，バスケットボールのフリースローの成功率を考えてみよう．仮に，ある選手のフリースローの実力が約 75% で成功するとしよう．1 試合でフリースローの機会は多くても 8 回程度である．すると，この選手が 1 試合でフリースローを成功させる回数は成功確率 $p=0.75$，試行回数 $n=8$ の 2 項分布 $B(8, 0.75)$ に従う．観戦している側としては，成功率が 75%であることがわかっていれば，この選手のフリースローは大体の場合成功するだろうと思うかもしれない．実際に 8 回中何回成功するかという確率を計算してみると，表 1.1 のようになる．ここで，表中の累積確率は，例えば $x=2$ であれば

$$\Pr(X \leq 2) = f_X(0) + f_X(1) + f_X(2)$$

を意味する．この表からもわかるように，$x=6$ となる確率が 0.311 と最も高い

表 1.2　フリースロー成功率 75% の選手の 1 試合 (4 回) あたりのシュート成功確率

成功回数 (x)	0	1	2	3	4
成功確率	0.000	0.067	0.200	0.467	0.267
理論確率	0.004	0.047	0.211	0.422	0.316

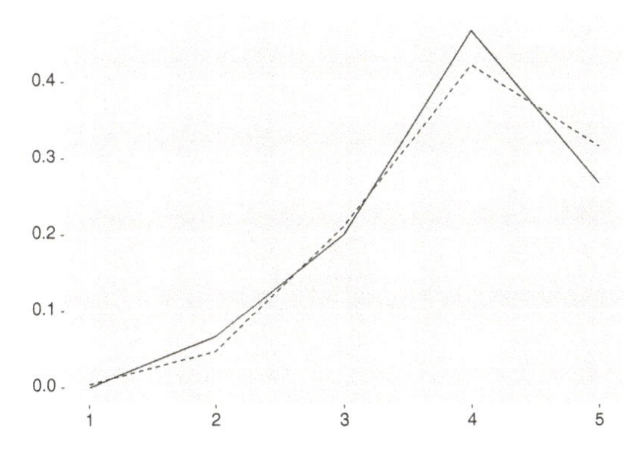

図 1.2　表 1.2 の折れ線グラフ．実線は実際の成功確率，点線は理論確率を表す．

ことがわかる．これは，$0.75 = 6/8$ であることを考えても違和感はないだろうが，それでも実力通りにシュートが決まることは 3 試合に 1 度くらいである．累積確率の観点で見ると，成功数が半分以下になる確率は，$x = 4$ の累積確率より 0.114 であり，9 試合に 1 試合くらいは半分も入らない試合があるということになる．例えば，日本プロバスケットボール B1 リーグは年間で 60 試合であるから，単純に 6 試合くらいはフリースローの成功率が半分以下ということになる．

実際にフリースローの成功率が 75%の選手を例にとって考えてみよう [*1]．実際の試投数は試合ごとで異なるが，1 試合に 4 回フリースローの機会がある場面のみ抽出すると (実際にそのくらいの回数が多かった)，その現象は 2 項分布 $B(4, p)$ に従うと考えられる．真の実力が成功率 $p = 0.75$ であるとすれば，その頻度分布と 2 項分布をもとにした理論確率の関係は，表 1.2 および図 1.2 のようになる．通常，確率関数は棒グラフなどで表現することが多いが，複数の分布を比較する場合には図 1.2 のように折れ線で表現することもある．実際の成功確率は，理論確率に十分近いことがわかる．

[*1] データの出典: 2017-2018 B1 リーグ個人スタッツ https://www.bleague.jp/stats/

定理 1.3

2 項分布に従う確率変数 $X \sim B(n, p)$ の期待値，分散および積率母関数はそれぞれ次で与えられる．

$$E(X) = np,\ V(X) = np(1-p),$$
$$m_X(t) = \{pe^t + (1-p)\}^n,\ -\infty < t < \infty. \tag{1.7}$$

証明 $E(X)$ の定義通りに，

$$\begin{aligned}
E(X) &= \sum_{x=0}^{n} x \times {}_nC_x p^x (1-p)^{n-x} \\
&= \sum_{x=0}^{n} x \times \frac{n!}{x!(n-x)!} p^x (1-p)^{n-x} \\
&= \sum_{x=1}^{n} x \times \frac{n!}{x!(n-x)!} p^x (1-p)^{n-x} \\
&= np \sum_{x=1}^{n} \frac{(n-1)!}{(x-1)!(n-1-(x-1))!} p^{x-1} (1-p)^{n-1-(x-1)} \\
&= np \sum_{l=0}^{n-1} \frac{(n-1)!}{l!(n-1-l)!} p^l (1-p)^{n-1-l} \\
&= np \sum_{l=0}^{n-1} {}_{n-1}C_l\, p^l (1-p)^{n-1-l} \\
&= np
\end{aligned}$$

として求められる．最後の $\sum$ の部分は，2 項分布 $B(n-1, p)$ の確率の総和が 1 となることを利用した．続いて，分散は

$$\begin{aligned}
V(X) &= E(X^2) - \{E(X)\}^2 \\
&= E(X(X-1)) - \{E(X)\}^2 + E(X)
\end{aligned} \tag{1.8}$$

を用いれば，

$$
\begin{aligned}
E(X(X-1)) &= \sum_{x=0}^{n} x(x-1) \times {}_nC_x p^x (1-p)^{n-x} \\
&= \sum_{x=2}^{n} x(x-1) \times \frac{n!}{x!(n-x)!} p^x (1-p)^{n-x} \\
&= n(n-1)p^2 \sum_{l=0}^{n-2} \frac{(n-2)!}{l!(n-2-l)!} p^l (1-p)^{n-2-l} \\
&= n(n-1)p^2
\end{aligned}
$$

であるから，

$$
\begin{aligned}
V(X) &= E(X(X-1)) + E(X) - \{E(X)\}^2 \\
&= n(n-1)p^2 + np - n^2p^2 = np(1-p)
\end{aligned}
$$

となる．また，積率母関数は，

$$
\begin{aligned}
m_X(t) &= \sum_{x=0}^{n} e^{tx} \times {}_nC_x p^x (1-p)^{n-x} \\
&= \sum_{x=0}^{n} {}_nC_x (pe^t)^x (1-p)^{n-x} \\
&= (pe^t + 1 - p)^n
\end{aligned}
$$

となる．ここで，最後の等式については，後述する2項定理 ((1.11) 式) を用いた．

■

1.2.4 ポアソン分布

2項分布 $B(n, p)$ において $\lambda = np$ とおき，λ が一定となるように p を十分小さくし，同時に n を十分に大きくすることで，成功率の低い (偶然性の高い) 現象を表現することができる．このようにして得られる確率分布はポアソン分布とよばれる．成功回数を x ($n \to \infty$ としているので，x は $0, 1, 2, \ldots$ の値をとり上限がない) とすると，ポアソン分布の確率関数は次で表される．

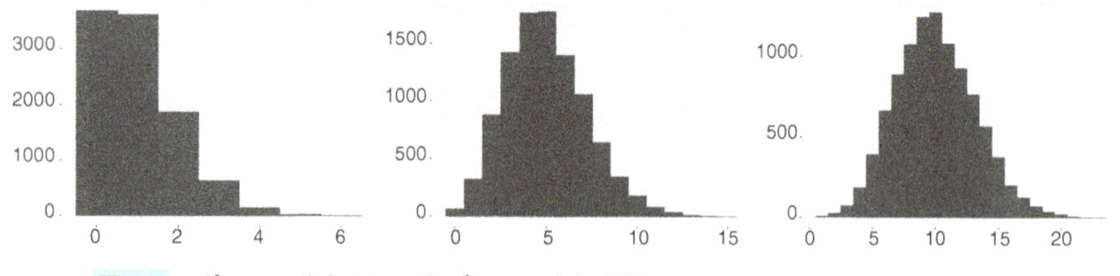

図 1.3　ポアソン分布のヒストグラム．左から順に $\lambda = 1, \lambda = 5, \lambda = 10$ の場合．

定義 1.7　ポアソン分布

確率変数 X がパラメータ λ の**ポアソン分布** (Poisson distribution) に従うとき，X の確率関数 $f_X(x)$ は，

$$f_X(x) = \begin{cases} e^{-\lambda}\dfrac{\lambda^x}{x!} & x = 0, 1, 2, \ldots \\ 0 & \text{その他} \end{cases} \tag{1.9}$$

である．ただし，$\lambda > 0$ である．このとき，$X \sim Po(\lambda)$ と表す．

先の 2 項分布の確率関数から，ポアソン分布の確率関数を導出しよう．2 項分布において，$x = 0$ のとき

$$_nC_0 p^0 (1-p)^{n-0} = (1-p)^n = \left(1 - \frac{\lambda}{n}\right)^n \to e^{-\lambda} \quad (n \to \infty)$$

であることと，$x = 1, 2, \ldots, n$ のとき

$$\begin{aligned} _nC_x p^x (1-p)^{n-x} &= {_nC_x}\left(\frac{\lambda}{n}\right)^x \left(1 - \frac{\lambda}{n}\right)^{n-x} \\ &= \frac{\lambda^x}{x!} \cdot \frac{n}{n} \cdot \frac{n-1}{n} \cdots \frac{n-x+1}{n} \cdot \left(1 - \frac{\lambda}{n}\right)^{-x} \cdot \left(1 - \frac{\lambda}{n}\right)^n \\ &\to \frac{\lambda^x}{x!} e^{-\lambda} \quad (n \to \infty) \end{aligned}$$

となることを合わせれば，(1.9) 式が得られる．

パラメータ $\lambda = 1, 5, 10$ のポアソン分布に従う擬似乱数のヒストグラムを図 1.3 に記す．この図からもわかるように，λ の値が大きくなるにつれて，分布の最頻値が右側にずれていくことがわかる．

ポアソン分布は交通事故や大きな地震が起こる確率など，滅多に発生しない現象

表 1.3　FIFA ワールドカップ 2002 の得点分布

得点 (x)	0	1	2	3	4	5	6	7	8	計
チーム数	36	48	27	13	2	1	0	0	1	128
チーム割合	0.281	0.375	0.211	0.102	0.016	0.008	0.000	0.000	0.008	1.000
ポアソン確率	0.282	0.357	0.226	0.095	0.030	0.008	0.002	0.000	0.000	1.000

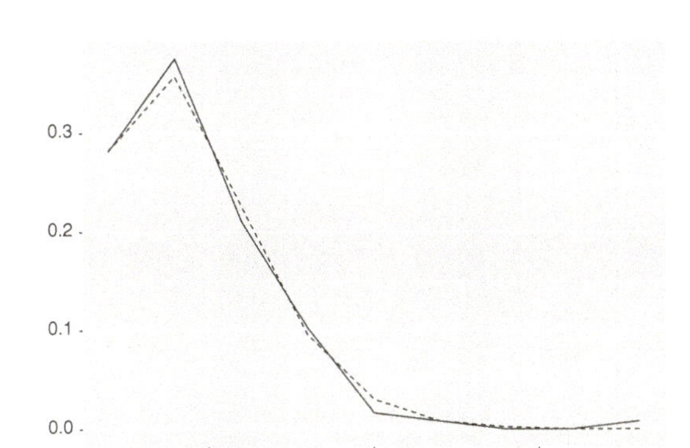

図 1.4　表 1.3 の折れ線グラフ．実線はチーム割合，破線は理論確率を表す．

に対して使われることが多い．他にも，デジタル画像に混入されるノイズのピクセル数やサッカーの得点はポアソン分布に良く当てはまることが知られている．表 1.3 は，2002 年に日韓共同で行われた FIFA ワールドカップの 1 試合あたりの得点をまとめたものである．表 1.3 中のポアソン確率は，パラメータ λ を全チームの平均得点 1.266 とみなし，(1.9) 式より求めた．

定理 1.4

ポアソン分布に従う確率変数 $X \sim Po(\lambda)$ の期待値，分散および積率母関数はそれぞれ

$$E(X) = \lambda,\ V(X) = \lambda,$$
$$m_X(t) = \exp[\lambda(e^t - 1)],\ -\infty < t < \infty$$

で与えられる．

証明　期待値 $E(X)$ については，

$$E(X) = \sum_{x=0}^{\infty} x \times e^{-\lambda}\frac{\lambda^x}{x!} = \lambda \sum_{x=1}^{\infty} e^{-\lambda}\frac{\lambda^{x-1}}{(x-1)!}$$
$$= \lambda \sum_{l=0}^{\infty} e^{-\lambda}\frac{\lambda^l}{l!} = \lambda$$

として求められる．ここで，$l = x - 1$ とおいた．分散については，

$$E(X(X-1)) = \sum_{x=0}^{\infty} x(x-1) \times e^{-\lambda}\frac{\lambda^x}{x!}$$
$$= \lambda^2 \sum_{x=2}^{\infty} e^{-\lambda}\frac{\lambda^{x-2}}{(x-2)!}$$
$$= \lambda^2$$

であるから，

$$V(X) = \lambda^2 + \lambda - \lambda^2 = \lambda$$

となる．また，積率母関数は

$$m_X(t) = \sum_{x=0}^{\infty} e^{tx} \cdot e^{-\lambda}\frac{\lambda^x}{x!} = e^{-\lambda}\sum_{x=0}^{\infty}\frac{(\lambda e^t)^x}{x!}$$
$$= e^{-\lambda} \cdot e^{\lambda e^t} = \exp[\lambda(e^t - 1)]$$

として得られる．ここで，和の計算については，$e^{\lambda e^t}$ のテイラー展開

$$e^{\lambda e^t} = 1 + \frac{1}{1!}\lambda e^t + \frac{1}{2!}(\lambda e^t)^2 + \cdots = \sum_{x=0}^{\infty}\frac{(\lambda e^t)^x}{x!}$$

を用いた． ■

1.2.5 負の 2 項分布

例えば，サッカーにおいてゴールが決まるまでのシュートの回数がどの程度なのかを知りたいときは，次に紹介する負の 2 項分布を用いるのが便利である．

定義 1.8　負の 2 項分布

確率変数 X が成功回数 r, 成功確率 p の**負の 2 項分布** (negative binomial distribution) に従うとき，X の確率関数 $f_X(x)$ は，

$$f_X(x) = \begin{cases} \binom{r+x-1}{x} p^r (1-p)^x & x = 0, 1, 2, \ldots \\ 0 & \text{その他} \end{cases} \tag{1.10}$$

である．ただし，$r > 0, 0 < p < 1$ である．また，$\binom{r+x-1}{x}$ は次のページの (1.11)，(1.12) 式で定義される 2 項係数で，$r+x-1$ が自然数のときは ${}_{r+x-1}C_x$ とみなせる．このとき，$X \sim NB(r,p)$ と表す．

(1.10) 式の x は r 回成功するまでの失敗回数であり，負の 2 項分布は，r 回成功するまでの試行回数 $r+x$ の分布と解釈することが多い．先ほどのサッカーの例では，成功がゴール決定で，繰り返し回数がシュートを打つ回数と解釈すればよい．1.2.3 項で紹介した 2 項分布と設定が似ているが，2 項分布は試行回数が決まっているのに対して，負の 2 項分布は試行回数そのものが確率変数となっている点が大きく異なることに注意したい．2 項係数の表記 $\binom{r+x-1}{x}$ は，以下の証明で必要なため用いている．

定理 1.5

負の 2 項分布に従う確率変数 $X \sim NB(r,p)$ の期待値，分散および積率母関数はそれぞれ

$$E(X) = r\frac{1-p}{p},\ V(X) = r\frac{1-p}{p^2},$$
$$m_X(t) = \left[\frac{p}{1-(1-p)e^t}\right]^r,\ t < \log\frac{1}{1-p}$$

で与えられる．

これらを示すために，2 項定理について触れておく．2 項定理は，r が自然数であれば

$$(a+b)^r = \sum_{x=0}^{r} {}_rC_x a^x b^{r-x} = \sum_{x=0}^{r} \binom{r}{x} a^x b^{r-x} \tag{1.11}$$

である．つまり，2 項係数 $\binom{r}{x}$ は $(a+b)^r$ を展開したときの $a^x b^{r-x}$ の係数である．ここで，(1.11) 式の r の範囲を負にまで拡張したものとして，以下を考える．

$$g(a) = (1+a)^{-r} = \frac{1}{(1+a)^r} = \sum_{x=0}^{\infty} \binom{-r}{x} a^x. \tag{1.12}$$

この式では，$1+a$ のべき乗が負であるため，$|a| < 1$ のとき，べき級数展開することで最右辺のように表すことができる．つまり，べき級数展開後の a^x の係数を一般の 2 項係数と定義すればよい．また，詳細は省くが，このように定義した一般の 2 項係数であっても，パスカル三角形のようなよく知られた性質はそのまま保持されていることも知られている．例えば，$r=1$ のときは

$$\frac{1}{1+a} = 1 - a + a^2 - a^3 + \cdots$$

のように展開できる．

2 項係数 $\binom{-r}{x}$ を求めるには，a^x の係数を求めればよい．テイラー展開より，係数の値は $g^{(x)}(0)/x!$ であるため，x 次の導関数を求める．

$$\begin{aligned} g^{(x)}(a) &= -r(-r-1)\cdots(-r-x+1)(1+a)^{-r-x} \\ &= (-1)^x \frac{(r+x-1)!}{(r-1)!}(1+a)^{-r-x} \end{aligned}$$

これより，

$$\begin{aligned} \binom{-r}{x} &= (-1)^x \frac{(r+x-1)!}{(r-1)!x!} \\ &= (-1)^x \binom{r+x-1}{r-1} = (-1)^x \binom{r+x-1}{x} \end{aligned} \tag{1.13}$$

を得る．

続いて，負の 2 項分布に従う確率変数の期待値，分散，積率母関数を求める．

証明 積率母関数と $E(X), E(X^2)$ の関係 (1.4)，(1.5) 式を用いれば，期待値と分散を求められるため，積率母関数を先に求める [*2]．

---

*2 この他の分布についても，同様の方針で期待値や分散を計算できる．

(1.13) 式に注意すると，積率母関数は

$$
\begin{aligned}
m_X(t) &= \sum_{x=0}^{\infty} e^{tx} \times \binom{r+x-1}{x} p^r (1-p)^x \\
&= \sum_{x=0}^{\infty} e^{tx} \times \binom{-r}{x} p^r \{-(1-p)\}^x \\
&= p^r \sum_{x=0}^{\infty} \binom{-r}{x} \{-(1-p)e^t\}^x
\end{aligned}
$$

と計算される．ただし，これは

$$
0 < (1-p)e^t < 1 \ \Leftrightarrow \ t < \log \frac{1}{1-p}
$$

の場合のみ存在し，

$$
m_X(t) = p^r [1-(1-p)e^t]^{-r}
$$

となる．これより，

$$
\begin{aligned}
E(X) &= m'_X(0) = \frac{r(1-p)}{p}, \\
V(X) &= m''_X(0) - \{E(X)\}^2 = \frac{r(1-p)}{p^2}
\end{aligned}
$$

が得られる．■

また，さらに拡張した概念として，次のガンマ関数

$$
\Gamma(\alpha) = \int_0^{\infty} x^{\alpha-1} e^{-x} dx \tag{1.14}
$$

を考える．この関数は，$a > 0$ に対して

$$
\Gamma(\alpha+1) = \int_0^{\infty} x^{\alpha} e^{-x} dx = \left[-x^{\alpha} e^{-x}\right]_0^{\infty} + \alpha \int_0^{\infty} x^{\alpha-1} e^{-x} dx = \alpha\Gamma(\alpha)
$$

であるため，再帰的に，

$$
\Gamma(\alpha+n) = (\alpha+n-1)\cdots(\alpha+1)\alpha\Gamma(\alpha)
$$

が成り立つことと，$\Gamma(1) = 1$ (練習問題 1.5) より，α が自然数のとき，

$$\Gamma(\alpha + 1) = \alpha!$$

が成り立つ．よって，2 項係数は，

$$\binom{r+x-1}{x} = \frac{(r+x-1)!}{x!(r-1)!} = \frac{\Gamma(r+x)}{\Gamma(x+1)\Gamma(r)}$$

と表すこともできる．これによれば，$r > 0$ が実数であっても，ガンマ関数を用いることで 2 項係数を上記のように定義することができる．

1.3 連続型確率変数

身長や降水量のデータのように，測定値が連続的な値をとる状況では，前節のような「ある値にぴったり一致する」確率を考えることはあまり意味をなさず，「ある値からある値までの範囲をとる」確率を考えることで意味をもつ．例えば，あるクラスの学生の身長の確率分布を考えるとき，「ぴったり 170cm である」確率は厳密には限りなく 0 に近いため，その代わりに「165cm から 175cm の間である」確率を考える方が自然だろう．このような確率変数を**連続型確率変数** (continuous random variable) とよぶ．連続型確率変数では，確率を

$$\Pr(a \leq X \leq b) \equiv \int_a^b f_X(x)dx$$

のように定義することで，X がある値 a から b の間の値をとる確率を考える．このときの被積分関数 $f_X(x)$ が確率変数 X の特徴を表していると考えられる．この $f_X(x)$ を**確率密度関数** (probability density function) とよぶ．このように定義することで，ある一点での確率は 0 となることにも注意されたい．

連続型確率変数についても離散型と同様に期待値，分散，積率母関数を定義する．

定義 1.9　連続型確率変数 X の期待値

確率密度関数 $f_X(x)$ をもつ連続型確率変数 X の期待値 $E(X)$ は，

$$E(X) = \int_{-\infty}^{\infty} x f_X(x)dx \tag{1.15}$$

で定義される．

定義 1.10　連続型確率変数 X の分散

確率密度関数 $f_X(x)$ をもつ連続型確率変数 X の分散 $V(X)$ は，

$$\begin{aligned} V(X) &= E[\{X - E(X)\}^2] \\ &= \int_{-\infty}^{\infty} (x - E(X))^2 f_X(x) dx \end{aligned} \tag{1.16}$$

で定義される．

連続型のときも離散型のときと同様に，

$$V(X) = E[\{X - E(X)\}^2] = E(X^2) - \{E(X)\}^2$$

が成り立つ (練習問題 1.4)．

定義 1.11　連続型確率変数 X の積率母関数

確率密度関数 $f_X(x)$ をもつ連続型確率変数 X の積率母関数 $m_X(t)$ は，

$$m_X(t) = E(e^{tX}) = \int_{-\infty}^{\infty} e^{tx} f_X(x) dx \tag{1.17}$$

で定義される．

これらを用いて，いくつかの特徴的な連続型確率分布を紹介すると共に，その特徴を見てみよう．

1.3.1　一様分布

一様分布は離散型確率変数に対して定義されたが，連続型確率変数に対しても定義される．離散型一様分布では，取りうる値が n 個と離散的であったが，連続型一様分布では，取りうる値はある区間で連続的に存在することになる．

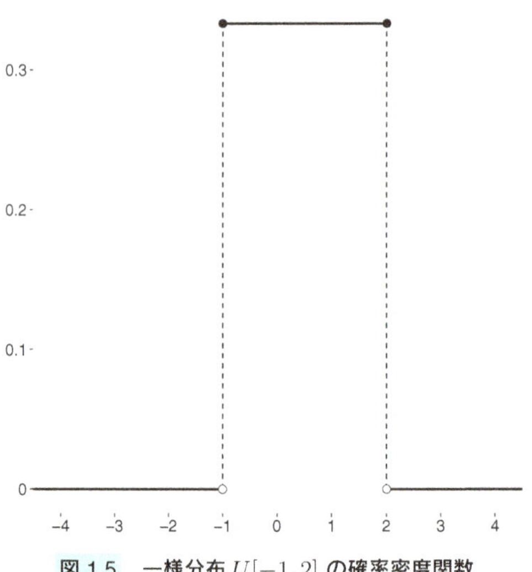

図 1.5　一様分布 $U[-1,2]$ の確率密度関数

定義 1.12　一様分布

確率変数 X がパラメータ a, b (区間 $[a, b]$ ともいう) の**一様分布** (uniform distribution) に従うとき，X の確率密度関数 $f_X(x)$ は

$$f_X(x) = \begin{cases} \dfrac{1}{b-a} & a \leq x \leq b \\ 0 & \text{その他} \end{cases} \tag{1.18}$$

である．このとき，$X \sim U[a, b]$ などと表す．

定理 1.6

一様分布に従う確率変数 $X \sim U\,[a, b]$ の期待値，分散および積率母関数はそれぞれ

$$E(X) = \frac{a+b}{2},\ V(X) = \frac{(b-a)^2}{12},$$
$$m_X(t) = \frac{e^{tb} - e^{ta}}{t(b-a)},\ t \neq 0$$

で与えられる．

証明 連続型確率変数の期待値は，離散型で $\sum$ であった部分が広義積分の形になることに注意すれば，

$$E(X) = \int_{-\infty}^{\infty} x f_X(x)dx = \int_a^b \frac{x}{b-a}dx = \frac{a+b}{2}$$

となる．同様に，

$$E(X^2) = \int_a^b \frac{x^2}{b-a}dx = \left[\frac{x^3}{3(b-a)}\right]_a^b = \frac{b^2+ab+a^2}{3}$$

であるから，

$$\begin{aligned} V(X) = E(X^2) - \{E(X)\}^2 &= \frac{b^2+ab+a^2}{3} - \left(\frac{a+b}{2}\right)^2 \\ &= \frac{(b-a)^2}{12} \end{aligned}$$

として求められる．また，積率母関数については，$t \neq 0$ であれば

$$\begin{aligned} m_X(t) = E(e^{tX}) &= \int_a^b e^{tx}\frac{1}{b-a}dx \\ &= \left[\frac{e^{tx}}{t(b-a)}\right]_a^b = \frac{e^{tb}-e^{ta}}{t(b-a)} \end{aligned}$$

として得られる． ■

1.3.2　正規分布

次に，統計解析を学ぶ上で欠かせない重要な確率分布である正規分布を説明する．正規分布は誤差を表現する際に広く用いられる分布であり，個体差や測定誤差など，応用によって誤差の解釈の仕方もさまざまである．

定義 1.13　正規分布

確率変数 X がパラメータ μ, σ^2 の**正規分布** (normal distribution) に従

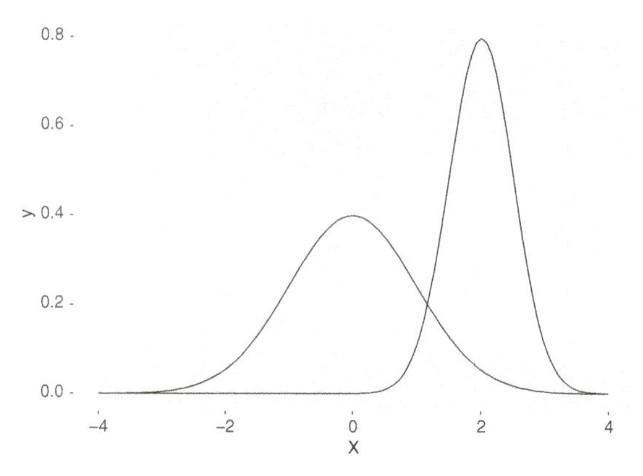

図 1.6　正規分布の確率密度関数 (左)：$\mu = 0, \sigma = 1.0$, (右)：$\mu = 2, \sigma = 0.5$

表 1.4　燃費のデータ

測定回数	1	2	3	4	5	6	7	8	計 (または平均)
走行距離 [km]	891.2	1041.6	1158.8	978.5	772.9	952.7	904.6	789.5	7489.8
使用燃料 [L]	28.62	35.13	36.44	31.75	26.64	33.68	32.00	27.38	251.64
燃費 [km/L]	31.1	29.6	31.8	30.8	29.0	28.3	28.3	28.8	29.7

うとき，X の確率密度関数 $f_X(x)$ は

$$f_X(x) = \frac{1}{\sqrt{2\pi\sigma^2}} \exp\left[-\frac{(x-\mu)^2}{2\sigma^2}\right], \quad -\infty < x < \infty \quad (1.19)$$

である．このとき，$X \sim N(\mu, \sigma^2)$ と表す．後述するが，μ は ロケーションパラメータ，σ^2 は スケールパラメータなどとよばれることも多い．また，$-\infty < \mu < \infty, 0 < \sigma^2 < \infty$ である．

パラメータの値の異なる 2 つの正規分布の確率密度関数を，図 1.6 に記す．この 2 つより，μ の値は山の中心の位置を，σ は山の幅の広さを表している．正規分布の確率密度関数を見てみると，μ を軸に左右対称であることがわかる．また，(1.19) 式を 2 階微分することで，$\mu \pm \sigma$ が確率密度関数の変曲点であることもわかる．

正規分布は左右対称であることから，さまざまな分野で誤差の分布として用いられることが多い．例として，表 1.4 のデータを見てみよう．これは，著者が運転する車の燃費を調べた結果である．著者はほとんど同じ道しか走らないし，走る時間帯もほぼ同じである．したがって，ここで測定されているデータは誤差程度のズレしかないと考えられるため，燃費のデータが従う確率分布として正規分布を想定することが適当であると考えられる．実際には，冷暖房の有無によってもガソリンの使用量に差が出ることが考えられるため，その影響を除けばより正規分布に近い現象と考えられるだろう．このように，データをどのように取り扱うかを判断するためには，そのデータについての知識も必要となる．

続いて，正規分布の期待値と分散，積率母関数について紹介する．

定理 1.7

正規分布に従う確率変数 $X \sim N(\mu, \sigma^2)$ の期待値，分散および積率母関数はそれぞれ，

$$E(X) = \mu,\ V(X) = \sigma^2,$$
$$m_X(t) = \exp\left[\mu t + \frac{\sigma^2 t^2}{2}\right],\ -\infty < t < \infty$$

で与えられる．

証明 積率母関数の性質 (1.4) 式と (1.5) 式を用いるために，積率母関数を先に求めておく．

$$\begin{aligned}
m_X(t) &= \int_{-\infty}^{\infty} e^{tx} \frac{1}{\sqrt{2\pi\sigma^2}} \exp\left[-\frac{(x-\mu)^2}{2\sigma^2}\right] dx \\
&= \exp\left[\mu t + \frac{\sigma^2 t^2}{2}\right] \int_{-\infty}^{\infty} \frac{1}{\sqrt{2\pi\sigma^2}} \exp\left[-\frac{\{x-(\mu+\sigma^2 t)\}^2}{2\sigma^2}\right] dx \\
&= \exp\left[\mu t + \frac{\sigma^2 t^2}{2}\right]
\end{aligned}$$

積分計算については，$N(\mu + \sigma^2 t, \sigma^2)$ の確率密度関数の $(-\infty, \infty)$ 上での積分が 1 となることを利用した．

積率母関数の 1 階微分，2 階微分はそれぞれ，

$$m'_X(t) = (\mu + \sigma^2 t) \exp\left[\mu t + \frac{\sigma^2 t^2}{2}\right]$$
$$m''_X(t) = \{\sigma^2 + (\mu + \sigma^2 t)^2\} \exp\left[\mu t + \frac{\sigma^2 t^2}{2}\right]$$

となるので，(1.4) 式と (1.5) 式を用いて，

$$
\begin{aligned}
E(X) &= m'_X(0) = \mu \\
V(X) &= E(X^2) - \{E(X)\}^2 = m''_X(0) - \mu^2 \\
&= \sigma^2 + \mu^2 - \mu^2 = \sigma^2
\end{aligned}
$$

として求められる． ■

このことから，正規分布のパラメータ μ は分布の中心的位置 (location)，σ^2 は分布の広がり具合 (scale) を表していることがわかる．

特に，パラメータ $\mu = 0, \sigma^2 = 1$ の正規分布は**標準正規分布** (standard normal distribution) とよばれ，このとき確率変数は Z で表すことが多い．Z の確率密度関数は ϕ で表され，

$$
\phi_Z(z) = \frac{1}{\sqrt{2\pi}} \exp\left[-\frac{z^2}{2}\right],\ -\infty < z < \infty
$$

である．また，$X \sim N(\mu, \sigma^2)$ に対して，

$$
Y = \frac{X - \mu}{\sigma}
$$

のような変換を考えると，Y の積率母関数は

$$
\begin{aligned}
m_Y(t) &= E\left(\exp\left[\frac{tX}{\sigma} - \frac{\mu t}{\sigma}\right]\right) \\
&= \exp\left[-\frac{\mu t}{\sigma}\right] \int_{-\infty}^{\infty} \frac{1}{\sqrt{2\pi\sigma^2}} \exp\left[-\frac{tx}{\sigma} - \frac{(x-\mu)^2}{2\sigma^2}\right] dx \\
&= \exp\left[\frac{t^2}{2}\right] \int_{-\infty}^{\infty} \frac{1}{\sqrt{2\pi\sigma^2}} \exp\left[-\frac{(x-\mu+\sigma t)^2}{2\sigma^2}\right] dx \\
&= \exp\left[\frac{t^2}{2}\right]
\end{aligned}
$$

となる．これは標準正規分布 $N(0,1)$ の積率母関数である．積率母関数は分布を一意に定めるという性質 (積率母関数の一意性という) をもっているため，この結果は，Y が標準正規分布 $N(0,1)$ に従うことを意味する．また，μ, σ^2 は任意であるため，確率変数 X がどのような正規分布であっても

$$\frac{X-\mu}{\sigma} \sim N(0,1)$$

となることがわかる．この変換は**標準化** (standardization) とよばれる．

次に，正規分布の再生性とよばれる性質について紹介する．

定理 1.8　正規分布の再生性

確率変数 $X_1, \dots, X_n$ が互いに独立にパラメータ μ_i, σ_i^2 $(i = 1, \dots, n)$ の正規分布に従うとする．このとき，$Y = a_1X_1 + \cdots + a_nX_n + b$ はパラメータ $a_1\mu_1 + \cdots + a_n\mu_n + b, a_1^2\sigma_1^2 + \cdots + a_n^2\sigma_n^2$ の正規分布に従う．ただし，$a_1, \dots, a_n, b$ は定数である．

証明 X_i $(i = 1, \dots, n)$ の積率母関数を $m_i(t)$, Y の積率母関数を $m_Y(t)$ とすると，$X_1, \dots, X_n$ は互いに独立に正規分布に従うので，

$$\begin{aligned} m_Y(t) &= e^{bt}\prod_{i=1}^n m_i(a_it) = e^{bt}\prod_{i=1}^n \exp\left[a_i\mu_it + \frac{a_i^2\sigma_i^2t^2}{2}\right] \\ &= \exp\left[\left(b + \sum_{i=1}^n a_i\mu_i\right)t + \left(\sum_{i=1}^n a_i^2\sigma_i^2\right)\frac{t^2}{2}\right] \end{aligned}$$

となる．これはパラメータ $a_1\mu_1+\cdots+a_n\mu_n+b, a_1^2\sigma_1^2+\cdots+a_n^2\sigma_n^2$ の正規分布の積率母関数であるため，積率母関数の一意性から Y はパラメータ $a_1\mu_1+\cdots+a_n\mu_n+b$, $a_1^2\sigma_1^2 + \cdots + a_n^2\sigma_n^2$ の正規分布に従うことが示された． ■

この定理において，例えば $a_1 = \cdots = a_n = 1, b = 0$ とすれば，確率変数 $X_1 + \cdots + X_n$ は，パラメータ $\mu_1 + \cdots + \mu_n$, $\sigma_1^2 + \cdots + \sigma_n^2$ の正規分布に従うことがわかる．このように，確率変数の和の分布が，その和を取る前の分布と一致する性質を一般に，**再生性** (reproductive property) という．つまり，正規分布には再生性があることが示されたことになる．

本節の次項以降では，標準正規分布から派生する分布をいくつか紹介する．

1.3.3　χ^2 分布，ガンマ分布

確率変数 X を標準正規分布に従う確率変数 Z の 2 乗，すなわち $X = Z^2$ とすると，これは**自由度** (degrees of freedom) 1 の χ^2 **分布** (chi-square distribution) と

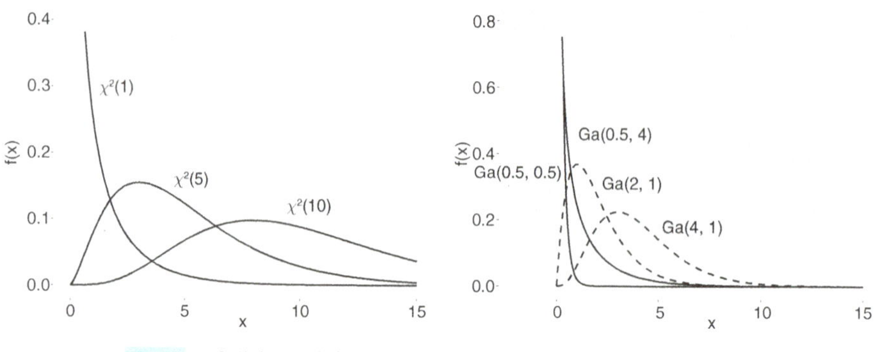

図 1.7 χ^2 分布の確率密度関数 (左) と，ガンマ分布の確率密度関数 (右)

よばれる確率分布に従う．χ^2 分布は，後に紹介する区間推定や統計的仮説検定で広く用いられる分布である．

自由度 1 の χ^2 分布の確率密度関数は，

$$f_X(x) = \begin{cases} \dfrac{1}{\sqrt{2\pi}} x^{-\frac{1}{2}} e^{-\frac{x}{2}} & x > 0 \\ 0 & \text{その他} \end{cases}$$

で表される．より一般的に，自由度 1 の χ^2 分布に従う m 個の独立な確率変数の和は自由度 m の χ^2 分布に従い，次のように定義される．

定義 1.14　χ^2 分布

確率変数 X が自由度 m の χ^2 分布に従うとき，X の確率密度関数 $f_X(x)$ は，

$$f_X(x) = \begin{cases} \dfrac{1}{2^{\frac{m}{2}} \Gamma\left(\dfrac{m}{2}\right)} x^{\frac{m}{2}-1} e^{-\frac{x}{2}} & x > 0 \\ 0 & \text{その他} \end{cases} \tag{1.20}$$

である．このとき，$X \sim \chi^2(m)$ と表す．

さまざまな自由度における χ^2 分布の確率密度関数の形状を，図 1.7 左に示す．

定理 1.9

自由度 m の χ^2 分布に従う確率変数 $X \sim \chi^2(m)$ の期待値，分散および積率母関数はそれぞれ，

$$E(X) = m,\ V(X) = 2m,$$
$$m_X(t) = \left[\frac{1}{1-2t}\right]^{\frac{m}{2}},\ t < \frac{1}{2} \tag{1.21}$$

で与えられる．

ここでは，定理 1.9 を直接示すのではなく，χ^2 分布を一般化したガンマ分布を紹介し，その期待値と分散，積率母関数を求める．

定義 1.15　ガンマ分布

確率変数 X がパラメータ μ, ν の**ガンマ分布** (gamma distribution) に従うとき，X の確率密度関数 $f_X(x)$ は，

$$f_X(x) = \begin{cases} \dfrac{\nu^\mu}{\Gamma(\mu)} x^{\mu-1} e^{-\nu x} & x > 0 \\ 0 & \text{その他} \end{cases}$$

である．ただし，$\mu > 0$, $\nu > 0$ である．このとき，$X \sim Ga(\mu, \nu)$ と書く．

ガンマ分布の確率密度関数は，図 1.7 右のような形になる．

定理 1.10

パラメータ μ, ν のガンマ分布に従う確率変数 $X \sim Ga(\mu, \nu)$ の期待値，分散，積率母関数はそれぞれ次で与えられる．

$$E(X) = \frac{\mu}{\nu},\ V(X) = \frac{\mu}{\nu^2}, \tag{1.22}$$
$$m_X(t) = \left[\frac{\nu}{\nu - t}\right]^\mu,\ t < \nu. \tag{1.23}$$

証明 まず，$t < \nu$ のとき積率母関数は

$$\begin{aligned} m_X(t) &= \int_0^\infty e^{tx} \frac{\nu^\mu}{\Gamma(\mu)} x^{\mu-1} e^{-\nu x} dx \\ &= \frac{\nu^\mu}{\Gamma(\mu)} \int_0^\infty x^{\mu-1} e^{-(\nu-t)x} dx \\ &= \frac{\nu^\mu}{\Gamma(\mu)} \frac{\Gamma(\mu)}{(\nu-t)^\mu} = \frac{\nu^\mu}{(\nu-t)^\mu} \end{aligned}$$

により求められる．また，

$$m'_X(t) = \mu \frac{\nu^\mu}{(\nu-t)^{\mu+1}}, \quad m''_X(t) = \mu(\mu+1) \frac{\nu^\mu}{(\nu-t)^{\mu+2}}$$

であることから，(1.4) 式と (1.5) 式を用いて，

$$\begin{aligned} &E(X) = m'_X(0) = \frac{\mu}{\nu}, \quad E(X^2) = m''_X(0) = \frac{\mu(\mu+1)}{\nu^2}, \\ &V(X) = \frac{\mu(\mu+1)}{\nu^2} - \left(\frac{\mu}{\nu}\right)^2 = \frac{\mu}{\nu^2} \end{aligned}$$

となる． ■

上の証明中で，

$$\int_0^\infty x^{\mu-1} e^{-\nu x} dx = \frac{\Gamma(\mu)}{\nu^\mu}$$

であることを用いた．このことは，$\nu x = y$ と置換すれば，(1.14) 式より導かれる (練習問題 1.6)．

ここで，ガンマ分布において，パラメータ $\mu = \frac{m}{2}$，$\nu = \frac{1}{2}$ としたものは，自由度 m の χ^2 分布に対応する．したがって，自由度 m の χ^2 分布の積率母関数は

$$m_X(t) = \left[\frac{\nu}{\nu-t}\right]^\mu = \left[\frac{1}{1-2t}\right]^{\frac{m}{2}}, \ t < \frac{1}{2}$$

で，期待値および分散はそれぞれ

$$E(X) = \frac{\mu}{\nu} = \frac{m/2}{1/2} = m, \quad V(X) = \frac{\mu}{\nu^2} = \frac{m/2}{1/4} = 2m$$

となる．これにより定理 1.9 が示される．

また，ガンマ分布でパラメータを $\mu = 1$ とすると，生存時間解析などで用いられることの多い指数分布

$$f_X(x) = \begin{cases} \nu e^{-\nu x} & x > 0 \\ 0 & \text{その他} \end{cases}$$

になることも知られているが，詳細は本書では割愛する．自由度 $n-1$ の χ^2 分布は，n 個の独立な観測変数 $X_1, \ldots, X_n \sim N(\mu, \sigma^2)$ の偏差 2 乗和 $\sum_{i=1}^{n}(X_i - \overline{X})^2/\sigma^2$ が従う分布として有用であることが知られている．ただし，$\overline{X} = \sum_{i=1}^{n} X_i/n$ とする．

1.3.4　t 分布，F 分布

続いて，正規分布，χ^2 分布から派生する重要な分布である，t 分布および F 分布を紹介する．

t 分布は，2 章と 3 章でそれぞれ扱う平均の区間推定と，統計的仮説検定で用いられる．

定義 1.16　t 分布

Z が標準正規分布，X が自由度 m の χ^2 分布に従い，X と Z が互いに独立であるとき，

$$T \equiv \frac{Z}{\sqrt{X/m}}$$

は自由度 m の t 分布 (t distribution) に従う．このとき，$T \sim t(m)$ と表す．

証明は省略するが，自由度 m の t 分布の期待値，分散はそれぞれ

$$E(T) = 0,\ m > 1,$$
$$V(T) = \frac{m}{m-2},\ m > 2$$

で与えられる．

図 1.8 左に，t 分布の確率密度関数を示す．この図からも推察されるように，t 分

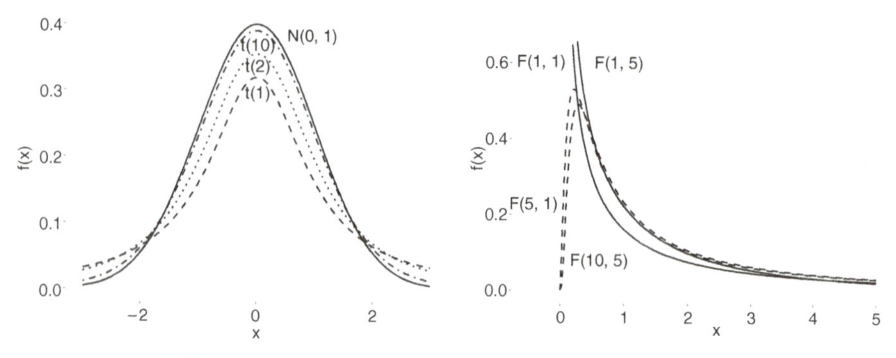

図 1.8　t 分布の確率密度関数 (左) と，F 分布の確率密度関数 (右)

布は，自由度 m が十分大きいとき，標準正規分布 $N(0,1)$ に限りなく近づくことが知られている．t 分布は，正規分布よりも確率密度の減衰が緩やかで，極端に大きな (小さな) 値 (外れ値) をとる確率が高い，「裾の重い分布」として知られている．

次に，3 章で説明する等分散性の検定や分散分析で利用される F 分布を紹介する．

定義 1.17　F 分布

X が自由度 m, Y が自由度 n の χ^2 分布にそれぞれ従い，X と Y が独立であるとき，

$$F \equiv \frac{X/m}{Y/n}$$

は自由度 (m,n) の F 分布 (F distribution) に従う．このとき，$F \sim F(m,n)$ と表す．

t 分布と同様，証明は省略するが，自由度 (m,n) の F 分布の期待値，分散はそれぞれ

$$E(F) = \frac{n}{n-2},\ n > 2,$$
$$V(F) = \frac{2n^2(m+n-2)}{m(n-2)^2(n-4)},\ n > 4$$

で与えられる．また，定義から明らかなように，$1/F$ は自由度 (n,m) の F 分布 $F(n,m)$ に従う．F 分布の確率密度関数を，図 1.8 右に示す．

1.4 多次元確率分布

2 つの 6 面サイコロを同時に投げたとき，2 つのサイコロの出目の組み合わせについての確率分布を考えることもできる．これは，複数の確率変数が同時にある値をとるような状況を考えることに対応する．複数の確率変数が同時に従う分布を**多次元確率分布** (multidimensional probability distribution) とよぶ．多次元確率分布を考える場合は，ベクトル表記を用いると便利である．いま，k 個の確率変数 $X_1, X_2, \ldots, X_k$ を要素にもつベクトル $\boldsymbol{X} = (X_1, X_2, \ldots, X_k)^\top$ を考える．これを**確率ベクトル** (random vector) といい，その確率 (密度) 関数 $f_X(\boldsymbol{x})$ を**同時確率 (密度) 関数** (または結合確率 (密度) 関数，joint probability (density) function) とよぶ．ここでは，多次元確率分布として代表的なものを紹介する．

1.4.1 多項分布

離散型の多次元確率分布としては，次の多項分布がよく用いられる．

定義 1.18　多項分布

確率ベクトル $\boldsymbol{X} = (X_1, X_2, \ldots, X_k)^\top$ が試行回数 n，発生確率 $\boldsymbol{p} = (p_1, p_2, \ldots, p_k)^\top$ の**多項分布** (multinomial distribution) に従うとき，$\boldsymbol{X}$ の同時確率関数 $f_X(\boldsymbol{x})$ は

$$f_X(\boldsymbol{x}) = \begin{cases} \dfrac{n!}{x_1!x_2!\cdots x_k!} p_1^{x_1} p_2^{x_2} \cdots p_k^{x_k} & \displaystyle\sum_{i=1}^{k} x_i = n \\ 0 & \text{その他} \end{cases} \tag{1.24}$$

で与えられる．このとき，$\boldsymbol{X} \sim Mn(n, \boldsymbol{p})$ と表す．ただし，n は自然数で，p_i $(i = 1, \ldots, k)$ は $p_i > 0,\ p_1 + p_2 + \cdots + p_k = 1$ を満たすものとする．

多項分布に従う確率変数の例として，野球選手の成績を考えよう．野球選手が打席に立つ機会は 1 試合で 5 打席であることが多い．例えば，ある選手が安打を打つ (X_1) 確率が 0.3，四球を獲得する (X_2) 確率が 0.1，それ以外 (凡退) (X_3) の確率が 0.6 であるとする．このとき，その選手の成績は多項分布 $Mn(5, (0.3, 0.1, 0.6))$ に

従う．それでは，この選手がある試合で安打が 2 本，四球が 1 回，凡退が 2 回となる確率はどの程度だろうか．これは，$x_1 = 2, x_2 = 1, x_3 = 2, p_1 = 0.3, p_2 = 0.1, p_3 = 0.6$ を同時確率関数 (1.24) 式に代入することで，次のように計算される．

$$f_X(2,1,2) = \frac{5!}{2!1!2!}(0.3)^2(0.1)^1(0.6)^2 = 0.0972.$$

これより，上記の成績は 10 試合のうち 1 度くらい起こると考えられる．

多項分布に従う確率変数ベクトルの各要素 X_i $(i = 1, 2, \ldots, k)$ は，2 項分布 $B(n, p_i)$ に従う．したがって，X_i の期待値，分散はそれぞれ

$$E(X_i) = np_i, \ \ V(X_i) = np_i(1 - p_i)$$

で与えられる．一方で，X_i と X_j の共分散は次のように計算される．まず，

$$\begin{aligned}
&E\left(X_i X_j\right) \\
&= \sum_{x_i \geq 0, x_j \geq 0, x_1 + \cdots + x_k = n} x_i x_j \frac{n!}{x_1! x_2! \cdots x_k!} p_1^{x_1} p_2^{x_2} \cdots p_k^{x_k} \\
&= \sum_{x_i \geq 1, x_j \geq 1} \frac{n(n-1)(n-2)!}{x_1! \cdots (x_i - 1)! \cdots (x_j - 1)! \cdots x_k!} p_i p_j p_1^{x_1} \cdots p_i^{x_i - 1} \cdots p_j^{x_j - 1} \cdots p_k^{x_k} \\
&= n(n-1) p_i p_j \\
&\quad \times \sum_{x_i \geq 1, x_j \geq 1} \frac{(n-2)!}{x_1! \cdots (x_i - 1)! \cdots (x_j - 1)! \cdots x_k!} p_1^{x_1} \cdots p_i^{x_i - 1} \cdots p_j^{x_j - 1} \cdots p_k^{x_k} \\
&= n(n-1) p_i p_j
\end{aligned}$$

より，

$$\begin{aligned}
Cov(X_i, X_j) &= E(X_i X_j) - E(X_i)E(X_j) \\
&= n(n-1)p_i p_j - n^2 p_i p_j \\
&= -np_i p_j
\end{aligned}$$

となる．これより，X_i と X_j の共分散は必ず負になることがわかる．これは，多項分布に従う確率変数のある要素の実現値が増加すれば，その影響を受けて他方の確率変数の実現値は減少する傾向にあることを考えると，自然なことである．

本項の最後に，多項分布の積率母関数を紹介する．

定理 1.11

多項分布に従う確率変数ベクトル $\boldsymbol{X} \sim Mn(n, \boldsymbol{p})$ の積率母関数は，$\boldsymbol{t} = (t_1, t_2, \ldots, t_k)^\top$ とすると

$$m_X(\boldsymbol{t}) = (p_1 e^{t_1} + p_2 e^{t_2} + \cdots + p_k e^{t_k})^n, \ -\infty < t_i < \infty$$

で与えられる．

証明 確率変数ベクトル $\boldsymbol{X}$ の積率母関数は

$$m_X(\boldsymbol{t}) = E(\exp[\boldsymbol{t}^\top \boldsymbol{X}])$$

であることより，

$$\begin{aligned} m_X(\boldsymbol{t}) &= E(\exp[t_1 X_1 + \cdots + t_k X_k]) \\ &= \sum_{x_1 + \cdots + x_k = n} \exp[t_1 x_1 + \cdots + t_k x_k] \frac{n!}{x_1! x_2! \cdots x_k!} p_1^{x_1} p_2^{x_2} \cdots p_k^{x_k} \\ &= (p_1 e^{t_1} + \cdots + p_k e^{t_k})^n \end{aligned}$$

となる．ここで，最後の等式には多項定理

$$(q_1 + \cdots + q_k)^n = \sum_{x_1 + \cdots + x_k = n} \frac{n!}{x_1! \cdots x_k!} q_1^{x_1} q_2^{x_2} \cdots q_k^{x_k}$$

を用いた． ■

1.4.2 多変量正規分布

連続型の多次元確率分布としては，正規分布を多次元へ拡張した多変量正規分布がある．

定義 1.19 多変量正規分布

確率ベクトル $\boldsymbol{X} = (X_1, X_2, \ldots, X_k)^\top$ がパラメータ $\boldsymbol{\mu}, \boldsymbol{\Sigma}$ の同時確率密度関数

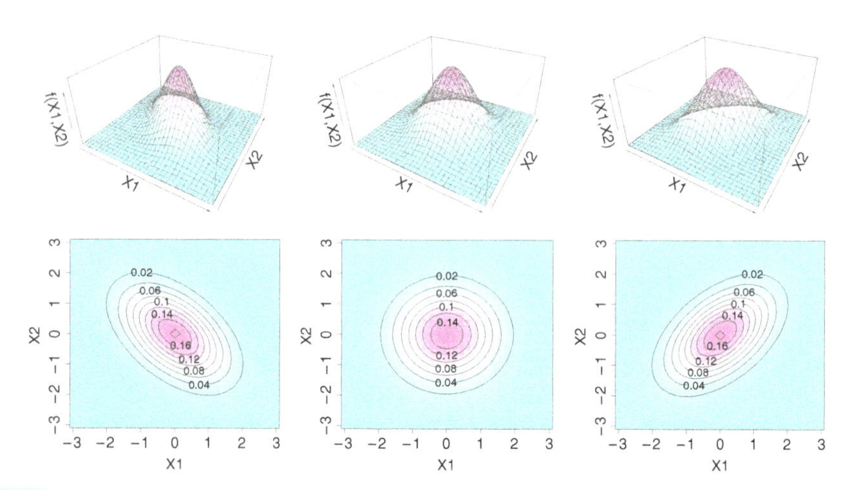

図 1.9　2 変量正規分布に従う確率密度関数の曲面 (上) と，その等高線図 (下)．左から順に $\rho = -0.5$, $\rho = 0$, $\rho = 0.5$ **としたもの．**

$$f_X(\boldsymbol{x}) = \frac{1}{(2\pi)^{\frac{k}{2}}\sqrt{|\boldsymbol{\Sigma}|}} \exp\left[-\frac{1}{2}(\boldsymbol{x}-\boldsymbol{\mu})^\top \boldsymbol{\Sigma}^{-1}(\boldsymbol{x}-\boldsymbol{\mu})\right] \quad (1.25)$$

をもつとき，$\boldsymbol{X}$ は k 次元の**多変量正規分布** (multivariate normal distribution) に従うといい，$N_k(\boldsymbol{\mu}, \boldsymbol{\Sigma})$ と表す．ただし，$\boldsymbol{\mu} = (\mu, \ldots, \mu_k)^\top$ は k 次元ベクトル，$\boldsymbol{\Sigma} = (\sigma_{ij})_{ij}$ は $k \times k$ 正値定符号 (正定値) 対称行列で，$|\boldsymbol{\Sigma}|$ は $\boldsymbol{\Sigma}$ の行列式とする．

図 1.9 は，2 次元確率変数 $\boldsymbol{X} = (X_1, X_2)^\top$ が従う 2 変量正規分布 $N_2(\boldsymbol{\mu}, \boldsymbol{\Sigma})$ において，

$$\boldsymbol{\mu} = \begin{pmatrix} 0 \\ 0 \end{pmatrix}, \quad \boldsymbol{\Sigma} = \begin{pmatrix} 1 & \rho \\ \rho & 1 \end{pmatrix}$$

としたものを図示したものである．

多変量正規分布においてパラメータが $\boldsymbol{\mu} = \boldsymbol{0}$，$\boldsymbol{\Sigma} = I_k$ (I_k は $k \times k$ 単位行列とする) の場合，$\boldsymbol{Y} = (Y_1, \ldots, Y_k)^\top \sim N_k(\boldsymbol{0}, I_k)$ の確率密度関数は

$$f_Y(\boldsymbol{y}) = \frac{1}{(2\pi)^{\frac{k}{2}}} \exp\left[-\frac{1}{2}\boldsymbol{y}^\top \boldsymbol{y}\right] = \prod_{j=1}^{k} \frac{1}{\sqrt{2\pi}} \exp\left[-\frac{y_j^2}{2}\right]$$

となる．これは，確率変数 $Y_1, \ldots, Y_k$ が互いに独立に標準正規分布 $N(0,1)$ に従うことを示している．確率変数ベクトル $\boldsymbol{X} \sim N_k(\boldsymbol{\mu}, \boldsymbol{\Sigma})$ に対して

$$\boldsymbol{Z} = \boldsymbol{\Sigma}^{-\frac{1}{2}}(\boldsymbol{X} - \boldsymbol{\mu}) \tag{1.26}$$

という変換を行うことで，$\boldsymbol{Z}$ は $N_k(\boldsymbol{0}, I_k)$ に従う．この変換は，1 変量正規分布における標準化に対応する．ここで，$\boldsymbol{\Sigma}^{-\frac{1}{2}}$ は $\boldsymbol{\Sigma}^{-\frac{1}{2}}\boldsymbol{\Sigma}\boldsymbol{\Sigma}^{-\frac{1}{2}} = I_k$ を満たす行列である．この式を変形することで $\boldsymbol{\Sigma} = \boldsymbol{\Sigma}^{\frac{1}{2}}\boldsymbol{\Sigma}^{\frac{1}{2}}$ となることから，便宜上このような表記を用いている．また，$\boldsymbol{\Sigma}$ は正定値対称行列なので，このような $\boldsymbol{\Sigma}^{-\frac{1}{2}}$ は必ず存在する．

多変量正規分布の積率母関数は，次で与えられる．

定理 1.12

多変量正規分布に従う確率変数ベクトル $\boldsymbol{X} \sim N_k(\boldsymbol{\mu}, \boldsymbol{\Sigma})$ の積率母関数は，$\boldsymbol{t} = (t_1, \ldots, t_k)^\top$ に対して次で与えられる．

$$m_X(\boldsymbol{t}) = \exp\left[\boldsymbol{t}^\top\boldsymbol{\mu} + \frac{1}{2}\boldsymbol{\mu}^\top\boldsymbol{\Sigma}\boldsymbol{\mu}\right]. \tag{1.27}$$

証明 多変量正規分布の標準化 (1.26) 式と，$Z_1, \ldots, Z_k$ が互いに独立であることを利用する．

$$\begin{aligned}
m_X(\boldsymbol{t}) &= E\left(\exp\left[\boldsymbol{t}^\top\boldsymbol{X}\right]\right) = E\left(\exp\left[\boldsymbol{t}^\top\left(\boldsymbol{\mu} + \boldsymbol{\Sigma}^{\frac{1}{2}}\boldsymbol{Z}\right)\right]\right) \\
&= \exp\left[\boldsymbol{t}^\top\boldsymbol{\mu}\right] E\left(\exp\left[\boldsymbol{u}^\top\boldsymbol{Z}\right]\right) = \exp\left[\boldsymbol{t}^\top\boldsymbol{\mu}\right]\prod_{j=1}^{k} E\left(\exp\left[u_j Z_j\right]\right) \\
&= \exp\left[\boldsymbol{t}^\top\boldsymbol{\mu}\right]\prod_{j=1}^{k}\exp\left[\frac{1}{2}u_j^2\right] = \exp\left[\boldsymbol{t}^\top\boldsymbol{\mu} + \frac{1}{2}\boldsymbol{u}^\top\boldsymbol{u}\right] \\
&= \exp\left[\boldsymbol{t}^\top\boldsymbol{\mu} + \frac{1}{2}\boldsymbol{t}^\top\boldsymbol{\Sigma}^{\frac{1}{2}}\boldsymbol{\Sigma}^{\frac{1}{2}}\boldsymbol{t}\right] = \exp\left[\boldsymbol{t}^\top\boldsymbol{\mu} + \frac{1}{2}\boldsymbol{t}^\top\boldsymbol{\Sigma}\boldsymbol{t}\right].
\end{aligned}$$

ここで，$\boldsymbol{u} = (u_1, \ldots, u_k)^\top = \boldsymbol{\Sigma}^{\frac{1}{2}}\boldsymbol{t}$ とおいた． ■

(1.27) 式を利用して，多変量正規分布に従う確率変数ベクトル $\boldsymbol{X} \sim N_k(\boldsymbol{\mu}, \boldsymbol{\Sigma})$

の期待値ベクトル $E(\boldsymbol{X}) \equiv (E(X_1), \ldots, E(X_k))^\top$ と分散共分散行列 $V(\boldsymbol{X}) \equiv E[(\boldsymbol{X}-\boldsymbol{\mu})(\boldsymbol{X}-\boldsymbol{\mu})^\top]$ を次のように求めることができる．まず，積率母関数 (1.27) 式の 1 階，2 階微分をそれぞれ次のように求める．

$$
\begin{aligned}
m'_X(\boldsymbol{t}) &= (\boldsymbol{\mu} + \boldsymbol{\Sigma}\boldsymbol{t}) \exp\left[\boldsymbol{t}^\top\boldsymbol{\mu} + \frac{1}{2}\boldsymbol{t}^\top\boldsymbol{\Sigma}\boldsymbol{t}\right], \\
m''_X(\boldsymbol{t}) &= \left\{\boldsymbol{\Sigma} + (\boldsymbol{\mu} + \boldsymbol{\Sigma}\boldsymbol{t})(\boldsymbol{\mu} + \boldsymbol{\Sigma}\boldsymbol{t})^\top\right\} \exp\left[\boldsymbol{t}^\top\boldsymbol{\mu} + \frac{1}{2}\boldsymbol{t}^\top\boldsymbol{\Sigma}\boldsymbol{t}\right].
\end{aligned}
$$

したがって，

$$
\begin{aligned}
E(\boldsymbol{X}) &= m'_X(\boldsymbol{0}) = \boldsymbol{\mu}, \\
E(\boldsymbol{X}\boldsymbol{X}^\top) &= m''_X(\boldsymbol{0}) = \boldsymbol{\Sigma} + \boldsymbol{\mu}\boldsymbol{\mu}^\top, \\
V(\boldsymbol{X}) &= E(\boldsymbol{X}\boldsymbol{X}^\top) - E(\boldsymbol{X})E(\boldsymbol{X})^\top = \boldsymbol{\Sigma} + \boldsymbol{\mu}\boldsymbol{\mu}^\top - \boldsymbol{\mu}\boldsymbol{\mu}^\top \\
&= \boldsymbol{\Sigma}
\end{aligned}
$$

となる．つまり，μ_j は X_j の期待値を表し，σ_{ii} は X_i の分散を，$\sigma_{ij} (i \neq j)$ は X_i と X_j の共分散を表している．

第1章　練習問題

1.1 確率変数 X が期待値 6，分散 2.4 の 2 項分布に従うとき，以下の確率を求めよ．

(1) $\Pr(X=0)$
(2) $\Pr(X \leq 2)$
(3) $\Pr(X \geq 3)$

1.2 ある本では 1 ページあたり平均して 1.2 個の誤字があるという．1 ページあたりの誤字の個数 X はポアソン分布に従うとするとき，無作為に開けたページに誤字がある確率はいくつか．また，無作為に開けたページに誤字が 2 つ以上ある確率はいくらか．

1.3 r を自然数とする．このとき，

$$\binom{-r}{x} = \binom{-(r+1)}{x-1} + \binom{-(r+1)}{x}$$

が成り立つことを示せ．

1.4 連続型確率変数 X についての分散 $V(X)$ に対して，

$$V(X) = E[\{X - E(X)\}^2] = E(X^2) - \{E(X)\}^2$$

が成り立つことを示せ．

1.5 $\Gamma(\alpha)$ をガンマ関数

$$\Gamma(\alpha) = \int_0^\infty x^{\alpha-1} e^{-x} dx$$

とする $(\alpha > 0)$．このとき，以下の問いに答えよ．

(1) $\Gamma(1) = 1$ を示せ．
(2) $\Gamma\left(\dfrac{1}{2}\right) = \sqrt{\pi}$ を示せ．

1.6 $\alpha, \beta > 0$ に対して，以下の等式が成り立つことを示せ．

$$\int_0^\infty x^{\alpha-1} e^{-\beta x} dx = \frac{\Gamma(\alpha)}{\beta^\alpha}$$

第2章 統計的推定

本章では，前章で紹介した確率分布と実際の現象をつなげるための方法である統計的推定について説明する．基本的な統計的推定の本質は，観測されたデータの分布に確率分布を対応させ，確率分布に含まれるパラメータの値をデータから決定することにある．しかし，その決定された値が妥当なものであるかを保証することは難しい．本章では，パラメータを推定するための方法について説明し，それにより得られた推定量の妥当性がどこにあるのかについても述べていく．特に，想定される応用分野によっては，推定法に向き不向きがあることにも注意されたい．それにより，推定法の使い分けなども視野に入れながら読まれるとなお理解が深まるであろう．さらに，推定に幅をもたせる区間推定について，代表的な方法を述べ，いくつかの応用例も紹介する．

2.1 母集団と標本

統計的推定 (statistical estimation) について説明するために，本節では母集団の考え方と標本について説明する．統計的な興味の対象を**母集団** (population) とよぶ．統計学では，実際にデータが観測される**標本** (sample) はこの母集団の一部と考えて推論を行う (図 2.1)．統計学では，ただ数字の羅列などで描かれるデータのみを考えることはあまり意味をなさず，その標本を得る元と想定される (もしくは想定している) 母集団が何であるかを解析者は意識しなくてはならない．その母集団の傾向を表現する方法として，前章のような確率分布を想定し，その確率分布に含ま

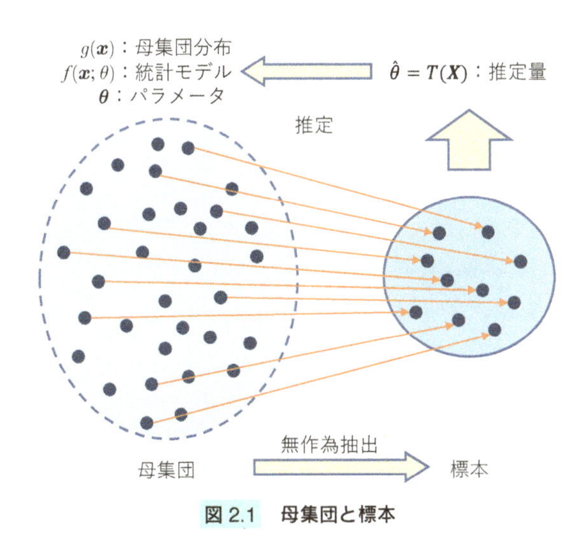

図 2.1　母集団と標本

れるパラメータを推定することが考えられる．一般的に，母集団が従う真の分布 (母集団分布) $g(\boldsymbol{x})$ を特定することは困難であり，その代わりに，分析者が適当な確率分布 $f(\boldsymbol{x};\theta)$ を仮定する．この $f(\boldsymbol{x};\theta)$ を**統計モデル** (statistical model) という．このとき，統計モデルを規定するパラメータ θ はその母集団から観測された標本の傾向をよく表現するように決定される．このためにも，母集団から標本を抽出する場合は，標本に偏りがないように**無作為抽出** (random sampling) する必要がある．

大きさ (サイズ) n の標本を $X_1, X_2, \ldots, X_n$ とすると，$X_1, X_2, \ldots, X_n$ の関数 $T(X_1, X_2, \ldots, X_n) \equiv T(\boldsymbol{X})$ を**統計量** (statistic) といい，統計量の確率分布を**標本分布** (sampling distribution) という．一般的な統計的推定では，興味のある未知なパラメータ (統計モデルに含まれるパラメータや母集団の平均，分散など) を θ とすると，標本から計算されるある統計量 $T(\boldsymbol{X})$ を，θ の値とみなす．これを (θ の) **推定** (estimation) とよび，θ に $T(\boldsymbol{X})$ を代入した $\widehat{\theta} \equiv \widehat{\theta}(\boldsymbol{X}) = T(\boldsymbol{X})$ を θ の**推定量** (estimator) とよぶ．また，推定量 $\widehat{\theta}$ に，$T(\boldsymbol{X})$ の実現値 (データ) $T(x_1, \ldots, x_n) \equiv T(\boldsymbol{x})$ を代入した値 $\widehat{\theta} \equiv \widehat{\theta}(\boldsymbol{x})$ を**推定値** (estimate) という．$\widehat{\theta}$ は「シータハット」などと読む．

いま，母集団分布が正規分布 $N(\mu, \sigma^2)$ であると想定し，そこから大きさ n の無作為標本 $X_1, X_2, \ldots, X_n$ が得られたとする．このとき，$X_1, X_2, \ldots, X_n$ は互いに独立で，$N(\mu, \sigma^2)$ からの大きさ n の**ランダム標本** (random sample) とよばれる．

この場合，$X_1, X_2, \ldots, X_n \overset{i.i.d.}{\sim} N(\mu, \sigma^2)$ と書く．ここで，$i.i.d.$ (independently and identically distributed) は独立で同一な分布に従うことを意味する．以後本節では，この設定の下で説明する．

推定量 (統計量) はそれ自身が確率変数であり，推定量が従う分布がわかれば，推定量の性質を議論できる．例えば，母集団の平均 μ の推定量としては，ランダム標本の中心的な位置 (代表値) を表す**標本平均** (sample mean) $\overline{X} = \sum_{i=1}^{n} X_i/n$ が多く用いられる．$\overline{X}$ が従う確率分布は

$$\overline{X} \sim N\left(\mu, \frac{\sigma^2}{n}\right)$$

となる．また，$\overline{X}$ を標準化することで，

$$\frac{\overline{X} - \mu}{\sqrt{\sigma^2/n}} \sim N(0, 1) \tag{2.1}$$

となる．後述する中心極限定理で知られるように，ランダム標本の従う確率分布が正規分布に限らずどのような分布に従っていても，n が十分大きいとき近似的に (2.1) 式が成り立つことが知られている．

しかし，(2.1) 式左辺には未知のパラメータである σ^2 が含まれているため，これを推定量として用いることができない．そこで，σ^2 の代わりに，次の統計量を用いる．

$$U^2 = \frac{1}{n-1} \sum_{i=1}^{n} (X_i - \overline{X})^2.$$

(2.1) 式の σ^2 を U^2 で置き換えた統計量は，自由度 $n-1$ の t 分布に従う．

$$\frac{\overline{X} - \mu}{\sqrt{U^2/n}} \sim t(n-1) \tag{2.2}$$

(2.2) 式で用いた統計量 U^2 は，標本分散 $S^2 = \sum_{i=1}^{n} (X_i - \overline{X})^2/n$ と比べて n で割るか $n-1$ で割るかの違いがある．そこで，S^2 と区別するために U^2 は**不偏標本分散** (unbiased sample variance) とよばれる．書籍によっては不偏標本分散を通常の標本分散と定義するものもあるが，これはそれぞれのもつ性質が，用いられる応用の場面によって異なることに起因する．

➤ 2.2 最尤推定

与えられた観測値 $\boldsymbol{x} = (x_1, x_2, \ldots, x_n)^\top$ について，同時確率あるいは同時確率密度 $f_n(\boldsymbol{x}; \theta)$ はパラメータ $\theta \in \Theta$ に依存することから，θ の関数とみなすことができる．ここで，Θ はパラメータ空間とよばれ，パラメータ θ の取りうる値の範囲を表している．そこで，$f_n(\boldsymbol{x}; \theta)$ を

$$L(\theta; \boldsymbol{x}) \equiv f_n(\boldsymbol{x}; \theta)$$

とおく．この $L(\theta; \boldsymbol{x})$ を**尤度関数** (likelihood function) とよぶ．特に，$\boldsymbol{X} = (X_1, X_2, \ldots, X_n)^\top$ がランダム標本であれば，$X_1, \ldots, X_n$ は互いに独立なので，尤度関数は

$$L(\theta; \boldsymbol{x}) = \prod_{i=1}^{n} f(x_i; \theta)$$

で与えられる．このとき，尤度関数 $L(\theta; \boldsymbol{x})$ を最大にする値 $\widehat{\theta}(\boldsymbol{x})$ を，θ の**最尤推定値** (maximum likelihood estimate) とよぶ．最尤推定値 $\widehat{\theta}(\boldsymbol{x})$ は，確率 $\prod_{i=1}^{n} f(x_i; \theta)$ が最大になる，つまり「尤もらしい」θ の値と言える．また，$\widehat{\theta} = \widehat{\theta}(\boldsymbol{X})$ を θ の**最尤推定量** (MLE, maximum likelihood estimator) とよぶ．

最尤推定量を求めることは，母集団分布の同時確率関数または同時確率密度関数の，パラメータ θ に関する最大値を求める問題を解くことに帰着される．しかし，一般にその最大値を求めることは容易ではないことも多い．そこで，尤度関数の代わりに，その対数をとった**対数尤度関数** (log-likelihood function)

$$\ell(\theta; \boldsymbol{x}) \equiv \log L(\theta; \boldsymbol{x})$$

の最大化を考えると，見通しが良くなることが多い．対数関数は単調増加関数であるから，尤度関数を最大にする $\widehat{\theta}$ は対数尤度関数も最大にする．したがって，最尤推定量 $\widehat{\theta}$ は

$$\frac{d}{d\theta}\ell(\theta; \boldsymbol{X})\bigg|_{\theta=\widehat{\theta}} \equiv \frac{d}{d\theta}\ell(\widehat{\theta}; \boldsymbol{X}) = 0$$

を満たす．これを**尤度方程式** (likelihood equation) とよぶ．最尤推定量を求めるための 1 つの方法として，この尤度方程式を解くことが一般的な解法となる．また，$\widehat{\theta}$

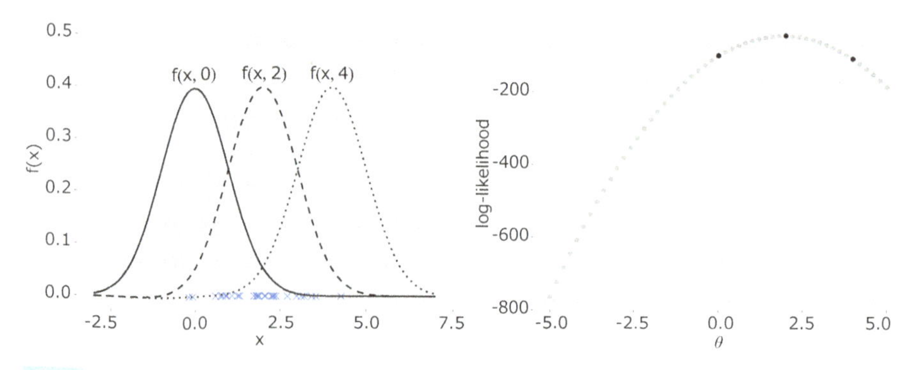

図 2.2 (左) 30 個のデータ (×) と，平均 θ の値を $0, 2, 4$ としたときの正規分布 $N(\theta, 1)$ の確率密度関数 $f(x; \theta)$．(右) 30 個のデータに基づく，θ に対する対数尤度 $\ell(\theta; \boldsymbol{x})$ の値．黒点は，$\theta = 0, 2, 4$ における対数尤度に対応する．

を θ の最尤推定量とすると，θ の関数 $h(\theta)$ の最尤推定量は $h(\widehat{\theta})$ で与えられることが知られている．1 章で紹介した確率分布の多くは，対数尤度関数が上に凸になるため，尤度方程式の解は最尤推定量となる．しかし，7 章で紹介する混合分布モデルのように，尤度方程式を直接解くことで最尤推定量を得ることが困難な場合もある．

例 2.1 正規分布 $N(2, 1)$ に従う乱数を 30 個発生させ，これを擬似的なデータと考える．これは，$N(2, 1)$ を母集団分布，そして 30 個の乱数を母集団から無作為抽出した標本とみなすことに対応する．一般的には母集団分布は未知であることから，この標本から母集団分布を推定することを考えよう．ここでは簡単のために，母集団分布は正規分布で分散は 1 と仮定し，平均 θ を推定することを考えよう．図 2.2 左は，30 個の乱数 (データ) と，$\theta = 0, 2, 4$ としたときの正規分布 $N(\theta, 1)$ の確率密度関数を図示したものである．この図から，$\theta = 2$ のときが，データの分布として「尤もらしい」ように見える．図 2.2 右は，θ にさまざまな値を与えたときの，対数尤度 $\ell(\theta; \boldsymbol{x})$ の値を図示したものである．この図より，$\theta = 2$ 付近で対数尤度がピークを取っていることが見て取れる．なお，正規分布の平均の最尤推定量の導出方法については，例 2.3 で述べる．

対数尤度関数 $\ell(\theta; \boldsymbol{x})$ を 1 階微分した導関数

$$\frac{d\ell(\theta;\boldsymbol{x})}{d\theta}=\frac{1}{L(\theta;\boldsymbol{x})}\frac{d}{d\theta}L(\theta;\boldsymbol{x})$$

は**スコア関数** (score function) とよばれる．スコア関数のもつ重要な性質として，スコア関数の期待値を計算すると

$$\begin{aligned}E\left(\frac{d\ell(\theta;\boldsymbol{X})}{d\theta}\right)&=\int_{-\infty}^{\infty}\frac{d\ell(\theta;\boldsymbol{x})}{d\theta}f(\boldsymbol{x};\theta)d\boldsymbol{x}\\&=\int_{-\infty}^{\infty}\frac{1}{f(\theta;\boldsymbol{x})}\frac{d}{d\theta}f(\theta;\boldsymbol{x})f(\boldsymbol{x};\theta)d\boldsymbol{x}\\&=\int_{-\infty}^{\infty}\frac{d}{d\theta}f(\theta;\boldsymbol{x})d\boldsymbol{x}=\frac{d}{d\theta}\int_{-\infty}^{\infty}f(\theta;\boldsymbol{x})d\boldsymbol{x}\\&=\frac{d}{d\theta}1\\&=0\end{aligned} \tag{2.3}$$

が成り立つ．ここで，途中の式変形で微分と積分の順序を入れ替えるために，適当な正則条件が成り立つことを仮定している．スコア関数の期待値が 0 であることより，分散については

$$I_n(\theta)=V\left(\frac{d\ell(\theta;\boldsymbol{X})}{d\theta}\right)=E\left[\left(\frac{d\ell(\theta;\boldsymbol{X})}{d\theta}\right)^2\right] \tag{2.4}$$

が成り立つ．$I_n(\theta)$ は標本サイズ n の観測に対する**フィッシャー情報量** (Fisher information) とよばれる．標本サイズ 1 の観測 X に対するフィッシャー情報量は $I_1(\theta)=E\left[\left(\frac{d}{d\theta}\log f(X;\theta)\right)^2\right]$ となる．

最尤推定量は，標本サイズが十分大きければ，適当な条件の下で近似的に

$$\sqrt{n}(\widehat{\theta}-\theta)\sim N\Big(0,\frac{1}{I_1(\theta)}\Big)$$

が成り立つ．この性質は**漸近正規性** (asymptotic normality) とよばれ，後述する区間推定や検定など推定量の分布を用いた解析を行いたいときに便利であることが多い．なお，フィッシャー情報量については，適当な正則条件の下で次が成り立つことが知られている．

$$I_n(\theta)=E\left[\left(\frac{d\ell(\theta;\boldsymbol{X})}{d\theta}\right)^2\right]=-E\left[\frac{d^2}{d\theta^2}\ell(\theta;\boldsymbol{X})\right] \tag{2.5}$$

例 2.2 パラメータ λ のポアソン分布において，λ の最尤推定量を求めてみよう．尤度関数はポアソン分布の確率関数 (1.9) 式より，

$$L(\lambda; \boldsymbol{x}) = e^{-\lambda}\frac{\lambda^{x_1}}{x_1!} \cdots e^{-\lambda}\frac{\lambda^{x_n}}{x_n!}$$

となる．最尤推定量を求めるために，対数をとり，

$$\begin{aligned} \ell(\lambda; \boldsymbol{x}) &= -n\lambda - \log(x_1! \cdots x_n!) + (x_1 + \cdots + x_n)\log\lambda \\ &= -n\lambda - \log(x_1! \cdots x_n!) + \log\lambda \sum_{i=1}^{n} x_i \end{aligned}$$

なる対数尤度関数を考える．よって，尤度方程式は，

$$\frac{d\ell(\lambda; \boldsymbol{x})}{d\lambda} = -n + \frac{1}{\lambda}\sum_{i=1}^{n} x_i = 0$$

となる．これを満たす $\widehat{\lambda}$ は，尤度方程式を解いて，

$$\widehat{\lambda} = \frac{1}{n}\sum_{i=1}^{n} x_i = \overline{x}$$

となる．対数尤度関数は上に凸なので，ポアソン分布のパラメータ λ の最尤推定量は $\widehat{\lambda} = \overline{X}$ となる．

より一般的に，パラメータが k 個であれば，パラメータ $\boldsymbol{\theta} = (\theta_1, \theta_2, \ldots, \theta_k)^\top \in \boldsymbol{\Theta}$ の最尤推定量は

$$L(\boldsymbol{\theta}; \boldsymbol{x}) \equiv f_n(\boldsymbol{x}; \boldsymbol{\theta})$$

を最大化する $\boldsymbol{\theta}$ として定義される．対数尤度関数も同様に，

$$\ell(\boldsymbol{\theta}; \boldsymbol{x}) \equiv \log L(\boldsymbol{\theta}; \boldsymbol{x})$$

と定義され，最尤推定量は連立方程式

$$\frac{\partial}{\partial\theta_i}\ell(\widehat{\boldsymbol{\theta}}; \boldsymbol{x}) = 0,\ i = 1, 2, \ldots, k$$

を満たすものとなる．この連立方程式の解が陽に得られるのであればそれを最尤推定量として用いればよいが，陽に得られない場合も多い．その場合は，ニュートン–ラフソン法などの数値解法を用いることによって最尤推定値を求めることもある．数値解法によって得られる最尤推定量も，前述の性質をすべてもつことが確認できる．

標本サイズが十分大きければ，適当な条件の下で近似的に

$$\sqrt{n}(\widehat{\boldsymbol{\theta}} - \boldsymbol{\theta}) \sim N_k\Big(0, I_1(\boldsymbol{\theta})^{-1}\Big)$$

が成り立つ．ここに，$I_n(\boldsymbol{\theta})$ は標本サイズ n の観測に対する**フィッシャー情報行列** (Fisher information matrix) で，その (i, j) 成分は

$$E\left[\frac{\partial}{\partial\theta_i}\ell(\boldsymbol{\theta}; \boldsymbol{X})\frac{\partial}{\partial\theta_j}\ell(\boldsymbol{\theta}; \boldsymbol{X})\right]$$

である．フィッシャー情報行列は，ベクトルと行列を用いて次で表される．

$$I_n(\boldsymbol{\theta}) = E\left[\frac{\partial}{\partial\boldsymbol{\theta}}\ell(\boldsymbol{\theta}; \boldsymbol{X})\frac{\partial}{\partial\boldsymbol{\theta}^T}\ell(\boldsymbol{\theta}; \boldsymbol{X})\right] = -E\left[\frac{\partial^2}{\partial\boldsymbol{\theta}\partial\boldsymbol{\theta}^T}\ell(\boldsymbol{\theta}; \boldsymbol{X})\right].$$

例 2.3　パラメータが複数ある確率分布の例として，正規分布のパラメータ $\boldsymbol{\theta} = (\mu,\ \sigma^2)^{\mathsf{T}}$ の最尤推定量を求めてみよう．尤度関数は正規分布の確率密度関数 (1.19) 式より，

$$\begin{aligned} &L(\boldsymbol{\theta}; \boldsymbol{x}) \\ &= \frac{1}{\sqrt{2\pi\sigma^2}}\exp\left[-\frac{(x_1-\mu)^2}{2\sigma^2}\right]\cdots\frac{1}{\sqrt{2\pi\sigma^2}}\exp\left[-\frac{(x_n-\mu)^2}{2\sigma^2}\right] \\ &= (2\pi\sigma^2)^{-\frac{n}{2}}\exp\left[-\frac{1}{2\sigma^2}\sum_{i=1}^{n}(x_i-\mu)^2\right] \end{aligned}$$

となる．これより，対数尤度関数は

$$\ell(\boldsymbol{\theta}; \boldsymbol{x}) = -\frac{n}{2}\log(2\pi\sigma^2) - \frac{1}{2\sigma^2}\sum_{i=1}^{n}(x_i-\mu)^2$$

なので，尤度方程式は連立方程式

$$\frac{\partial\ell(\boldsymbol{\theta}; \boldsymbol{x})}{\partial\mu} = \frac{1}{\sigma^2}\sum_{i=1}^{n}(x_i-\mu) = 0$$

$$\frac{\partial \ell(\boldsymbol{\theta}; \boldsymbol{x})}{\partial \sigma^2} = -\frac{n}{2\sigma^2} + \frac{1}{2(\sigma^2)^2}\sum_{i=1}^{n}(x_i - \mu)^2 = 0$$

となる．これらを解くことで，

$$\widehat{\mu} = \frac{1}{n}\sum_{i=1}^{n} x_i = \overline{x}$$
$$\widehat{\sigma}^2 = \frac{1}{n}\sum_{i=1}^{n}(x_i - \overline{x})^2$$

となる．よって，正規分布のパラメータ μ, σ^2 の最尤推定量はそれぞれ，標本平均 $\overline{X}$，標本分散 S^2 である．

2.3 不偏推定量・一致推定量

最尤推定では，確率密度関数をベースにして「尤もらしい」推定量を構成したが，一般にはこのようにして推定量を求めることができない状況もある．つまり，便宜的にランダム標本 $X_1, \ldots, X_n$ から計算される統計量 $T(\boldsymbol{X}) = T(X_1, \ldots, X_n) \equiv T_n$ を，あるパラメータ $\theta \in \Theta$ の推定量とする場合も多い．このような場合には，この推定量の妥当性を議論する必要がある．本節では，推定量の良さの基準となる性質について紹介する．

2.3.1 平均 2 乗誤差

一般的に，推定量の良さはパラメータとの距離によって議論される．つまり，$|T(\boldsymbol{X}) - \theta|$ のようなものを考え，その小ささを評価すればよい．しかし，$T(\boldsymbol{X})$ は確率変数であるため，$|T(\boldsymbol{X}) - \theta|$ は直接求めることが困難である．そこで，次で定義される平均 2 乗誤差などを用いて，推定量の良し悪しを議論することが多い．

定義 2.1　平均 2 乗誤差

パラメータ θ の推定量を $T(\boldsymbol{X})$ とする．このとき，**平均 2 乗誤差** (MSE, mean squared error) は

$$\mathrm{MSE}(T(\boldsymbol{X}), \theta) = E_\theta[(T(\boldsymbol{X}) - \theta)^2] \tag{2.6}$$

で定義される．ここで，E_θ はパラメータが θ で与えられた確率分布についての期待値を表す．

このMSEが小さい推定量は，それだけ $T(\boldsymbol{X})$ が真のパラメータ θ の値の近くにあることが期待されるので，良い推定量であると考えられる．また，MSEは

$$\begin{aligned}\mathrm{MSE}(T(\boldsymbol{X}),\theta) &= E_\theta[\{(T(\boldsymbol{X})-E_\theta(T(\boldsymbol{X})))+(E_\theta(T(\boldsymbol{X})-\theta))\}^2] \\ &= V_\theta(T(\boldsymbol{X}))+[E_\theta(T(\boldsymbol{X}))-\theta]^2 \qquad (2.7)\end{aligned}$$

と分解できるため，MSEは推定量 $T(\boldsymbol{X})$ の分散と期待値によって決まることがわかる．ここで，V_θ はパラメータが θ で与えられた確率分布についての分散とした．(2.7) 式中の $E(T(\boldsymbol{X}))-\theta$ を**偏り** (バイアス，bias)，推定量の分散 $V(T(\boldsymbol{X}))$ の逆数を**精度** (precision) とよぶ．

2.3.2　不偏推定量

MSEができるだけ小さな推定量を探すにあたり，次の性質を定義する．

定義 2.2　不偏推定量

パラメータ θ の推定量を $T(\boldsymbol{X})$ とする．このとき，すべての $\theta \in \Theta$ について，

$$E_\theta[T(\boldsymbol{X})] = \theta \qquad (2.8)$$

となる推定量 $T(\boldsymbol{X})$ を，θ の**不偏推定量** (unbiased estimator) という．

定義からわかるように，不偏推定量の偏り $E_\theta[T(\boldsymbol{X})]-\theta$ は 0 である．つまり，不偏推定量のMSEは推定量の分散のみによって決まることがわかる．

不偏推定量であるような推定量は多く存在するが，この定義より，推定量の分散のみでMSEの大小が決まるため，いくつかの不偏推定量が求められたときには，それらの分散が最小となるものが，良い推定量である可能性が高いことになる．これを突き詰めれば，パラメータ θ の不偏推定量 $T(\boldsymbol{X})$ が θ の他のどの不偏推定量 $T^*(\boldsymbol{X})$ とすべての $\theta \in \Theta$ に対して，

$$V(T(\boldsymbol{X})) \leq V(T^*(\boldsymbol{X}))$$

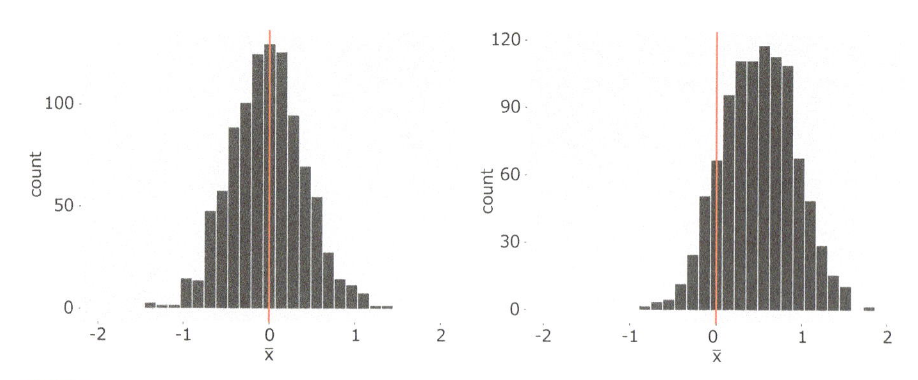

図 2.3 正規乱数の標本平均 $\overline{x}$ (左) および $\overline{x}+0.5$ (右) の 1000 個のヒストグラム．赤実線は乱数の平均である 0 を示す．

を満たすとき，不偏推定量 $T(\boldsymbol{X})$ は他のどの不偏推定量よりも分散が小さい，つまり，MSE が最も小さい推定量であることがわかる．このような $T(\boldsymbol{X})$ を**一様最小分散不偏推定量** (UMVUE, uniformly minimum variance unbiased estimator) とよぶ．UMVUE は推定量の分散が小さい上に偏りがないのだから，真のパラメータの近くにある可能性が高いのである．とはいえ，一般に UMVUE を求めることは簡単ではない．

図 2.3 は，正規分布 $N(0, 2^2)$ に従う乱数を 20 個発生させ，その標本平均 $\overline{x}$ と，標本平均に 0.5 を加えた $\overline{x}+0.5$ を計算するという処理をそれぞれ 1000 回繰り返して得られた，1000 個の値の分布をヒストグラムに表したものである．標本平均 $\overline{X}$ は正規分布の期待値 μ の不偏推定量である (練習問題 2.2) ことから，図 2.3 左の分布は 0 を平均として分布している一方で，右は 0 から 0.5 ほど偏って分布していることがわかる．

2.3.3 一致推定量

不偏推定量とは別の視点から，良い推定量を考えてみよう．そのために，チェビシェフの不等式とよばれる不等式をまず紹介する．

確率変数 X の期待値 $E(X)$，分散 $V(X)$ が存在するとき，任意の実数 $a>0$ について，

$$\Pr\left(|X-E(X)| \leq a\right) \geq 1-\frac{V(X)}{a^2} \tag{2.9}$$

が成り立つ．この不等式を**チェビシェフの不等式** (Chebyshev's inequality) という．

例えば，$X_1, \ldots, X_n$ が期待値 μ，分散 σ^2 をもつ確率分布からのランダム標本とすると，その標本平均 $\overline{X}$ が $E(\overline{X}) = \mu$, $V(\overline{X}) = \sigma^2/n$ を満たすことに注意すれば，(2.9) 式より

$$\Pr\left(|\overline{X} - \mu| \leq a\right) \geq 1 - \frac{\sigma^2}{na^2} \tag{2.10}$$

が成り立つ．ここで，$n \to \infty$ とすれば，(2.10) 式の右辺は 1 となることがわかる．$a > 0$ は任意だったのだから，n が十分に大きいときに，距離 $|\overline{X} - \mu|$ が 0 に近くなる確率が限りなく 1 に近づくことを意味している．このように，確率の意味で推定量とパラメータの距離が近くなることを**確率収束** (convergence in probability) するといい，"推定量 $\xrightarrow{p}$ パラメータ" のように書く．特に，ここで示した

$$\overline{X} \xrightarrow{p} \mu$$

は**大数の法則** (law of large numbers) とよばれる統計学において重要な定理である．さらに，ここでは説明のために分散の存在を仮定したが，ヒンチン (Khintchin) の大数の法則により，分散の仮定は不要であることも示されている．

また，より一般に "$T_n \xrightarrow{p} \theta$" となるような推定量 T_n を，θ の**一致推定量** (consistent estimator) とよぶ．これにより，標本の大きさ n が十分に大きければ推定量はパラメータの近くにある可能性が高いので，その意味で良い推定量とされるのである．θ の最尤推定量 $\widehat{\theta}$ が尤度方程式の唯一の解であるときには，最尤推定量 $\widehat{\theta}$ が θ の一致推定量になることが知られている．つまり，最尤推定量は一致推定量でもあるため，その意味でも良い推定量であると言える．

図 2.4 は，正規分布 $N(0, 2^2)$ に従う乱数を標本の大きさ $n = 20, 100, 1000$ として発生させ，それぞれで標本平均 $\overline{x}$ を求めるという処理を 1000 回繰り返して得られたもののヒストグラムである．標本の大きさが増加するにつれて，$\overline{x}$ は 0 に集中していく様子がわかる．これは，$\overline{x}$ が乱数の期待値 $\mu = 0$ の一致推定量であることに起因する．

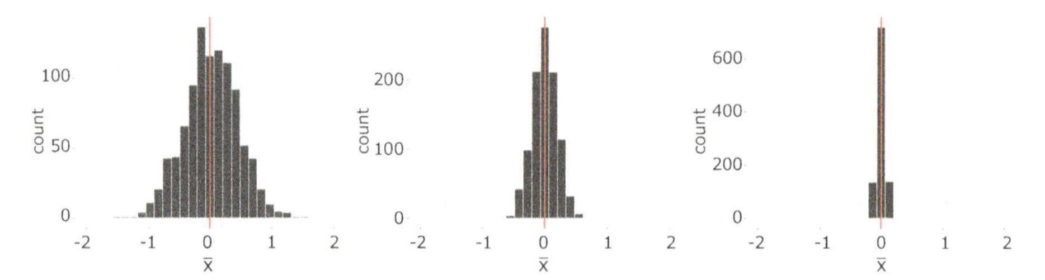

図 2.4 標本の大きさ n の正規乱数から求められた標本平均 1000 個のヒストグラム．左：$n=20$，中央：$n=100$，右：$n=1000$．赤実線は乱数の平均である 0 を示す．

2.4 中心極限定理

本節では，統計的推測や，次章で紹介する統計的仮説検定など多くの場面で利用されている重要な定理である，**中心極限定理** (central limit theorem) について紹介する．

定理 2.1 中心極限定理

$X_1, \ldots, X_n$ は互いに独立で，平均 μ，分散 σ^2 をもつ同一の確率分布からのランダム標本とする．このとき，標本平均 $\overline{X}$ について，n が十分大きいとき，

$$\sqrt{n}\frac{\overline{X}-\mu}{\sigma}$$

は近似的に標準正規分布 $N(0,1)$ に従う．

この定理の証明は本書の内容を超えるため，ここでは略証を示す．

証明

母集団分布の積率母関数 $m_X(t)$ が存在すると仮定する．ここで，

$$Y_i = \frac{X_i-\mu}{\sigma},$$
$$Z_n = \sqrt{n}\,\frac{\overline{X}-\mu}{\sigma}$$

とおくと，

$$Z_n = \frac{1}{\sqrt{n}} \sum_{i=1}^{n} \frac{X_i - \mu}{\sigma} = \sum_{i=1}^{n} \frac{Y_i}{\sqrt{n}}$$

である．ここで，Y_i が $i.i.d.$ であることに注意すると，Z_n の積率母関数 $m_n(t)$ は，Y_i の積率母関数 $m_Y(t)$ を用いて

$$\begin{aligned} m_n(t) &= E\left[\exp\left(\frac{t}{\sqrt{n}} \sum_{i=1}^{n} Y_i\right)\right] \\ &= \prod_{i=1}^{n} E\left[\exp\left(\frac{t}{\sqrt{n}} Y_i\right)\right] \\ &= \left[m_Y\left(\frac{t}{\sqrt{n}}\right)\right]^n \end{aligned} \tag{2.11}$$

となる．ここで，$m_Y'(0) = E(Y_i) = 0, m_Y''(0) = V(Y_i) = 1$ であることに注意すれば，$m_Y(t)$ をマクローリン展開することで，

$$\begin{aligned} m_Y(t) &= 1 + m_Y'(0)t + \frac{1}{2}m_Y''(0)t^2 + \frac{1}{3!}m_Y^{(3)}(0)t^3 + \cdots \\ &= 1 + \frac{t^2}{2} + \frac{t^3}{6}m_Y^{(3)}(0) + \cdots \end{aligned}$$

となる．これを (2.11) 式に代入して

$$\begin{aligned} m_n(t) &= \left[m_Y\left(\frac{t}{\sqrt{n}}\right)\right]^n \\ &= \left[1 + \frac{t^2}{2n} + \frac{t^3 m_Y^{(3)}(0)}{3!n^{\frac{3}{2}}} + \cdots\right]^n \\ &= \left[1 + \frac{1}{n}\left(\frac{t^2}{2} + \frac{t^3 m_Y^{(3)}(0)}{3!n^{\frac{1}{2}}} + \cdots\right)\right]^n \end{aligned}$$

を得る．ここで，$n \to \infty$ とすれば

$$m_n(t) \to \exp\left[\frac{t^2}{2}\right]$$

となる．これは標準正規分布の積率母関数である．積率母関数の一意性より，この結果は，n が十分大きいとき，Z_n が標準正規分布に従うことを示している．■

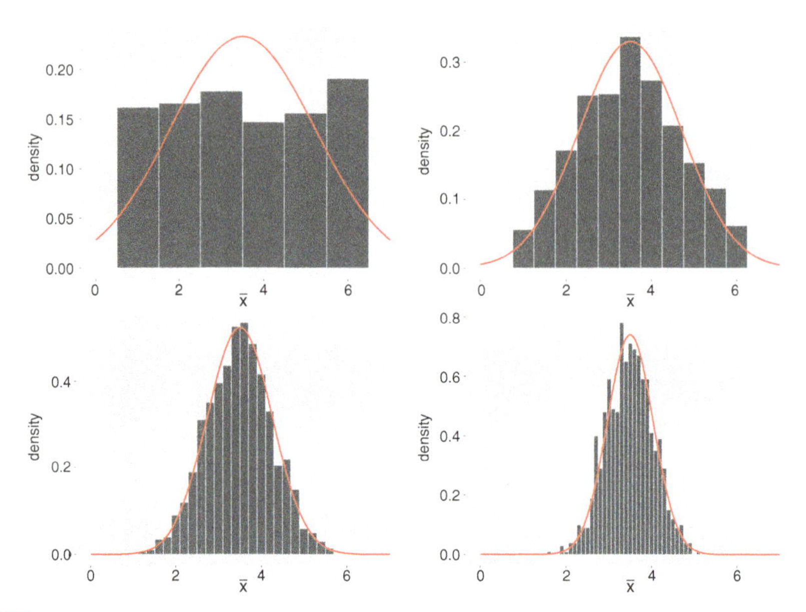

図 2.5　さまざまな標本の大きさにおける，一様乱数の標本平均 1000 個の分布．左上：$n = 1$，右上：$n = 2$，左下：$n = 5$，右下：$n = 10$．赤曲線は正規分布 $N(\frac{7}{2}, \frac{1}{\sqrt{n}}\frac{35}{12})$ の確率密度関数を表す．

中心極限定理は，母集団分布がどのような分布であっても，n が十分大きい場合，標本平均 $\overline{X}$ は近似的に正規分布に従うことを主張している．ただし，この近似精度は実際の母集団分布や標本の大きさに依存するため，注意が必要である．

図 2.5 は，離散型一様分布 $U(1, \ldots, 6)$ に従う乱数 (例えば，6 面サイコロの出目に対応する) を n 個発生させ，その標本平均を求める処理を 1000 回繰り返して得られたヒストグラムである．また，定理 1.1 で導出した，一様分布の期待値と分散を用いた正規分布 $N\left(\frac{7}{2}, \frac{1}{\sqrt{n}}\frac{35}{12}\right)$ の確率密度関数も併せて示している．$n = 1$ の場合は乱数の値そのものに対応するため全ての値でほぼ等確率であるが，n が増加するにしたがってヒストグラムの形状が正規分布に近づいていることがわかる．

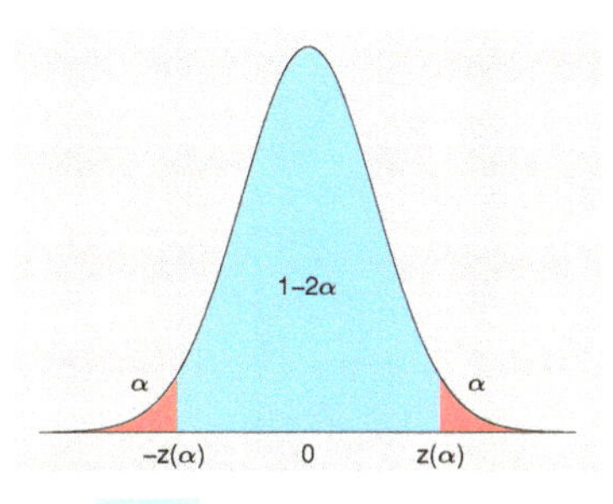

図 2.6　区間推定のイメージ

2.5 区間推定

先に述べた最尤推定などは，パラメータを 1 つの値として推定する方法であった．これは**点推定** (point estimation) とよばれる．しかし，解析の目的によっては，「パラメータの値がどの範囲に存在するか」という区間に興味があることも多い．その場合には，ある程度信頼のおける区間を構成し，その中に真のパラメータの値があるとする推定法も考えられる．これは**区間推定** (interval estimation) とよばれる．

例えば，正規分布に従う母集団の平均 μ に興味がある場合は，σ^2 が既知ならば，(2.1) 式を用いて

$$\Pr\left(-z(\alpha) \leq \frac{\overline{X}-\mu}{\sqrt{\sigma^2/n}} \leq z(\alpha)\right) = 0.95 \tag{2.12}$$

を満たすように $z(\alpha)$ を求めることで，μ の区間推定を行うことができる．これは，図 2.6 の水色の部分の確率に対応する．ここで，$z(\alpha)$ は標準正規分布に従う確率変数 Z に対して

$$\Pr(z(\alpha) \leq Z) = \alpha$$

を満たす値であり，標準正規分布の上側 $100\alpha\%$ 点とよばれる．(2.12) 式では，$\alpha = 0.025$ とすれば等式が成り立つ．標準正規分布表 (巻末付表 1) や計算機などを利用すれば，$z(0.025) \approx 1.96$ となることがわかるので，

$$\Pr\left(-z(0.025) \leq \frac{\overline{X}-\mu}{\sqrt{\sigma^2/n}} \leq z(0.025)\right) = 0.95$$

$$\Leftrightarrow \Pr\left(\overline{X} - 1.96\frac{\sigma}{\sqrt{n}} \leq \mu \leq \overline{X} + 1.96\frac{\sigma}{\sqrt{n}}\right) = 0.95$$

と変形できる．よって，区間

$$\left[\overline{X} - 1.96\frac{\sigma}{\sqrt{n}},\ \overline{X} + 1.96\frac{\sigma}{\sqrt{n}}\right] \tag{2.13}$$

が，平均に対する区間推定の結果となる．このとき，確率 0.95 を**信頼度**あるいは**信頼係数** (confidence level) とよび，得られた区間を信頼度 95% の μ の**信頼区間** (confidence interval) とよぶ．

(2.13) 式の $\overline{X}$ に観測されたデータを代入することで，分散パラメータ σ^2 が既知ならば，信頼区間を実際の数値として得ることができる．ここで，1 つの標本から求められたこの信頼区間の実現値が「95%の確率で真のパラメータ μ を含む」ものではないことに注意したい．区間推定は，同じ母集団から異なる標本を繰り返し取り出し，それぞれに対して信頼区間の実現値を得たとき，100 回中 95 回はその信頼区間の中に μ が含まれる，という解釈になる．

信頼区間 (2.13) 式は，分散パラメータ σ^2 が既知という想定の下で求められたものである．しかし，現実的には σ^2 は未知であることがほとんどである．この場合は，t 分布に従う統計量 (2.2) 式を用いた区間推定を行う必要がある．$t(\alpha; n-1)$ を自由度 $n-1$ の t 分布の上側 $100\alpha\%$ 点とすれば，分散 σ^2 が未知の場合における信頼度 $100(1-2\alpha)\%$ の μ の信頼区間は，

$$\Pr\left(-t(\alpha; n-1) \leq \frac{\overline{X} - \mu}{U/\sqrt{n}} \leq t(\alpha; n-1)\right) = 1 - 2\alpha$$

を変形して得られる

$$\left[\overline{X} - t(\alpha; n-1)\frac{U}{\sqrt{n}},\ \overline{X} + t(\alpha; n-1)\frac{U}{\sqrt{n}}\right] \tag{2.14}$$

となる．標本が十分に大きければ t 分布は標準正規分布に収束するので，標本サイズがある程度確保されていれば，(2.14) 式の代わりに $\sigma^2 = U^2$ とみなして，標準正規分布に基づく信頼区間 (2.13) 式を使うこともある．

表 2.1　燃費のデータ (再掲)

回数	1	2	3	4	5	6	7	8	計 (または平均)
走行距離 [km]	891.2	1041.6	1158.8	978.5	772.9	952.7	904.6	789.5	7489.8
使用燃料 [L]	28.62	35.13	36.44	31.75	26.64	33.68	32.00	27.38	251.64
燃費 [km/L]	31.1	29.6	31.8	30.8	29.0	28.3	28.3	28.8	29.7

例 2.4　前章で用いた車の燃費について，信頼度95%の信頼区間を求めてみよう．1章のときと同様，このデータにおける燃費は正規分布 $N(\mu, \sigma^2)$ に従うことを仮定する．しかし，標本サイズが $n = 8$ と小さいため，ここでは分散 σ^2 は未知と考え，t 分布に基づく区間推定を行う．

信頼区間導出のために必要な統計量は，

$$\overline{X} = 29.71, \quad U^2 = 1.83$$

と求められる．また，t 分布表や計算機を用いることで， $t(0.025; 7) = 2.36$ であることがわかる．これらを (2.14) 式に代入することで，燃費 μ の信頼度95%の信頼区間は次で与えられる．

$$[28.58, \ 30.84]$$

これは，現状の車の使用状況においては，ガソリン 1L あたりで走れる距離は信頼度95%で 28.58km から 30.84km に含まれることが期待されることを意味しており，真の燃費はこの間にある可能性が高いことを示している．

例 2.4 の信頼区間は，R で簡単に求めることができる．リスト 2.1 に示すプログラムでは，各統計量を計算し，これらを (2.14) 式に代入して区間の下限 (信頼下限) と区間の上限 (信頼上限) をそれぞれ求めている．また，`t.test` という関数を用いると，`95 percent confidence interval` の部分に信頼区間が出力されるため，そちらを用いてもよい．プログラム中の `conf.level = 0.95` は，信頼度の指定である．もし，99%の信頼度で区間推定をしたいのであれば，`conf.level = 0.99` のように指定すればよい．

リスト 2.1　正規母集団の平均の推定

```
1  > # t 分布を用いた区間推定の実行（各統計量を各々計算する場合）
2  > nenpi <- c(31.1, 29.6, 31.8, 30.8, 29.0, 28.3, 28.3, 28.8)
3  > xbar <- mean(nenpi)
4  > U <- var(nenpi)
5  > # t 分布の下側パーセント点（自由度 7のt 分布の累積確率 97.5%の点）
6  > t <- qt(0.975, 7)
7  > # 信頼下限
8  > xbar - t * (sqrt(U/8))
9  [1] 28.58161
10 > # 信頼上限
11 > xbar + t * (sqrt(U/8))
12 [1] 30.84339
13
14 > # t 分布を用いた区間推定の実行（関数を用いる場合）
15 > t.test(nenpi, conf.level=0.95)
16 95 percent confidence interval:
17  28.58161 30.84339
18 sample estimates:
19 mean of x
20   29.7125
```

➤ 第2章　練習問題

2.1 $X_1, \ldots, X_n$ がパラメータ μ, ν のガンマ分布からの大きさ n のランダム標本とする．このとき，パラメータ ν の最尤推定量を求めよ．ただし，μ は既知とする．

2.2 $X_1, \ldots, X_n$ が期待値 μ, 分散 σ^2 をもつ確率分布からのランダム標本とする．このとき，$\overline{X}$ は μ の不偏推定量であることを示せ．また，その MSE は σ^2/n であることを示せ．

2.3 ある工場で製造しているスマートフォンのバッテリーの持ち時間を知りたい．無作為に 100 個のバッテリーを調べたところ，標本平均 $\overline{X} = 5.6$ (時間) であった．この工場で製造しているバッテリーの分布は $N(\mu, 2^2)$ であるときに，μ の 90%, 95%, 99%信頼区間を求めよ．

2.4 問題 2.3 において，調べるバッテリーの個数を 50, 200, 400 個とした場合の μ の 95%信頼区間をそれぞれ求めよ．ただし，標本平均は変わらず $\overline{X} = 5.6$ であるとする．

第 3 章
統計的仮説検定

前章では，分布を特徴づけるパラメータの値がどのような値であるか，またはどの範囲に含まれるかを決定するための推定について紹介した．一方で，本章で扱う統計的仮説検定は，母集団のパラメータが特定の値であるという仮説を立て，その仮説が妥当か否かを，母集団から得られたデータを用いて検証する方法である．統計的仮説検定により，例えば母集団の平均が想定されていたものと異なっているかどうか，あるいは，2 つの標本の平均が異なっているかどうかといった興味の対象に対して 1 つのエビデンスを示すことができる．

3.1 統計的仮説検定とは

$X_1, X_2, \ldots, X_n$ を平均 μ, 分散 σ^2 の正規分布に従うランダム標本とする．いま，母集団の平均の値に興味がある状況を考える．例えば，あるダイエット法の効果を調べるために，そのダイエットを行った人たちの体重の減少量のデータを計測したとしよう．このとき，平均 μ はそのダイエット法の効果と考えられるし，分散 σ^2 は個人差や生活環境の違いなどと考えることができるだろう．従来のダイエット法では体重を 3 kg 減少させることが期待されているとする．このとき，新しいダイエット法が従来の方法よりも効果があることを検証するための有効な方法が，平均 μ に対する**仮説検定** (hypothesis testing) である．この場合，「新しいダイエット法の真の効果 μ の方が，従来のダイエット法の効果 3 よりも大きい (より体重を減らすことができる)」かどうかを知りたい．この場合，n 人のデータ $x_1, \ldots, x_n$ は，このダイエット法を試した n 人の体重減少量に対応する．

仮説検定では，興味がある結論とは逆の仮説を立て，その仮説に無理があることをデータから示すという点が特徴的で，その点で背理法と同じ考え方である．上の例の場合，新しいダイエット法は従来のものとは変わらないと仮定した上で，想定した確率分布の下で現在観測されているデータが実際に得られる確率を算出する．そしてその確率が小さければ，そもそも最初に仮定した「新しいダイエット法は従来のものと変わらない」という仮説が正しくないと考え，「新しいダイエット法は従来のものよりも効果がある」という結論を支持する．逆に，算出した確率が小さくないのであれば，前者の仮説を否定する積極的な理由はなくなるので，前者の仮説を否定できないことになる．つまり，「新しいダイエット法に効果があるとは言えない」という結論になる．ここで，「新しいダイエット法は従来のものと変わらない」という仮説が棄却されなかったからと言って，「従来のダイエット法と新しいダイエット法の効果は同じである」という結論を積極的に支持している訳ではないことに注意されたい．仮説検定では，「新しいダイエット法は従来のものよりも効果がある」という結論を導くために，「効果がない」という仮説が，偶然とは言えない十分な証拠を以て不適切であることを示す形になっている．

ダイエットの例において，はじめに設定した「効果は変わらない」という仮説を**帰無仮説** (null hypothesis) とよび，これを否定した仮説を**対立仮説** (alternative hypothesis) とよぶ．仮説検定では一般的に，興味がある仮説を対立仮説におき，帰無仮説を否定 (**棄却**，reject) することで対立仮説を支持 (**採択**，accept) するという方針をとる．また，この例では「新しいダイエット法の方が従来の方法よりも効果がある」という対立仮説を考えているが，これは問題設定が異なれば仮説を変えることもできる．例えば，新しいダイエット法がどのような効果を出すのか全く見当もつかない場合は，従来の方法よりも効果が低い可能性も残る．この場合は，対立仮説を「新しいダイエット法は従来の方法の効果と異なる」と設定すればよい．あるいは，2 種類の新しいダイエット法が提案されたとき，どちらの方が効果があるかを検証するために 2 グループにそれぞれのダイエット法を行った場合に，2 グループで体重の減少量に差があったかどうかを検証したい，という設定もあるかもしれない．これらの違いは後ほど詳しく説明する．

ここまでで仮説検定の考え方を簡単に説明したが，実際に検定を行うためには確率の計算が必要であるし，さらには計算した確率の値が大きいのか小さいのかの基

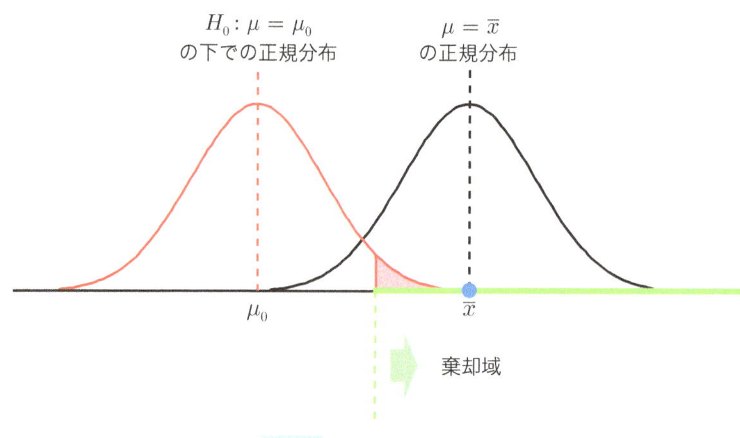

図 3.1　棄却域のイメージ

準もあらかじめ決めておかなくてはならない．対象となるパラメータ (平均や分散など) によって確率の計算方法は異なるため，問題設定をした段階でどのパラメータに興味があるのかについて，見極める必要がある．

➤ 3.2　1 標本の平均の検定

本節では，最初に設定したデータが正規母集団から得られているとした場合における，平均 μ の検定について説明する．

いま，母集団の平均 μ が，ある定数 μ_0 よりも大きいか否かに興味があるとする．このとき，帰無仮説および対立仮説はそれぞれ次のように書くことができる (図 3.1).

$$
\begin{aligned}
&\text{帰無仮説 } H_0: \ \mu = \mu_0 \\
&\text{対立仮説 } H_1: \ \mu > \mu_0
\end{aligned} \tag{3.1}
$$

前節のダイエット法の例であれば，新しいダイエット法に効果があるか否かを検証することに対応し，$\mu_0 = 3$ である．なお，本書では今後，帰無仮説は H_0，対立仮説は H_1 と書くこととする．本書で説明する仮説検定では，対象となるパラメータの推定量を用いて確率の計算を行うことになるため，推定量の従う確率分布 (つまり，標本分布) を知っておく必要がある．(3.1) 式の帰無仮説であれば μ の推定量を考えるので，自然な推定量として標本平均 $\overline{X}$ を用いることが考えられる．すると，

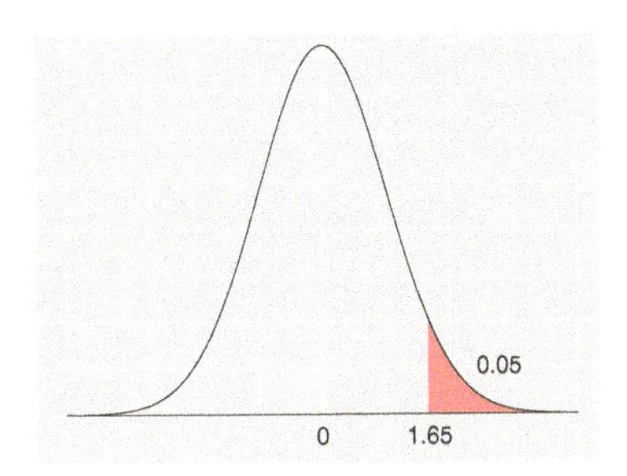

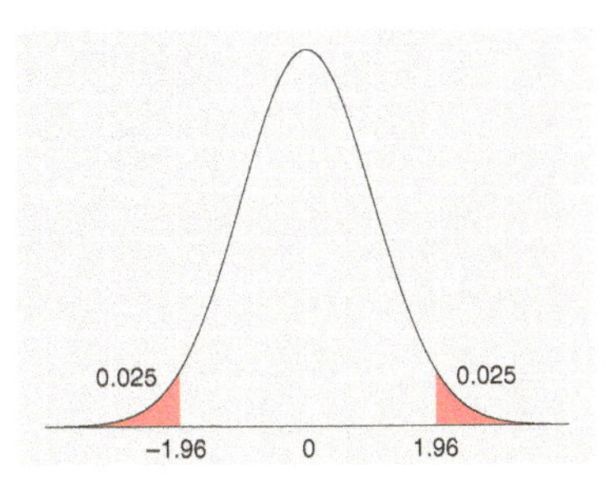

図 3.2　標準正規分布に対する，片側検定における上側 5%点 (左) と，両側検定における両側 5%点 (右)．赤い領域は，棄却域の範囲に対応する 5%確率を表す．

前章で説明したように，これは正規分布 $N(\mu, \sigma^2/n)$ に従う．正規分布表を用いて確率を計算する場合は，標準正規分布に従う確率変数を導出する必要がある．このとき，帰無仮説 H_0 の下では，

$$Z = \frac{\overline{X} - \mu}{\sqrt{\sigma^2/n}} = \frac{\overline{X} - \mu_0}{\sqrt{\sigma^2/n}} \sim N(0, 1) \tag{3.2}$$

となる．一般的に，検定に用いる統計量 Z を**検定統計量** (test statistic) とよぶ．検定統計量の値を，H_0 の下での確率分布 (ここでは標準正規分布) に対応させて，確率の大小を判断する必要があるが，「この確率がいくら以下であれば H_0 を棄却するか」という基準は事前に決めておかなくてはならない．この境界を**有意水準** (significance level) といい，有意水準を基準にして H_0 が棄却される場合，**有意** (significant) であるという．有意水準にこれといった決まりはないが，5% や 1% が用いられることが多い (図 3.2)．有意水準が小さいほど H_0 は棄却されにくく，より保守的な検定となる．また，検定では確率をもとに結論を導くことになるため，結論を誤ることもある．1 つは帰無仮説が正しいにもかかわらず帰無仮説を棄却してしまう誤りである．これを**第 1 種の過誤** (type I error) という．もう 1 つは帰無仮説が正しくないにもかかわらず，帰無仮説を棄却しない誤りである．これを**第 2 種の過誤** (type II error) という．第 1 種の過誤は有意水準，第 2 種の過誤は**検出力** (power) とよばれるものと関連が深いが，ここではこれ以上の説明は割愛する．

検定統計量が標準正規分布に従う場合，有意水準が 5% のときは上側 5%点である 1.65 を境界として，検定統計量 Z の実現値 z がこの境界値よりも大きいか小さいかで H_0 を棄却するか否かの判断をする．つまり，

$$
\begin{aligned}
&z > 1.65 \text{ のとき，} H_0 \text{ を棄却} \\
&z \leq 1.65 \text{ のとき，} H_0 \text{ を棄却しない}
\end{aligned}
\tag{3.3}
$$

のように整理できる．一般に，H_0 を棄却する z の範囲を**棄却域** (rejection region) という．仮説検定は，検定統計量の値を計算し，事前に設定しておいた棄却域にその値が入るかどうかで結論を導くという流れになる．

例 3.1 新しいダイエット法を 5 名に試してもらい，体重の減少量 [kg] を測定してもらった．その結果が

$$2.6,\ 3.8,\ 3.1,\ 3.9,\ 4.0$$

であった．この 5 人の体重減少量の標本平均は $\overline{x} = 3.48$ である．従来の方法の効果が 3.0 であったとすると，この数字だけ見ればこの新しいダイエット法は従来の方法よりも効果があるように思える．しかし，このダイエット法に効果があると結論付けるには，想定される対象はこの 5 人だけではなく，もっと広くダイエットを必要としている人達すべて (母集団) に対して効果があることを立証しなくてはならない．この 5 人が偶然，痩せやすい 5 人であった場合に，この標本平均 3.48 に意味があるのだろうか．仮説検定はここに意味をもたせることができる．母集団の確率分布は，個人差などを分散とする正規分布に従い，さらに，ここではその分散が $\sigma^2 = 0.6^2$ と既知であると仮定する．このとき，先ほどの検定統計量の実現値は

$$z = \frac{\overline{x} - \mu_0}{\sqrt{\sigma^2/n}} = \frac{3.48 - 3.0}{\sqrt{0.6^2/5}} \simeq 1.79$$

となる．有意水準を 5% とすれば，棄却域は $z > 1.65$ であったので，データから計算した統計量の値はこの棄却域に入る．よって，帰無仮説を棄却し，対立仮説を採択する．すなわち，新しいダイエット法は有意水準 5% で従来のダイエット法と効果に差がある (平均の値から判断すれば効果がある) と言える．

一方で，有意水準を 1% とすると結論はどうなるだろうか．正規分布表から，上側 1% であるおよそ 2.33 が境界値となり，検定統計量の値は棄却域に入らなくなる．したがって，有意水準が 1% では

H_0 を棄却できず，新しいダイエット法は従来のダイエット法と効果に差があるとは言えないことになる．

この例では，「新しいダイエット法の方が従来の方法よりも効果がある」という対立仮説を立てた上で検定を行ったが，新しい方法が従来の方法に比べて劣っている可能性も捨てきれず，「新しいダイエット法は従来の効果と異なる」という対立仮説を考えたい場合もある．この場合は，帰無仮説および対立仮説をそれぞれ

$$\begin{aligned}\text{帰無仮説 } H_0 &: \ \mu = \mu_0 \\ \text{対立仮説 } H_1 &: \ \mu \neq \mu_0\end{aligned} \tag{3.4}$$

と設定する．このとき，棄却域を (3.3) 式のように片側だけにするのではなく，両側に設定する必要がある．このとき注意すべきなのは，例 3.1 で用いた境界値 1.65 は標準正規分布の上側 5%点であったため，棄却域を $z < -1.65, 1.65 < z$ のようにとると，左端と右端併せて有意水準 10%で検定を行うことになる．もし有意水準を 5%のまま保ちたいのであれば，正規分布表などから求めた上側 2.5% 点である 1.96 を用いる (図 3.2 右)．以上のことから，仮説 (3.4) 式に基づく有意水準 5%の検定では，

$$\begin{aligned}&z < -1.96, 1.96 < z \text{ のとき，} H_0 \text{ を棄却} \\ &-1.96 \leq z \leq 1.96 \text{ のとき，} H_0 \text{ を棄却しない}\end{aligned}$$

となる．つまり，棄却域を両裾側に設けることで，片裾のみに注目するより保守的な結論を導きやすくなる．このように，棄却域を両裾に設ける検定を**両側検定** (two-sided test) という．これに対して，(3.3) 式のように棄却域を片側のみに設定する検定を**片側検定** (one-sided test) という．例 3.1 において両側検定を行った場合，有意水準 5%の棄却域は $|z| > 1.96$ となることから，H_0 は棄却されない．また，有意水準 1%の場合は棄却域は $|z| > 2.58$ となり，やはり H_0 は棄却されない．このように，片側検定よりも両側検定の方が帰無仮説が棄却されにくいことがわかる．ただし，片側検定の場合は，効果が低いという状況であっても棄却域が左端 (小さい側) に設定されず帰無仮説を棄却できないため，事前の問題設定の際に，両側検定なのか片側検定なのかを吟味しておく必要がある．

ここまでは，検定統計量に含まれる分散パラメータを $\sigma^2 = 0.6^2$ としていたが，実際には分散パラメータの値が既知である状況は少ない．その場合には，区間推定

のときと同様に σ^2 の推定量として不偏標本分散 U^2 を用いて，t 分布に基づく検定が用いられる．つまり，分散パラメータ σ^2 が未知の場合は，H_0 の下で検定統計量

$$T = \frac{\overline{X} - \mu_0}{\sqrt{U^2/n}}$$

が自由度 $n-1$ の t 分布に従うので，t 分布表 (巻末付表 2) や計算機を用いて棄却域を設定すればよい．この検定方式を **t 検定** (t-test) という．分散パラメータの値に確証がない限りは，t 検定を行う方がよいだろう．

例 3.2 例 3.1 で行った片側検定を，今度は t 検定で行ってみよう．このデータの不偏標本分散 U^2 の実現値は 0.367 と計算できるので，検定統計量 T の実現値 t は

$$t = \frac{3.48 - 3.0}{\sqrt{0.367/5}} \simeq 1.77$$

となる．これが自由度 4 の t 分布に従うのだから，有意水準を 5% とすれば，t 分布表などから，片側検定 (3.1) の棄却域は

$$t > 2.13$$

となるため，帰無仮説は棄却されないことになる．

また，両側検定 (3.4) の場合，棄却域は

$$|t| > 2.78$$

となり，やはり帰無仮説は棄却されない．

例 3.2 の t 検定を行う R プログラムを，リスト 3.1, 3.2 に示す．このように，R ではさまざまな仮説検定を簡単に実行できる．なお，リスト 3.1 では $H_1 : \mu > 3.0$ の片側検定を行うために，関数 `t.test` の引数を `alternative="greater"` としたが，逆に $H_1 : \mu < 3.0$ の片側検定を行いたい場合は `alternative="less"` とすればよい．注意すべきは検定結果の見方である．関数を用いず手計算で検定する場合には，先ほどのように棄却域を手動で設定する必要があったが，`t.test` 関数では "p 値 (p-value)" とよばれる確率を計算してくれる．この p 値は，帰無仮説が正しいとしたときに，得られたデータから計算される検定統計量の値以上に極端な値

が観測される確率であり，片側検定なら検定統計量の値以上 (または以下) である確率，両側検定なら検定統計量の絶対値よりも大きい確率を表している．つまり，この p 値が小さいほど帰無仮説からのズレは大きいと考えられるので，帰無仮説を棄却することになる．その大小の基準となるのが有意水準である．リスト 3.1 を見てみると，p 値は p-value = 0.0756 となっているので，有意水準 $5\%(=0.05)$ では p 値の方が大きくなり，帰無仮説を棄却できないということになる．両側検定を行うリスト 3.2 でも p 値は p-value = 0.1511 となり，有意水準 5% では帰無仮説を棄却できないことがわかる．

リスト 3.1　R での t 検定の実行 (片側検定)

```
1   > # データの読み込み
2   > diet <- c(2.6, 3.8, 3.1, 3.9, 4.0)
3   > t.test(diet, mu=3.0, alternative="greater")
4
5   One Sample t-test
6
7   data:  diet
8   t = 1.7717, df = 4, p-value = 0.07557
9   alternative hypothesis: true mean is greater than 3
10  95 percent confidence interval:
11  2.902431       Inf
12  sample estimates:
13  mean of x
14  3.48
```

リスト 3.2　R での t 検定の実行 (両側検定)

```
1   > # データはdiet を利用
2   > t.test(diet, mu=3.0)
3
4   One Sample t-test
5
```

```
6   data:  diet
7   t = 1.7717, df = 4, p-value = 0.1511
8   alternative hypothesis: true mean is not equal to 3
9   95 percent confidence interval:
10  2.727793 4.232207
11  sample estimates:
12  mean of x
13  3.48
```

➤ 3.3 2標本の平均の差の検定

前節では，1つの正規母集団の平均の検定方法を紹介した．本節でも同じく正規母集団の平均の検定を紹介するが，前節と異なり，2つの正規母集団の平均が等しいかどうかの検定を行う．前節では比較対象は定数であり，母集団の平均がその値と有意に異なるかに興味があったが，今回は複数の正規母集団同士の比較を行うことが大きく異なる点である．例えば，新しく開発された睡眠薬の効果が従来品と比較して効果があるかどうかを調べたい場合，対象者をランダムに2群に分けて，一方のグループには新薬を，もう一方のグループには従来の薬を投与し，それぞれで睡眠薬の効果を測定する．そして，両グループでその効果に差があるかどうかを比較したい場合に，この方法が役立つ．

いま，2つの母集団 P_1, P_2 の確率分布がそれぞれ $N(\mu_1, \sigma_1^2)$, $N(\mu_2, \sigma_2^2)$ に従うとする．そして，P_1 からは大きさ n の標本 $X_1, \ldots, X_n$ が，P_2 からは大きさ m の標本 $Y_1, \ldots, Y_m$ が観測されたとする．このとき，2つの母集団の平均の差を比較するために，次の仮説を設定する．

$$\text{帰無仮説 } H_0: \ \mu_1 = \mu_2$$

$$\text{対立仮説 } H_1: \ \mu_1 \neq \mu_2$$

もちろん，前節で説明したように，問題設定によっては片側検定として対立仮説を設定してもよい．

この検定を扱う場合，次の注意が必要である．

- X_i と Y_i のデータに対応があるか否か
- σ_1^2 と σ_2^2 は等しいか否か

対応のあるデータとは，同じ対象に対してさまざまな条件下で実験を行い，その条件間で差があるかどうかを調べたいときに観測されるデータである．例えば，同じ人に対してダイエット前とダイエット後での体重の変化を調べたい場合がこれに該当する．このとき，2 つの母集団は同じ人から構成されるが，それぞれ「ダイエット前」「ダイエット後」の母集団ということになる．この場合は，$X_i - Y_i$ を新たに 1 つの変数と考えて，前節の検定を行えばよい．

また 2 標本の平均の差の検定では，2 つの母集団の分散 σ_1^2, σ_2^2 が等しいか否かで，検定方式が異なる．本節では，それぞれの場合について，2 項に分けて紹介する．さらに，2 標本の分散が等しいか否かを検定する方法についても紹介する．なお，平均の差の検定においては，分散は未知とする．

3.3.1　正規母集団の下での平均の差の検定 (等分散)

等分散の下では，平均の差の検定は以下のように行うことができる．分散パラメータは $\sigma_1^2 = \sigma_2^2 \equiv \sigma^2$ の 1 つのみで，通常はプールされた不偏標本分散

$$U_{pool}^2 = \frac{1}{n+m-2}\left\{\sum_{i=1}^{n}(X_i - \overline{X})^2 + \sum_{i=1}^{m}(Y_i - \overline{Y})^2\right\}$$

が推定量として用いられる．U_{pool}^2/σ^2 は自由度 $n+m-2$ の χ^2 分布に従うことから，H_0 の下で，検定統計量

$$T = \frac{\overline{X} - \overline{Y} - (\mu_1 - \mu_2)}{\sqrt{\left(\frac{1}{n} + \frac{1}{m}\right) U_{pool}^2}} = \frac{\overline{X} - \overline{Y}}{\sqrt{\left(\frac{1}{n} + \frac{1}{m}\right) U_{pool}^2}} \tag{3.5}$$

は自由度 $n+m-2$ の t 分布に従う．この検定を一般に 2 標本 t 検定とよぶ．

リスト 3.3 に，等分散の下での 2 標本の平均の検定を行う R プログラムを示す．ここでは，R に内蔵されている `sleep` というデータに対して検定を行った．このデータは，10 名の患者に対して 2 つの鎮痛剤を投与し，その効果である睡眠時間の増加量をそれぞれ計測したものである．この睡眠時間が 2 つの鎮痛剤で差があるかどうかを，検定により検証する．なお，このデータは本来 2 標本間で対応があるも

のだが，ここでは対応がないものと考え，2 標本検定を行う．2 標本検定の場合も，1 標本検定で用いた関数 t.test が用いられる．その際，2 つ目の引数に 2 つ目の標本のデータを入力することで，2 標本検定が行われる．検定の結果，検定統計量の値は -1.8608，p 値は 0.07919 となり，有意水準 5%では帰無仮説は棄却されないという結果が得られた．つまり，2 つの鎮痛剤で睡眠時間に差があるとは言えないという結論になる．また，自由度 df = 18 も $n+m-2=10+10-2=18$ と一致していることが確認できる．

リスト 3.3　正規母集団の平均の差の検定 (等分散)

```
> # R に組み込まれている Student の睡眠薬のデータ
> data <- sleep
> A <- subset(data, data$group==1)
> B <- subset(data, data$group==2)

> # 等分散と判断される場合 (2標本t 検定)
> t.test(A$extra,B$extra, var.equal = TRUE)

  Two Sample t-test

data:  A$extra and B$extra
t = -1.8608, df = 18, p-value = 0.07919
alternative hypothesis: true difference in means is not equal to 0
95 percent confidence interval:
 -3.363874  0.203874
sample estimates:
mean of x mean of y
     0.75      2.33
```

3.3.2　正規母集団の下での平均の差の検定 (異分散)

2 つの母集団の分散が等しくない場合は，近似的な方法ではあるがウェルチの検定とよばれる方法を用いる．ウェルチの検定は以下のように行われる．まず，検定

統計量 T を

$$T = \frac{\overline{X} - \overline{Y}}{\sqrt{U_1^2/n + U_2^2/m}} \tag{3.6}$$

とおく．ここで，U_1^2, U_2^2 はそれぞれ分散 σ_1^2, σ_2^2 の不偏標本分散

$$U_1^2 = \frac{1}{n-1}\sum_{i=1}^{n}(X_i - \overline{X})^2,$$
$$U_2^2 = \frac{1}{m-1}\sum_{i=1}^{m}(Y_i - \overline{Y})^2$$

である．このとき，帰無仮説 H_0 の下で，検定統計量 T は近似的に自由度 f の t 分布に従う．ただし，自由度 f は次で計算される．

$$f = \frac{(U_1^2/n + U_2^2/m)^2}{(U_1^2/n)^2/(n-1) + (U_2^2/m)^2/(m-1)}.$$

これにより得られる自由度の値は，必ずしも整数にならないことに注意したい．t 分布表で表示されている自由度は整数のみの場合が多いが，R などのソフトウェアに搭載されている t 分布に関する関数では，自由度が正の実数であればパーセント点等を出力できる．

R の sleep データに対してウェルチの検定を行った R プログラムを，リスト 3.4 に示す．ウェルチの検定を行う場合は，t.test 関数の引数に var.equal=FALSE と指定すればよい．df = 17.776 となっていることから，自由度が整数値となっていないことが確認できる．また，p-value = 0.07939 より，有意水準を 5% とすると帰無仮説を棄却できないことがわかる．

リスト 3.4　正規母集団の平均の差の検定 (異分散)

```
1  > # 等分散と判断されない場合（ウェルチの検定）
2  > t.test(A$extra,B$extra, var.equal = FALSE)
3
4    Welch Two Sample t-test
5
6  data:  A$extra and B$extra
```

```
t = -1.8608, df = 17.776, p-value = 0.07939
alternative hypothesis: true difference in means is not equal to 0
95 percent confidence interval:
 -3.3654832  0.2054832
sample estimates:
mean of x mean of y
     0.75      2.33
```

3.3.3 等分散性の検定

前の2項ではそれぞれ，2標本の分散が等しい・異なるという仮定の下で，それぞれ検定を行った．実はこの点についても，検定によって検証することができる．つまり，

$$\text{帰無仮説 } H_0: \ \sigma_1^2 = \sigma_2^2$$
$$\text{対立仮説 } H_1: \ \sigma_1^2 \neq \sigma_2^2$$

の検定を行う．この検定では，分散 σ_1^2, σ_2^2 の推定量の比から構成される統計量が F 分布に従うことを利用する．具体的には，

$$\sum_{i=1}^{n} \frac{(X_i - \overline{X})^2}{\sigma_1^2} = \frac{(n-1)U_1^2}{\sigma_1^2}, \quad \sum_{i=1}^{m} \frac{(Y_i - \overline{Y})^2}{\sigma_2^2} = \frac{(m-1)U_2^2}{\sigma_2^2}$$

がそれぞれ自由度 $n-1$, $m-1$ の χ^2 分布に従うことから，帰無仮説 H_0 の下で，検定統計量

$$F = \frac{\sum_{i=1}^{n}(X_i - \overline{X})^2/\{(n-1)\sigma_1^2\}}{\sum_{i=1}^{m}(Y_i - \overline{Y})^2/\{(m-1)\sigma_2^2\}} = \frac{U_1^2}{U_2^2} \tag{3.7}$$

は自由度 $(n-1, m-1)$ の F 分布に従う．この検定統計量に基づく検定の結果，帰無仮説が棄却されれば2標本で分散は異なるということになる．なお，実際に分析を行う場合は $U_1^2 > U_2^2$ とすることが多い．もし $U_1^2 < U_2^2$ であれば，(3.7) 式の逆数をとり，自由度 $(m-1, n-1)$ の F 分布のパーセント点を利用すればよい．この作業により，片側検定を行うことにできるため，棄却域の設定が容易になる．とはいえ，この作業は本質的ではなく，分母分子の大小にこだわらなければ，両

側検定を行えば同じ検定を行うことができる．

等分散性の検定を行う R プログラムを，リスト 3.5 に示す．R では，var.test 関数によって F 検定を行うことができる．この結果，p 値は 0.7427 となり，有意でない，つまり分散は異なるとは言えないという結論になる．

リスト 3.5　正規母集団の等分散性の検定

```
> # R に組み込まれている Student の睡眠薬のデータ
> data <- sleep
> A <- subset(data, data$group==1)
> B <- subset(data, data$group==2)
> # A 群と B 群の等分散性を検定により確認
> var.test(A$extra,B$extra)

F test to compare two variances

data:  A$extra and B$extra
F = 0.79834, num df = 9, denom df = 9, p-value = 0.7427
alternative hypothesis: true ratio of variances is not equal to 1
95 percent confidence interval:
0.198297 3.214123
sample estimates:
ratio of variances
0.7983426
```

3.4　分散分析

比較する正規母集団が 3 つ以上になった場合の，平均の同等性の検定についても触れておこう．この検定では，**分散分析** (ANOVA, analysis of variance) とよばれる解析法が用いられる．

分散分析は，**因子** (factor) の**水準** (level) の違いによる影響を推測する統計解析手法である．例えば，筋力トレーニングで筋肉がどの程度つくのかに興味があるとし

表 3.1　B1 リーグ第 25 節から 30 節での 10 試合における 6 チームの 3P 試投数 (本)

	千葉	栃木	新潟	川崎	琉球	京都
1	27	21	27	25	26	20
2	22	19	34	12	33	22
3	24	27	26	22	28	21
4	29	22	23	24	31	27
5	22	22	28	20	29	20
6	30	13	29	20	33	17
7	29	24	28	24	24	18
8	19	18	25	18	35	19
9	28	19	20	24	24	25
10	36	25	33	21	21	13

(出典：B1 リーグ 2018–2019 公式ページ)

よう．このとき，因子は筋肉の増加に影響を与えると考えられるものである．仮に因子が食事であるとすれば，摂取した肉の種類，食事量などで違いが生じるかもしれない．これらを因子の水準とよぶ．分散分析において，因子の数は 1 つとは限らない．水準の違いを調べる因子が 1 つの場合に用いられる分散分析を**一元配置分散分析** (one-way ANOVA) とよび，因子が 2 つの場合は**二元配置分散分析** (two-way ANOVA)，因子が 3 つ以上の場合は**多元配置分散分析** (multi-way ANOVA) とよぶ．本書では，一元配置分散分析のみ紹介する．本書ではこれ以上詳しくは扱わないが，導出などの詳細は例えば，広津 (1976) などを参照されたい．また，母集団の従う分布が正規分布でない場合は，クラスカル–ウォリス検定 (Kruskal-Wallis test) を用いることで同様の問題を解析することもできるが，本書では割愛する．

一元配置分散分析の例として，表 3.1 のデータを見てみよう．このデータは，B1 リーグ 2018–2019 シーズンの第 25 節から第 30 節での 10 試合におけるスリーポイントシュート (3P) の試投数を，第 30 節終了時点で東地区，中地区，西地区の各地区でそれぞれ上位 2 チーム，計 6 チームについて集計したものである．また，各チームの試投数の散布図を，図 3.3 に示す．このデータから，上位チームで 3P を打つ回数に違いがあるのかを知りたい．このときは因子が “チーム” であり，水準は “チームの種類” である．各チームとも基本的な戦い方は変わらないと仮定して，3P の回数は同じ正規分布に従っていると考え，一元配置分散分析を適用する．

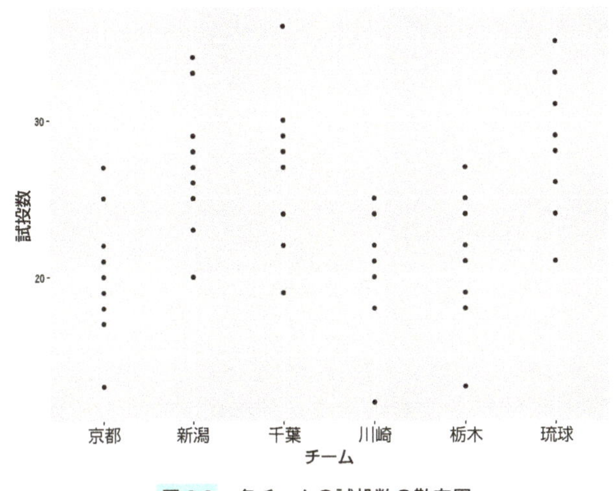

図 3.3　各チームの試投数の散布図

表 3.1 のデータに対して一元配置分散分析を適用する R プログラムを，リスト 3.6 に示す．p 値 (Pr(>F) の値) は 1.99×10^{-5} となっており，もし全チームの試投数が同じだとすると，これらのデータが得られる確率は非常に低いことを示している．つまり，チームによって試投数に差はあると結論付けることができる．

図 3.3 を見ると，新潟，千葉，琉球と京都，川崎，栃木の 2 グループで差があるように見える．具体的に，どのチーム間に差があるのかを見るためには，多重比較法とよばれる検定方式が必要となる．多重比較法の詳細は永田，吉田 (1997) などを参照されたい．

リスト 3.6　一元配置分散分析の例

```
1  > # 表 3.1の読み込み
2  > bas <- read.csv("表 3.1.csv", header=TRUE)
3  > bas
4    試投数 チーム
5  1      27    千葉
6  2      22    千葉
7  3      24    千葉
8  …
```

```
59      25    京都
60      13    京都
> # チーム名を因子として認識させるためのコマンド
> bas$チーム <- factor(bas$チーム)
> result <- aov(試投数 ~ チーム, data=bas)
> summary(result)
              Df   Sum Sq   Mean Sq  F value      Pr(>F)
チーム          5    694.1    138.82    7.538    1.99e-05 ***
Residuals     54    994.5    18.42
---
Signif. codes:  0  '***'  0.001  '**'  0.01  '*'  0.05  '.'  0.1  ' '  1
```

第3章　練習問題

3.1 あるバスケットボール選手が5試合に出場し，各試合の得点が

$$8,\ 10,\ 12,\ 9,\ 13$$

であった．この選手の得点能力は $N(\mu, 3^2)$ に従うとしたとき，帰無仮説 $H_0 : \mu = 10$, 対立仮説 $H_1 : \mu > 10$ の検定をせよ．

3.2 ある 2 つの都市 (A 市, B 市) の 5 日間の観光客数を調べたところ，以下の表のようになった．A 市，B 市に訪れる観光客数はそれぞれ独立に $N(\mu_A, \sigma_A^2)$, $N(\mu_B, \sigma_B^2)$ に従うとすると，この 2 つの都市で訪れる観光客に違いがあるかを検定によって確かめよ．

	1 日目	2 日目	3 日目	4 日目	5 日目
A 市	105	120	89	98	103
B 市	102	77	69	63	72

第 4 章

線形回帰モデル

夏の気温が高ければ高いほど，アイスの売り上げは増加すると考えられる．このように，一方の情報がもう一方の情報に影響を与えているようなデータの組が得られたとき，影響を与えているデータと，影響を受けているデータの2種類のデータ間の関係を，数式を用いて表現したものは回帰モデルとよばれる．この章では，両者の関係が線形で与えられると仮定した線形回帰モデルについて，その定式化と推定法，そして推定量の性質について紹介する．

4.1 線形単回帰モデル

容器に入れた水に一定の熱を与え続け，一定時間ごとに水の温度が何度上昇したかを計測する実験を考える．熱を加え始めてからの時間を x [分]，その時の水温を y [℃] とすると，水が沸騰するまでは，x と y との間には次のような関係式が成り立つと考えられる．

$$y = \beta_0 + \beta_1 x. \tag{4.1}$$

ここで，β_0 は熱を加え始める前の水温を，β_1 は 1 分あたりに水が何度上昇するかを示す変化量を表すもので，それぞれ直線の切片，傾きに相当する．実験環境が標準状態であれば，理論上は，(4.1) 式によって熱を加えた時間に対する水温を表すことができるはずである．

では，実際に 10 時点における水温を，温度計を見ることで測定したとしよう．こ

表 4.1　熱を加え始めてからの経過時間と水温

x [分]	1	2	3	4	5	6	7	8	9	10
y [℃]	24.75	32.37	36.33	47.19	50.66	54.36	62.97	69.48	75.15	79.39

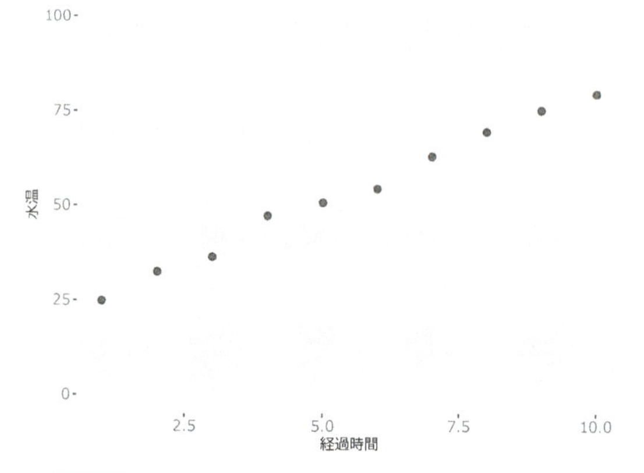

図 4.1　加熱を始めてからの経過時間と水温の散布図

れは，標本サイズ $n = 10$ のデータとなる．計測時点とその時の水温について，i 番目の観測値をそれぞれ x_i, y_i とすると，これらが厳密に (4.1) 式に従うのであれば，次の関係式が得られる．

$$y_i = \beta_0 + \beta_1 x_i, \quad i = 1, ..., n. \tag{4.2}$$

そして，得られたデータをもとにして，切片 β_0 と傾き β_1 の値を求めることができるはずである．

実際の計測によって，水温について表 4.1 のようなデータが得られたとする [*1]．この結果を散布図で表したものは図 4.1 で与えられる． これらの表や図を見てもわかるように，加熱時間と水温の関係は厳密には (4.2) 式に従っておらず，わずかな「ずれ」が生じていることがわかる．この「ずれ」の原因としては，観測者の目視による誤差や周囲の環境など，さまざまなものが考えられる．このように，一般的には，観測されるデータは何らかの誤差を伴った形で得られる．そこで，(4.2) 式に，ランダムに変動する誤差を表す変数である ε_i を加えた次の式を考える．

[*1] これは実際のデータを想定して人工的に生成したものである．R によるデータ発生のプログラムはリスト 4.1 を参照されたい．

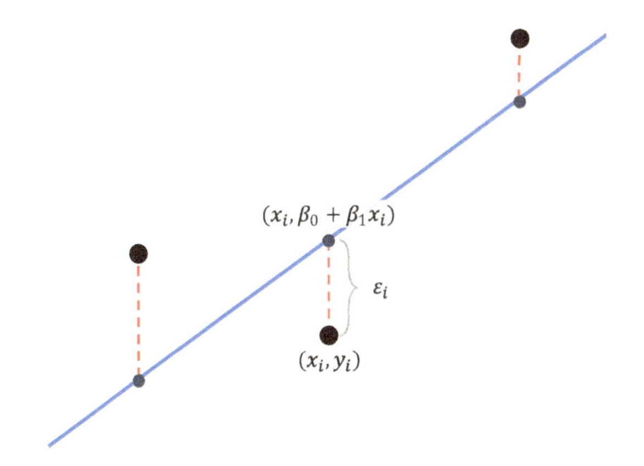

図 4.2　回帰直線とデータとの誤差

$$y_i = \beta_0 + \beta_1 x_i + \varepsilon_i, \quad i = 1, ..., n. \tag{4.3}$$

この式の意味を，図 4.2 を使って解説しよう．熱を加え始めてからの経過時間と水温との関係が厳密に (4.1) 式に従うのであれば，水温のデータはこの図の直線上に乗るはずである．ところが実際は，誤差によってそこから離れた所にデータが観測されている．この，直線上の点と実際の観測値とのずれを，ε_i で表現していることになる．

このように，x_i と y_i の 2 種類の変数に関して観測されたデータ間の関係を表現した統計モデルのことを**回帰モデル** (regression model) といい，特に，2 変数間の関係を直線 (線形) で表したモデル (4.3) 式を**線形単回帰モデル** (linear simple regression model) という．また，x_i と y_i に対応する変数をそれぞれ**説明変数** (explanatory variable)，**目的変数** (response variable) とよぶ[*2]．さらに，**誤差** (error) ε_i はランダムに変動するもの，つまり確率変数と考える．特に，ε_i は各 i で互いに独立で，期待値 $E(\varepsilon_i) = 0$，分散 $V(\varepsilon_i) = \sigma^2$ をもつと仮定することが多い．β_0 は切片あるいは定数項，β_1 は**回帰係数** (regression coefficient) とよばれるもので，説明変数と目的変数との関係を規定する．$\beta_0, \beta_1, \sigma^2$ は，データから推定すべき未知のパラメータである．また，本書では説明変数 x_i は固定された値と考えるが，x_i を確率変数とみなす考え方もある．

[*2] 説明変数と目的変数という名称の他にも，説明変数と被説明変数，入力変数と出力変数，独立変数と従属変数といった名称も用いられている．

誤差 ε_i に対する仮定より，y_i は，各 i で互いに独立で，期待値 $E(y_i) = \beta_0 + \beta_1 x_i$，分散 $V(y_i) = \sigma^2$ をもつ確率変数となることがわかる．y_i は誤差を伴って観測されたものであるため，誤差を除去した $E(y_i) = \beta_0 + \beta_1 x_i$ を用いて，目的変数の値の予測を行う．

4.1.1 最小 2 乗法

線形単回帰モデル (4.3) 式の β_0 と β_1 の値を適当に定めることで，回帰直線 $y = \beta_0 + \beta_1 x$ を構築することができ，説明変数と目的変数との関係を直線で表すことができる．では，β_0 と β_1 をどのように求めればよいだろうか．直感的には，回帰直線がデータに「良く当てはまる」，言い換えると，回帰直線がデータの近くを通るようにこれらのパラメータを定めればよいと考えられる．この直感を定式化してみよう．

データに良く当てはまるモデル (4.3) 式とは，誤差 ε_i の大きさをすべての i に対して小さくするようなものに対応する．そこで，ε_i を 2 乗したものを $i = 1, \ldots, n$ についてすべて足し合わせた**誤差 2 乗和** (sum of squared errors)

$$S(\beta_0, \beta_1) = \sum_{i=1}^{n} \varepsilon_i^2 = \sum_{i=1}^{n} \{y_i - (\beta_0 + \beta_1 x_i)\}^2 \tag{4.4}$$

を最小にするような β_0, β_1 を求める．このように，誤差 2 乗和を最小にすることで，回帰モデルのパラメータを推定する方法を**最小 2 乗法** (least squares method) という．

誤差 2 乗和 $S(\beta_0, \beta_1)$ は，β_0, β_1 の関数とみなすと，図 4.3 のように，下に凸の曲面となる．したがって，$S(\beta_0, \beta_1)$ を最小とする β_0, β_1 は，$S(\beta_0, \beta_1)$ を β_0, β_1 について偏微分し，それらが 0 となる方程式

$$\begin{cases} \dfrac{\partial S(\beta_0, \beta_1)}{\partial \beta_0} = -\displaystyle\sum_{i=1}^{n} y_i + n\beta_0 + \beta_1 \sum_{i=1}^{n} x_i = 0 \\ \dfrac{\partial S(\beta_0, \beta_1)}{\partial \beta_1} = -\displaystyle\sum_{i=1}^{n} x_i y_i + \beta_0 \sum_{i=1}^{n} x_i + \beta_1 \sum_{i=1}^{n} x_i^2 = 0 \end{cases} \tag{4.5}$$

を解くことで，次のように得られる (練習問題 4.1)．

$$\widehat{\beta}_0 = \overline{y} - \widehat{\beta}_1 \overline{x}, \quad \widehat{\beta}_1 = \frac{S_{xy}}{S_{xx}}. \tag{4.6}$$

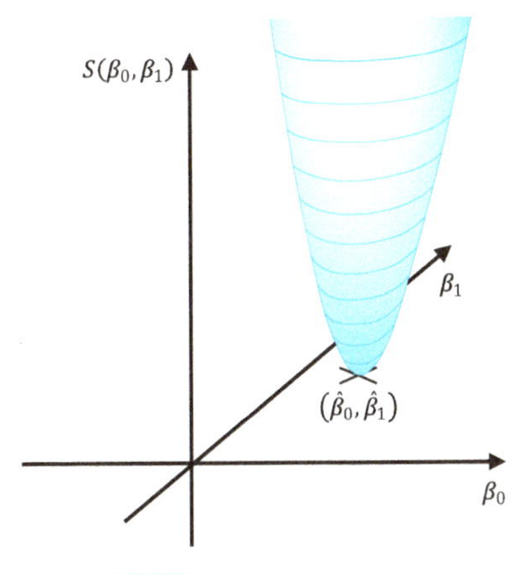

図 4.3　誤差 2 乗和の関数

ただし，次の表記を用いた．

$$\overline{x} = \frac{1}{n}\sum_{i=1}^{n} x_i, \quad \overline{y} = \frac{1}{n}\sum_{i=1}^{n} y_i,$$
$$S_{xx} = \sum_{i=1}^{n}(x_i - \overline{x})^2 = \sum_{i=1}^{n} x_i^2 - n\bar{x}^2,$$
$$S_{xy} = \sum_{i=1}^{n}(x_i - \overline{x})(y_i - \overline{y}) = \sum_{i=1}^{n} x_i y_i - n\bar{x}\bar{y}.$$

誤差 2 乗和 $S(\beta_0, \beta_1)$ の最小化により得られる解 $\widehat{\beta}_0, \widehat{\beta}_1$ を，それぞれ β_0, β_1 の**最小 2 乗推定量** (least squares estimator) という．

例 4.1　表 4.1 のデータに対して，最小 2 乗推定量を求めてみよう．データより，(4.6) 式の値は次のように計算できる．

$$\widehat{\beta}_1 = \frac{504.03}{82.5} = 6.11, \quad \widehat{\beta}_0 = 53.26 - 5.5 \times 6.11 = 19.66.$$

つまり，水の加熱時間と水温の関係を表す回帰直線は，次のように推定される．

$$y = 19.66 + 6.11x.$$

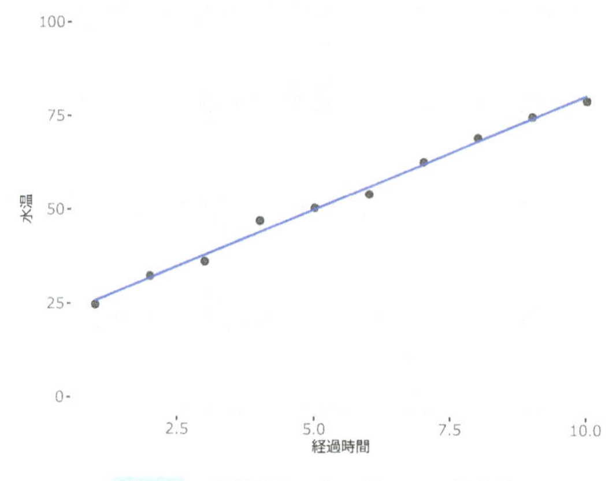

図 4.4　水温のデータに対する回帰直線

これは，加熱を始めた時点での水温が 19.66 ℃で，加熱してからは 1 分あたり水温が 6.11 ℃上昇しているということを意味している．回帰直線は，図 4.4 のように得られる．R による回帰直線の計算および描画のプログラムを，リスト 4.1 にまとめた．ここで，1 行目の `set.seed(1)` は，乱数のシード値を指定するもので，これにより，定まった乱数の値を出力できるようになる．

リスト 4.1　回帰直線の計算と描画

```
1  > #人工データ発生
2  > set.seed(1)
3  > x <- 1:10
4  > y <- 20 + 0.24*100 * x * 60 / 240 + rnorm(10, 0, 2)
5  > #散布図描画
6  > plot(x, y)
7  > #回帰直線計算
8  > result <- lm(y~x)
9  > result
10
11 Call:
```

```
12  lm(formula = y ~ x)
13
14  Coefficients:
15  (Intercept)           x
16       19.662       6.109
17
18  > #回帰直線描画
19  > abline(result)
```

4.1.2 最尤法

線形単回帰モデル (4.3) 式のパラメータ β_0, β_1 を推定するための，もう 1 つのアプローチについて説明する．線形単回帰モデル (4.3) 式において，誤差 $\varepsilon_1, \ldots, \varepsilon_n$ は，互いに独立に平均 0，分散 σ^2 の正規分布 $N(0, \sigma^2)$ に従うと仮定する場合が多い．誤差 ε_i が正規分布に従うと仮定したとき，モデル (4.3) 式は正規線形単回帰モデルともよばれる．

このとき，正規分布の性質より，目的変数 y_i は各 i で互いに独立に正規分布 $N(\beta_0 + \beta_1 x_i, \sigma^2)$ に従うことがわかる．すなわち，y_i は確率密度関数

$$f(y_i; \beta_0, \beta_1, \sigma^2) = \frac{1}{\sqrt{2\pi\sigma^2}} \exp\left[-\frac{\{y_i - (\beta_0 + \beta_1 x_i)\}^2}{2\sigma^2}\right]$$

をもつ．このことを利用して，最尤法によって β_0, β_1 を推定することができる．すなわち，対数尤度関数 $\ell(\beta_0, \beta_1, \sigma^2) = \sum_{i=1}^n \log f(y_i; \beta_0, \beta_1, \sigma^2)$ を最大とするような β_0, β_1 を，y_i の期待値，つまり回帰直線上の点 $\beta_0 + \beta_1 x_i$ を表す値として「尤もらしい」推定値とみなす．分散 σ^2 は，図 4.5 に示すように，各 y_i が $\beta_0 + \beta_1 x_i$ からどれだけ y 軸方向に確率的に変動するかの度合いを表している．

正規線形単回帰モデル (4.3) 式の対数尤度関数は，

$$\begin{aligned}\ell(\beta_0, \beta_1, \sigma^2) &= \sum_{i=1}^n \log f(y_i; \beta_0, \beta_1, \sigma^2) \\ &= -\frac{n}{2}\log(2\pi\sigma^2) - \frac{1}{2\sigma^2}\sum_{i=1}^n \{y_i - (\beta_0 + \beta_1 x_i)\}^2\end{aligned}$$

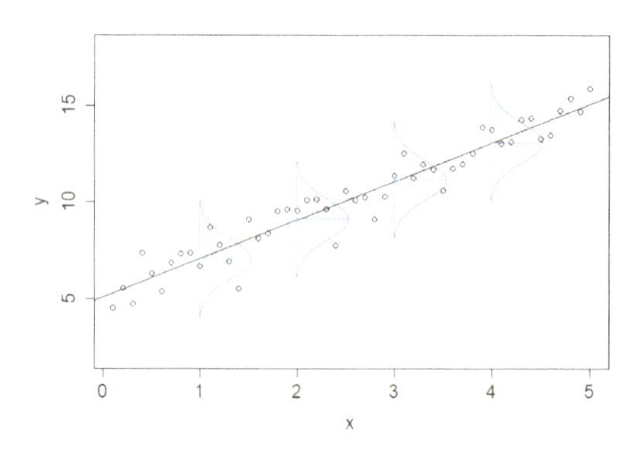

図 4.5　回帰モデルと確率分布

となる．この関数は，パラメータ $\beta_0, \beta_1, \sigma^2$ について上に凸の関数である．このため，これらのパラメータの最尤推定量は，最小 2 乗法のときと同様の方法で得ることができる．すなわち，対数尤度関数 $\ell(\beta_0, \beta_1, \sigma^2)$ を各パラメータについて偏微分し，それらが 0 となる尤度方程式

$$\frac{\partial \ell(\beta_0, \beta_1, \sigma^2)}{\partial \beta_0} = \frac{1}{\sigma^2}\left(\sum_{i=1}^{n} y_i - n\beta_0 - \beta_1 \sum_{i=1}^{n} x_i\right) = 0,$$

$$\frac{\partial \ell(\beta_0, \beta_1, \sigma^2)}{\partial \beta_1} = \frac{1}{\sigma^2}\left(\sum_{i=1}^{n} x_i y_i - \beta_0 \sum_{i=1}^{n} x_i - \beta_1 \sum_{i=1}^{n} x_i^2\right) = 0,$$

$$\frac{\partial \ell(\beta_0, \beta_1, \sigma^2)}{\partial \sigma^2} = -\frac{n}{2\sigma^2} + \frac{1}{2(\sigma^2)^2} \sum_{i=1}^{n} \{y_i - (\beta_0 + x_i \beta_1)\}^2 = 0$$

を解くことで，最尤推定量

$$\widehat{\beta}_0 = \overline{y} - \widehat{\beta}_1 \overline{x}, \quad \widehat{\beta}_1 = \frac{S_{xy}}{S_{xx}}, \tag{4.7}$$

$$\widehat{\sigma}^2 = \frac{1}{n} \sum_{i=1}^{n} \left\{ y_i - (\widehat{\beta}_0 + \widehat{\beta}_1 x_i) \right\}^2 \tag{4.8}$$

を得る．この結果から，β_0, β_1 の最尤推定量は，それぞれの最小 2 乗推定量 (4.6) 式に一致することがわかる．

4.1.3　推定量の性質

ここでは，線形単回帰モデル (4.3) 式に含まれる回帰係数 β_0, β_1 の最小 2 乗推定量 (および最尤推定量) のもつ性質について，いくつか紹介する．

パラメータ β_0, β_1 の最小 2 乗推定量 $\widehat{\beta}_0$, $\widehat{\beta}_1$ は目的変数 y_i に依存しているため，これらも確率変数となる．したがって，$\widehat{\beta}_0$, $\widehat{\beta}_1$ の期待値および分散，共分散を求めることができる．

定理 4.1　最小 2 乗推定量の期待値と分散，共分散

線形単回帰モデル (4.3) 式において，ε_i $(i = 1, \ldots, n)$ は互いに独立な確率変数で，$E(\varepsilon_i) = 0, V(\varepsilon_i) = \sigma^2$ とする．このとき，回帰係数 β_0, β_1 の最小 2 乗推定量 $\widehat{\beta}_0$, $\widehat{\beta}_1$ の期待値，分散，共分散はそれぞれ次で与えられる．この結果より，$\widehat{\beta}_0$, $\widehat{\beta}_1$ はそれぞれ β_0, β_1 の不偏推定量である．

$$
\begin{aligned}
&E(\widehat{\beta}_0) = \beta_0, \quad E(\widehat{\beta}_1) = \beta_1, \\
&V(\widehat{\beta}_0) = \sigma^2 \left\{ \frac{1}{n} + \frac{\overline{x}^2}{S_{xx}} \right\}, \quad V(\widehat{\beta}_1) = \frac{\sigma^2}{S_{xx}}, \\
&Cov(\widehat{\beta}_0, \widehat{\beta}_1) = -\sigma^2 \frac{\overline{x}}{S_{xx}}.
\end{aligned}
$$

証明　まず，$\widehat{\beta}_1$, $\widehat{\beta}_0$ の期待値はそれぞれ次のように計算される．

$$
\begin{aligned}
E(\widehat{\beta}_1) &= E\left(\frac{S_{xy}}{S_{xx}}\right) \\
&= \frac{1}{S_{xx}} E\left\{ \sum_{i=1}^{n} (x_i - \overline{x})(y_i - \overline{y}) \right\} \\
&= \frac{1}{S_{xx}} \sum_{i=1}^{n} \{(x_i - \overline{x}) E(y_i - \overline{y})\} \\
&= \frac{1}{S_{xx}} \sum_{i=1}^{n} (x_i - \overline{x}) \{\beta_0 + \beta_1 x_i - (\beta_0 + \beta_1 \overline{x})\} \\
&= \frac{1}{S_{xx}} \sum_{i=1}^{n} \{(x_i - \overline{x}) \beta_1 (x_i - \overline{x})\}
\end{aligned}
$$

$$
\begin{aligned}
&= \frac{\beta_1}{S_{xx}} S_{xx} \\
&= \beta_1,
\end{aligned}
$$

$$
\begin{aligned}
E(\widehat{\beta}_0) &= E(\overline{y} - \widehat{\beta}_1 \overline{x}) \\
&= E(\overline{y}) - E(\widehat{\beta}_1 \overline{x}) \\
&= (\beta_0 + \beta_1 \overline{x}) - \beta_1 \overline{x} \\
&= \beta_0.
\end{aligned}
$$

分散および共分散については，$\sum_{i=1}^{n}(x_i - \overline{x}) = 0$ より

$$
\begin{aligned}
\widehat{\beta}_1 &= \frac{1}{S_{xx}} \sum_{i=1}^{n} (x_i - \overline{x})(y_i - \overline{y}) \\
&= \frac{1}{S_{xx}} \left\{ \sum_{i=1}^{n} (x_i - \overline{x}) y_i - \overline{y} \sum_{i=1}^{n} (x_i - \overline{x}) \right\} \\
&= \frac{1}{S_{xx}} \sum_{i=1}^{n} (x_i - \overline{x}) y_i
\end{aligned}
$$

が成り立つことと，$Cov(\overline{y}, y_i) = \frac{1}{n} V(y_i)$ より

$$
\begin{aligned}
Cov(\overline{y}, \widehat{\beta}_1) &= \frac{1}{S_{xx}} \sum_{i=1}^{n} (x_i - \overline{x}) Cov(\overline{y}, y_i) \\
&= \frac{V(y_i)}{n S_{xx}} \sum_{i=1}^{n} (x_i - \overline{x}) \\
&= 0
\end{aligned}
$$

が成り立つこと，および $Cov(y_i, y_j) = 0 \ (i \neq j)$ を利用する．

$$
\begin{aligned}
V(\widehat{\beta}_1) &= V \left\{ \frac{1}{S_{xx}} \sum_{i=1}^{n} (x_i - \overline{x}) y_i \right\} \\
&= \frac{1}{S_{xx}^2} \sum_{i=1}^{n} (x_i - \overline{x})^2 V(y_i) \\
&= \frac{1}{S_{xx}^2} \sigma^2 S_{xx}
\end{aligned}
$$

$$= \frac{\sigma^2}{S_{xx}},$$

$$\begin{aligned} V(\widehat{\beta}_0) &= V(\overline{y} - \widehat{\beta}_1 \overline{x}) \\ &= V(\overline{y}) - 2\overline{x}Cov(\overline{y}, \widehat{\beta}_1) + \overline{x}^2 V(\widehat{\beta}_1) \\ &= \frac{\sigma^2}{n} + \overline{x}^2 \frac{\sigma^2}{S_{xx}} \\ &= \sigma^2 \left\{ \frac{1}{n} + \frac{\overline{x}^2}{S_{xx}} \right\}, \end{aligned}$$

$$\begin{aligned} Cov(\widehat{\beta}_0, \widehat{\beta}_1) &= Cov(\overline{y} - \widehat{\beta}_1 \overline{x}, \widehat{\beta}_1) \\ &= Cov(\overline{y}, \widehat{\beta}_1) - \overline{x} V(\widehat{\beta}_1) \\ &= -\sigma^2 \frac{\overline{x}}{S_{xx}}. \end{aligned}$$

■

定理 4.1 は，誤差 ε_i が従う分布が正規分布であるという仮定が必要がないことに注意されたい．正規線形単回帰モデルにおいては，最尤推定量 $\widehat{\beta}_0, \widehat{\beta}_1$ はそれぞれ，定理 4.1 で与えられる期待値および分散の正規分布に従うことが知られている．すなわち，

$$\widehat{\beta}_0 \sim N\left(\beta_0, \sigma^2 \left\{ \frac{1}{n} + \frac{\overline{x}^2}{S_{xx}} \right\}\right), \quad \widehat{\beta}_1 \sim N\left(\beta_1, \frac{\sigma^2}{S_{xx}}\right) \tag{4.9}$$

となる．証明については，山田・鈴木 (1996) を参照されたい．

4.1.4　モデルの評価

線形単回帰モデル (4.2) 式のパラメータ β_0, β_1 に対する最小 2 乗推定量または最尤推定量 $\widehat{\beta}_0, \widehat{\beta}_1$ を用いて，目的変数の値を

$$\widehat{y} = \widehat{\beta}_0 + \widehat{\beta}_1 x \tag{4.10}$$

によって予測できる．この予測値 $\widehat{y}$ は，次のように捉えられる．説明変数に関する

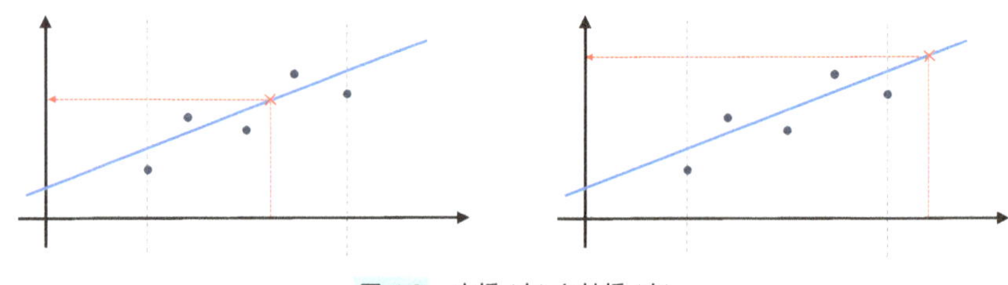

図 4.6　内挿 (左) と外挿 (右)

第 i 番目の観測値 x_i について，$\widehat{y}_i = \widehat{\beta}_0 + \widehat{\beta}_1 x_i$ は，目的変数の観測値 y_i から誤差を除去したものとみなすことができる．また，現在観測されている n 個のデータとは別に，新たに説明変数に関するデータ x_0 が与えられたとき，$\widehat{y}_0 = \widehat{\beta}_0 + \widehat{\beta}_1 x_0$ は，対応する目的変数の予測値として扱うこともできる．ただし，この関係は一般的に，説明変数に関するデータが観測された範囲内でのみ保証されるものであり，範囲外でもこの関係が成り立つとは限らない．目的変数の予測を，説明変数の範囲内で行う場合は**内挿** (interpolation)，範囲外で行う場合は**外挿** (extrapolation) とよばれる (図 4.6)．外挿を行う場合は，「説明変数に対応するデータが観測されている範囲外でも，同様の傾向が成り立つ」という前提が必要になる．

例 4.2　水温の例に当てはめると，水温の予測式

$$y = 19.66 + 6.11x$$

より，加熱を始めてから 2 分 30 秒後の水温はおよそ 34.94 ℃と予測される (内挿)．また，加熱を始めてからおよそ 13 分後に水は沸騰すると予測される．しかし，沸騰後は水温が 100 ℃を超えることがないため，上記の予測式による加熱後 13 分以降の予測 (外挿) は適切ではない．

また，予測値 $\widehat{y}$ は，x と y の関係が (4.1) 式で表される，すなわち，直線の関係をもつと仮定した下で得られたものである．もし x と y の関係が直線から大きく外れている場合は，たとえ内挿であっても，これらの予測値を用いても的外れな予測を行ってしまう恐れがある．したがって，このようにして得られた y_i の予測値 $\widehat{y}_i$ が，適切であるかどうかを評価する必要がある．ここでは，$\widehat{y}_i$ が y_i の予測値として適切であるか，ひいては，x と y の関係を表す回帰モデルとして線形回帰モデルが適

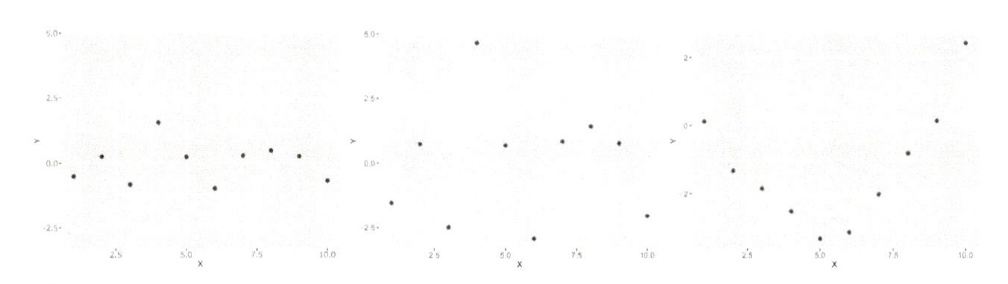

図 4.7　残差プロット．残差がランダムでかつ小さい場合 (左)，ランダムだが大きい場合 (中央)，ランダムでない傾向をもつ場合 (右)．

切であるかを評価するための方法についていくつか紹介する．

目的変数に関する観測値 y_i と，その予測値 $\widehat{y}_i$ との差

$$r_i = y_i - \widehat{y}_i$$

は**残差** (residual) とよばれるもので，誤差 ε_i の予測値とみなすことができる．図 4.7 は，各 i に対して x_i と残差 r_i の値を散布図として図示したもので，**残差プロット** (residual plot) とよばれる．もし，データ x_i, y_i の関係が線形単回帰モデル (4.3) 式によって適切に表現できる場合，残差プロットは図 4.7 左のように，残差は総じて小さく，かつ各 i で規則性をもたない，ランダムな傾向を示す．4.1 節で述べたように，誤差 ε_i は各 i で互いに独立であるという仮定を鑑みると，この結果は妥当だろう．

一方で，データに対する当てはまりが悪い場合や，残差プロットに何らかの規則性が見られる場合は，線形回帰モデルが不適切である可能性がある．例えば，図 4.7 中央の残差プロットは，傾向こそランダムであるが，図 4.7 左に比べて残差が大きく，当てはまりが悪いことがわかる．また，図 4.7 右は残差に放物線の傾向が見られる．実際，元のデータは説明変数に関する 2 次 (放物線) の関係性がある．このようなデータに対しては，線形単回帰モデル (4.3) 式を直接適用することは適切ではない．

当てはまりの度合いを定量化する方法の 1 つに，次の値を用いる方法がある．

$$R^2 = \frac{\sum_{i=1}^{n} \left(\widehat{y}_i - \overline{y}\right)^2}{\sum_{i=1}^{n} \left(y_i - \overline{y}\right)^2} = 1 - \frac{\sum_{i=1}^{n} \left(y_i - \widehat{y}_i\right)^2}{\sum_{i=1}^{n} \left(y_i - \overline{y}\right)^2}. \tag{4.11}$$

この値は 0 から 1 の値をとるもので，**決定係数** (coefficient of determination, R-squared) とよばれる．なお，次節で述べる線形重回帰モデルの場合を含め，$\widehat{y}_i$ が最

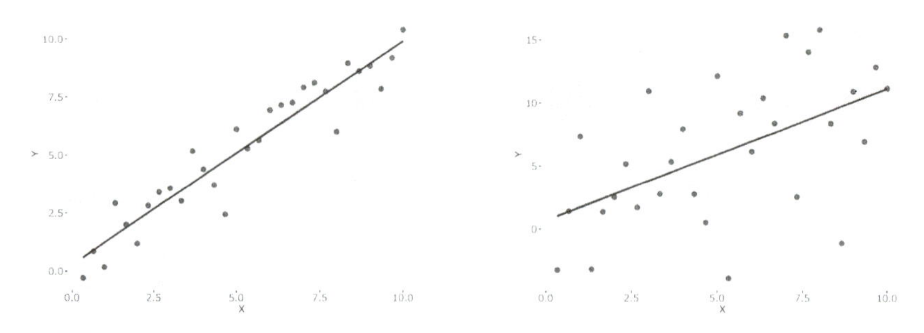

図 4.8　決定係数が高いデータ (左) と低いデータ (右)，およびそれぞれに対する回帰直線

小 2 乗法から得られた予測値である場合，R^2 の値は，y_i と $\widehat{y}_i (i = 1, \ldots, n)$ の相関係数 (重相関係数) の 2 乗に一致する．(4.11) 式第 3 辺に着目すると，第 2 項の分子は，最小 2 乗推定量による残差 2 乗和である．これに対して分母は，線形回帰モデルの予測式 (4.10) において $\widehat{\beta}_1 = 0$ としたとき，つまり説明変数の情報を全く用いずに y_i を予測したときの残差 2 乗和とみなすことができる．いま，予測値 $\widehat{y}_i$ が観測データ y_i に近いほど，第 2 項の分子は 0 に近づき，決定係数 R^2 は 1 に近づく．一方で $\widehat{y}_i$ の当てはまりが悪く，$\widehat{\beta}_1 = 0$ とした場合，つまり予測値を $\widehat{y}_i = \overline{y}$ とした場合とほとんど変わらない場合は，第 2 項は 1 に近づき，R^2 は 0 に近づく．以上をまとめると，決定係数 R^2 は，予測値 $\widehat{y}_i$ の y_i への当てはまりが良いほど 1 に近く，悪いほど 0 に近くなる．この意味で，決定係数は当てはまりの良さを 0 から 1 の範囲の値で定量化した指標である．図 4.8 は，線形回帰モデルを最小 2 乗法で推定したとき，決定係数が高くなるデータと，低くなるデータを並べたものである．決定係数はそれぞれ 0.90, 0.30 である．

正規線形単回帰モデルの場合，(4.9) 式に示したように回帰係数の推定量 $\widehat{\beta}_0, \widehat{\beta}_1$ は共に正規分布に従う．このことを利用して，回帰係数に対する仮説検定を行うことができる．

いま，ある特定の値 β_1^* に対して，

$$\text{帰無仮説 } H_0 : \beta_1 = \beta_1^*$$
$$\text{対立仮説 } H_1 : \beta_1 \neq \beta_1^*$$

の仮説検定を考える．このとき，帰無仮説 H_0 の下で，

$$\frac{\widehat{\beta}_1 - \beta_1^*}{\sqrt{\sigma^2/S_{xx}}} \sim N(0,1)$$

$$\frac{n-2}{\sigma^2}S_r^2 \sim \chi^2(n-2), \quad S_r^2 = \frac{1}{n-2}\sum_{i=1}^{n}(y_i - \widehat{y}_i)^2$$

であり，この 2 つは独立である (証明は鈴木・山田，1996 参照) ことから，統計量

$$T = \frac{\widehat{\beta}_1 - \beta_1^*}{\sqrt{S_r^2/S_{xx}}} \tag{4.12}$$

は自由度 $n-2$ の t 分布に従う (練習問題 4.2)．特に $\beta_1^* = 0$ としたときは，説明変数 x_i が目的変数 y_i へ実際に寄与しているかどうかを検定するという問題になる．ただし，仮説検定により得られる考察は，「回帰係数の推定値 $\widehat{\beta}_1$ が β_1^* でないかどうか」であって，推定値 $\widehat{\beta}_1$ の精度や，y_i への当てはまりの良さを評価しているものではないことに注意されたい．さらに，$F \equiv T^2 = S_{xx}(\widehat{\beta}_1 - \beta_1^*)^2/S_r^2$ は自由度 $(1, n-2)$ の F 分布に従うことから，これを検定統計量として扱う場合もある．

検定統計量 (4.12) 式を利用して，回帰係数の推定量 $\widehat{\beta}_1$ の信頼区間を求めることができる．(4.12) 式の T が自由度 $n-2$ の t 分布に従うことから，

$$P\left[|T| \leq t\left(\frac{\alpha}{2}; n-2\right)\right] = P\left[\left|\frac{\widehat{\beta}_1 - \beta_1}{\sqrt{S_r^2/S_{xx}}}\right| \leq t\left(\frac{\alpha}{2}; n-2\right)\right]$$
$$= 1 - \alpha$$

が成り立つ．ここで，$t\left(\frac{\alpha}{2}; n-2\right)$ は自由度 $n-2$ の t 分布の上側 $100\dfrac{\alpha}{2}$%点とする．これを変形すると

$$P\left[\widehat{\beta}_1 - t\left(\frac{\alpha}{2}; n-2\right)\sqrt{\frac{S_r^2}{S_{xx}}} \leq \beta_1 \leq \widehat{\beta}_1 + t\left(\frac{\alpha}{2}; n-2\right)\sqrt{\frac{S_r^2}{S_{xx}}}\right]$$

となる．したがって，β_1 の信頼度 $100(1-\alpha)$%の信頼区間は

$$\left[\widehat{\beta}_1 - t\left(\frac{\alpha}{2}; n-2\right)\sqrt{\frac{S_r^2}{S_{xx}}},\ \widehat{\beta}_1 + t\left(\frac{\alpha}{2}; n-2\right)\sqrt{\frac{S_r^2}{S_{xx}}}\right]$$

である．

最小２乗法により得られる，説明変数に関する任意の点 x における回帰直線上の値 $y = \beta_0 + \beta_1 x$ の信頼区間を考えよう．定理 4.1 および (4.9) 式より，説明変数 x_0 における $y_0 = \beta_0 + \beta_1 x_0$ の予測値 $\widehat{y_0} = \widehat{\beta}_0 + \widehat{\beta}_1 x_0$ について

$$\widehat{y_0} \sim N\left(y_0, \sigma^2 \left\{\frac{1}{n} + \frac{(x_0 - \overline{x})^2}{S_{xx}}\right\}\right) \tag{4.13}$$

が成り立つ (練習問題 4.3)．したがって，

$$\frac{\widehat{y_0} - y_0}{\sqrt{\left\{\dfrac{1}{n} + \dfrac{(x_0 - \overline{x})^2}{S_{xx}}\right\} S_r^2}} \sim t(n-2)$$

となることから，y_0 の信頼度 $100(1-\alpha)\%$の信頼区間は

$$\begin{aligned}\Bigg[&\widehat{y_0} - t\left(\frac{\alpha}{2}; n-2\right)\sqrt{\left\{\frac{1}{n} + \frac{(x_0 - \overline{x})^2}{S_{xx}}\right\} S_r^2},\\ &\widehat{y_0} + t\left(\frac{\alpha}{2}; n-2\right)\sqrt{\left\{\frac{1}{n} + \frac{(x_0 - \overline{x})^2}{S_{xx}}\right\} S_r^2}\Bigg]\end{aligned} \tag{4.14}$$

で与えられる．

次に，将来新たに得られる，説明変数 x_0 における目的変数 y の (回帰直線上の値ではなく) 観測値 $y_0 = \beta_0 + \beta_1 x_0 + \varepsilon_0$ についても同様のことを考えてみよう．ただし，ε_0 は正規分布 $N(0, \sigma^2)$ に従い，ε_i $(i = 1, \ldots, n)$ と独立とする．y_0 がとりうる範囲を求めるにあたって，y_0 とその予測値 $\widehat{y_0}$ との残差が従う確率分布を考える．y_0 と $\widehat{y_0}$ は独立で，いずれも正規分布に従う確率変数であることから，$y_0 - \widehat{y_0}$ も正規分布に従い，その期待値および分散はそれぞれ次で与えられる．

$$\begin{aligned}E(y_0 - \widehat{y_0}) &= E(y_0) - E(\widehat{y_0})\\ &= (\beta_0 + \beta_1 x_0) - (\beta_0 + \beta_1 x_0)\\ &= 0\\ V(y_0 - \widehat{y_0}) &= V(y_0) + V(\widehat{y_0})\\ &= \sigma^2 + \sigma^2 \left\{\frac{1}{n} + \frac{(x_0 - \overline{x})^2}{S_{xx}}\right\}\end{aligned}$$

$$= \sigma^2 \left\{ 1 + \frac{1}{n} + \frac{(x_0 - \overline{x})^2}{S_{xx}} \right\}.$$

したがって

$$\frac{\widehat{y}_0 - y_0}{\sqrt{\left\{ 1 + \frac{1}{n} + \frac{(x_0 - \overline{x})^2}{S_{xx}} \right\} S_r^2}} \sim t(n-2)$$

が成り立ち，これにより得られる区間

$$\left[\widehat{y}_0 - t\left(\frac{\alpha}{2}; n-2\right) \sqrt{\left\{ 1 + \frac{1}{n} + \frac{(x_0 - \overline{x})^2}{S_{xx}} \right\} S_r^2}, \right.$$
$$\left. \widehat{y}_0 + t\left(\frac{\alpha}{2}; n-2\right) \sqrt{\left\{ 1 + \frac{1}{n} + \frac{(x_0 - \overline{x})^2}{S_{xx}} \right\} S_r^2} \right] \tag{4.15}$$

は，信頼度 $100(1-\alpha)$%の y_0 の**予測区間** (prediction interval) とよばれる．

(4.14) 式と (4.15) 式を比べればわかるように，信頼区間よりも予測区間の方が区間の幅が広くなっている．これは，信頼区間 (4.14) 式が，信頼度 $100(1-\alpha)$%で回帰直線による予測値が含まれる範囲を表しているのに対して，予測区間 (4.15) 式は，将来得られる観測値が含まれる範囲を表しているという違いがあるためである．観測値に含まれる誤差 ε_0 の分散 σ^2 の推定量 S_r^2 だけ，区間の幅が広がっていることになる．

図 4.9 は，人工的に発生させたデータに対して線形回帰モデルを当てはめた際の，95%信頼区間および予測区間を示したものである．上記の説明の通り，信頼区間に比べて予測区間の幅の方が広いことがわかる．信頼区間および予測区間を表示するための R プログラムを，リスト 4.2 に示す．

リスト 4.2　信頼区間および予測区間の表示

```
1  > set.seed(1)
2  > #人工データ発生
3  > x = 1:30/3
4  > y = x+rnorm(30,0,3)
```

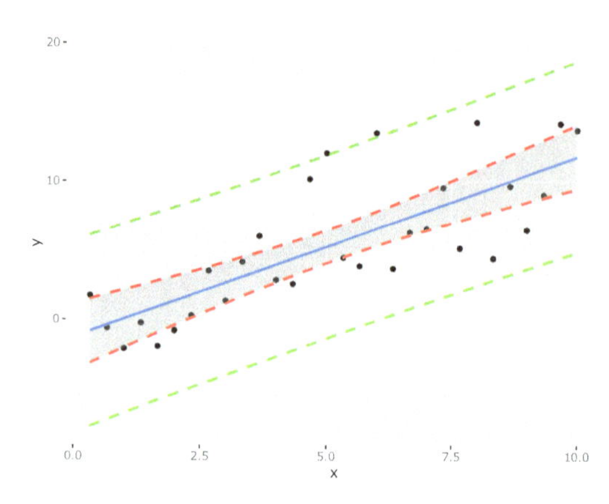

図 4.9　人工データに対して線形回帰モデルを当てはめた際の信頼区間と予測区間．青直線は回帰直線を表しており，赤破線は 95%信頼区間，緑破線は 95%予測区間を表す．

```
5   > dat = data.frame(x, y)
6   > #線形回帰モデル当てはめ
7   > lmresult <- lm(y~x)
8   > #95%信頼区間計算
9   > CIresult <- predict(lmresult, interval="confidence")
10  > #95%予測区間計算
11  > PIresult <- predict(lmresult, interval="prediction")
12
13  > # データおよび回帰直線, 信頼区間, 予測区間描画
14  > plot(x,y, ylim=range(PIresult))
15  > lines(x, CIresult[,1])
16  > lines(x, CIresult[,2], col="red")
17  > lines(x, CIresult[,3], col="red")
18  > lines(x, PIresult[,2], col="green")
19  > lines(x, PIresult[,3], col="green")
```

4.2　線形重回帰モデル

前節では，説明変数が 1 つだけ与えられた回帰モデルを考えた．しかし，目的変数に影響を与えている変数は，必ずしも 1 つだけとは限らない．例えば，ある地域

のアパートの家賃は，物件の広さに加えて築年数，駅からの距離などさまざまな要因によって決まっていると考えられる．このように，目的変数に影響を与えていると考えられる説明変数が複数挙げられるとき，これらの関係を表すモデルについて考える．

いま，i 番目のデータについて，目的変数 y_i と，p 種類の説明変数 $x_{i1}, \ldots, x_{ip}$ が与えられたとする．このとき，目的変数と，p 個の説明変数との関係を表す線形回帰モデルは，次で与えられる．

$$
\begin{aligned}
y_i &= \beta_0 + \beta_1 x_{i1} + \cdots + \beta_p x_{ip} + \varepsilon_i \\
&= \boldsymbol{\beta}^\mathsf{T} \boldsymbol{x}_i + \varepsilon_i, \quad i = 1, \ldots, n.
\end{aligned} \tag{4.16}
$$

これは**線形重回帰モデル** (linear multiple regression model) とよばれる．前節の線形単回帰モデルと区別せず，総じて線形回帰モデルとよぶことも多い．また，目的変数も複数与えられたモデルは多変量回帰モデルとよばれるが，本書では扱わない．ここで，β_0 は定数項，$\beta_1, \ldots, \beta_p$ は各説明変数に対する回帰係数で，**偏回帰係数** (partial regression coefficient) とよばれる．偏回帰係数 β_j $(j \neq 0)$ は，第 j 番目以外の説明変数 x_{ik} $(k \neq j)$ の値が固定された下で，第 j 番目の説明変数 x_{ij} の値が 1 変化したとき，目的変数の値がどれだけ変化するかを表すものである．また，$\boldsymbol{x}_i = (1, x_{i1}, \ldots, x_{ip})^\mathsf{T}$ および $\boldsymbol{\beta} = (\beta_0, \beta_1, \ldots, \beta_p)^\mathsf{T}$ のようにベクトル表記を用いることで，モデル表記を簡略化できる．さらに，誤差 ε_i は (4.3) 式のものと同様，互いに独立で平均 0，分散 σ^2 をもつ確率変数とする．単回帰モデルと同様，重回帰モデルについても，定数項 β_0 および回帰係数 $\beta_1, \ldots, \beta_p$ を推定することで，変数間の関係を定量化する．

4.2.1　最小 2 乗法

線形重回帰モデル (4.16) 式に対する最小 2 乗法では，次の誤差 2 乗和の最小化によって $\beta_0, \beta_1, \ldots, \beta_p$ を推定する．

$$
\begin{aligned}
S(\beta_0, \beta_1, \ldots, \beta_p) &= \sum_{i=1}^{n} \varepsilon_i^2 \\
&= \sum_{i=1}^{n} \left\{ y_i - (\beta_0 + \beta_1 x_{i1} + \cdots + \beta_p x_{ip}) \right\}^2 .
\end{aligned} \tag{4.17}
$$

この最小化問題も，線形単回帰モデルに対するものと同様の流れで行うことができる．すなわち，$S(\beta_0, \beta_1, \ldots, \beta_p)$ を β_j $(j = 0, 1, \ldots, p)$ について偏微分し，これらが 0 となる方程式を解くことで，最小 2 乗推定量を得ることができる．これは，$p + 1$ 個からなる連立方程式を $p + 1$ 個のパラメータについて解くことに対応するが，これを (4.17) 式の表記のまま解くと計算が煩雑になってしまう．そこで，ベクトルと行列を使って回帰モデルを表現する．いま，

$$\underset{n\times 1}{\boldsymbol{y}} = \begin{pmatrix} y_1 \\ \vdots \\ y_n \end{pmatrix}, \quad \underset{n\times(p+1)}{X} = \begin{pmatrix} 1 & x_{11} & \cdots & x_{1p} \\ \vdots & \vdots & \ddots & \vdots \\ 1 & x_{n1} & \cdots & x_{np} \end{pmatrix}, \tag{4.18}$$

$$\underset{(p+1)\times 1}{\boldsymbol{\beta}} = \begin{pmatrix} \beta_0 \\ \beta_1 \\ \vdots \\ \beta_p \end{pmatrix}, \quad \underset{n\times 1}{\boldsymbol{\varepsilon}} = \begin{pmatrix} \varepsilon_1 \\ \vdots \\ \varepsilon_n \end{pmatrix}$$

という行列およびベクトルを用いると，線形重回帰モデル (4.16) 式は次のように表現できる．

$$\boldsymbol{y} = X\boldsymbol{\beta} + \boldsymbol{\varepsilon}.$$

ここで，誤差ベクトル $\boldsymbol{\varepsilon}$ は平均 0 ベクトル，分散共分散行列 $\sigma^2 I_n$ をもつ確率変数からなるベクトルである．X は**計画行列** (design matrix) とよばれる．また，(4.17) 式の誤差 2 乗和 $S(\beta_0, \beta_1, \ldots, \beta_p) = S(\boldsymbol{\beta})$ は次のように表現できる．

$$S(\boldsymbol{\beta}) = \|\boldsymbol{\varepsilon}\|^2 = \|\boldsymbol{y} - X\boldsymbol{\beta}\|^2.$$

ここで，$\|\cdot\|$ はベクトルの L_2 ノルムを表す記号で，$\|\boldsymbol{\varepsilon}\| = \sqrt{\varepsilon_1^2 + \cdots + \varepsilon_n^2}$ である．そして，$S(\boldsymbol{\beta})$ をベクトル $\boldsymbol{\beta}$ について微分したものが 0 ベクトルとなる方程式

$$\frac{\partial S(\boldsymbol{\beta})}{\partial \boldsymbol{\beta}} = -2X^\top(\boldsymbol{y} - X\boldsymbol{\beta}) = \mathbf{0} \tag{4.19}$$

を解くことで，$X^\top X$ が正則であれば，最小 2 乗推定量

$$\widehat{\boldsymbol{\beta}} = \left(X^\top X\right)^{-1} X^\top \boldsymbol{y} \tag{4.20}$$

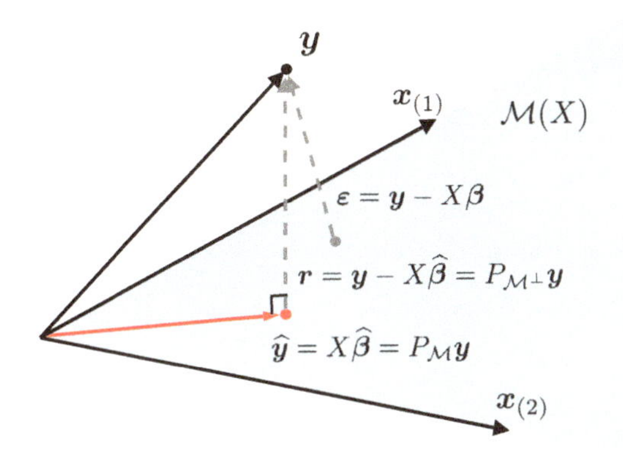

図 4.10　最小 2 乗推定量の幾何表現

を得る．なお，$X^\top X$ が正則になるための条件については，4.3.2 節で説明する．

線形重回帰モデルにおける最小 2 乗法を，幾何学的視点から見てみよう．図 4.10 は，説明変数の数を 2 とし，定数項 β_0 を無視した場合の，説明変数によって張られる空間 $\mathcal{M}(X) = \{\boldsymbol{z} | \boldsymbol{z} = \beta_1 \boldsymbol{x}_{(1)} + \beta_2 \boldsymbol{x}_{(2)},\ \beta_1, \beta_2 \in \mathbb{R}\}$ と，目的変数 $\boldsymbol{y}$ との関係を表している．ここで，$\boldsymbol{x}_{(1)} = (x_{11}, \ldots, x_{n1})^\top, \boldsymbol{x}_{(2)} = (x_{12}, \ldots, x_{n2})^\top$ は各説明変数に関するデータからなるベクトルである．また，$X = (\boldsymbol{x}_{(1)}, \boldsymbol{x}_{(2)})$，$\boldsymbol{\beta} = (\beta_1, \beta_2)^\top$ とおけば，$\mathcal{M}(X)$ 上の点の集合は $X\boldsymbol{\beta}$ と表すことができる．一般的に $\boldsymbol{y}$ は $\mathcal{M}(X)$ には含まれず，$\boldsymbol{\varepsilon} = \boldsymbol{y} - X\boldsymbol{\beta}$ ほどずれた位置にある．線形重回帰モデル (4.16) 式による目的変数 $\boldsymbol{y}$ の予測とは，$\boldsymbol{y}$ の値を，空間 $\mathcal{M}(X)$ 上の点，すなわち $X\boldsymbol{\beta} = \beta_1 \boldsymbol{x}_{(1)} + \beta_2 \boldsymbol{x}_{(2)}$ で表現することに対応する．そして，最小 2 乗推定量導出の際に現れる (4.19) 式は，X の列ベクトル，つまり $\boldsymbol{x}_{(1)}$ および $\boldsymbol{x}_{(2)}$ と残差 $\boldsymbol{r} = \boldsymbol{y} - X\widehat{\boldsymbol{\beta}}$ が直交していることを意味している．つまり，最小 2 乗法は，$\boldsymbol{y}$ との距離が最も近くなる $\mathcal{M}(X)$ 上の点，すなわち $\boldsymbol{y}$ の $\mathcal{M}(X)$ への正射影を求めることに対応しており，その答えが最小 2 乗推定量 (4.20) 式ということになる．実際，$\widehat{\boldsymbol{y}} = P_{\mathcal{M}}\boldsymbol{y}, \boldsymbol{r} = \boldsymbol{y} - X\widehat{\boldsymbol{\beta}} = P_{\mathcal{M}^\perp}\boldsymbol{y}$ となる [*3]．ただし $P_{\mathcal{M}} = X(X^\top X)^{-1} X^\top$，$P_{\mathcal{M}^\perp} = I - P_{\mathcal{M}}$ はそれぞれ $\mathcal{M}(X)$ およびその直交補空間への射影行列である．

ここまでは，各 i に対して ε_i の分散は共通の値 (σ^2) を想定していた．しかし，データによっては，各 i によって ε_i の分散が異なる状況も考えられる．いま，この

[*3] $P_{\mathcal{M}}$ は，ベクトル $\boldsymbol{y}$ を $\widehat{\boldsymbol{y}}$ に変換する，言い換えるとハット記号 (ˆ) をつける行列であることから，ハット行列とよばれている．

分散 σ_i^2 が既知であったとすると，分散が大きい観測値よりも分散が小さい観測値の方に重みを付けてパラメータを推定する方が望ましい．そこで，最小 2 乗法において，2 乗誤差に分散の逆数を重み付けした次の 2 乗誤差が用いられる．

$$S_w(\beta_0, \ldots, \beta_1) = \sum_{i=1}^{n} \frac{1}{\sigma_i^2} \varepsilon_i^2$$

これを一般化し，次のように各 i に対して重み $w_i (\geq 0)$ を課した，重み付き 2 乗誤差の最小化問題を考える．

$$\begin{aligned} S_w(\beta_0, \ldots, \beta_p) &= \sum_{i=1}^{n} w_i \varepsilon_i^2 \\ &= \sum_{i=1}^{n} w_i \left\{ y_i - (\beta_0 + \beta_1 x_{i1} + \cdots + \beta_p x_{ip}) \right\}^2. \end{aligned}$$

ここで, $W = \mathrm{diag}\{w_1, \ldots, w_n\}$ とおく．なお, $\mathrm{diag}\{w_1, \ldots, w_n\}$ は $w_1, \ldots, w_n$ を対角成分にもつ $n \times n$ 対角行列を意味する．すると，$S_w(\beta_0, \ldots, \beta_p)$ はベクトルと行列を用いて次のように表される．

$$S_w(\boldsymbol{\beta}) = (\boldsymbol{y} - X\boldsymbol{\beta})^\top W (\boldsymbol{y} - X\boldsymbol{\beta}).$$

重み付き 2 乗誤差 $S_w(\boldsymbol{\beta})$ の最小化は，最小 2 乗法と全く同様に，これを $\boldsymbol{\beta}$ で微分することで得られる方程式

$$\frac{\partial S_w(\boldsymbol{\beta})}{\partial \boldsymbol{\beta}} = -2X^\top W (\boldsymbol{y} - X\boldsymbol{\beta}) = \boldsymbol{0}$$

を解くことで，次のように得られる．

$$\widehat{\boldsymbol{\beta}}_w = (X^\top W X)^{-1} X^\top W \boldsymbol{y}.$$

このように，重み付き 2 乗誤差 $S_w(\boldsymbol{\beta})$ の最小化によって回帰係数を推定する方法を**重み付き最小 2 乗法** (weighted least squares method) といい，得られる推定量 $\widehat{\boldsymbol{\beta}}_w$ を**重み付き最小 2 乗推定量** (weighted least squares estimator) という．

4.2.2 最尤法

線形重回帰モデル (4.16) 式においても 4.1 節と同様に，誤差 $\varepsilon_1, \ldots, \varepsilon_n$ は，互い

に独立に平均 0，分散 σ^2 の正規分布 $N(0,\sigma^2)$ に従うという仮定をおくことで，最尤法を用いてパラメータを推定できる．このモデルを正規線形重回帰モデルとよぶ．このとき，y_i は各 i で互いに独立に正規分布 $N(\boldsymbol{\beta}^\top \boldsymbol{x}_i, \sigma^2)$ に従う．すなわち，y_i は確率密度関数

$$f(y_i;\boldsymbol{\beta},\sigma^2) = \frac{1}{\sqrt{2\pi\sigma^2}} \exp\left[-\frac{(y_i - \boldsymbol{\beta}^\top \boldsymbol{x}_i)^2}{2\sigma^2}\right]$$

をもつ．したがって，対数尤度関数

$$\begin{aligned} \ell(\boldsymbol{\beta},\sigma^2) &= \sum_{i=1}^{n} \log f(y_i;\boldsymbol{\beta},\sigma^2) \qquad (4.21) \\ &= -\frac{n}{2}\log(2\pi\sigma^2) - \frac{1}{2\sigma^2}\sum_{i=1}^{n}(y_i - \boldsymbol{\beta}^\top \boldsymbol{x}_i)^2 \\ &= -\frac{n}{2}\log(2\pi\sigma^2) - \frac{1}{2\sigma^2}\|\boldsymbol{y} - X\boldsymbol{\beta}\|^2 \end{aligned}$$

が最大となる $\boldsymbol{\beta}$ を求めることで，最尤推定量が得られる．対数尤度関数 $\ell(\boldsymbol{\beta},\sigma^2)$ を $\boldsymbol{\beta}$ について偏微分し，0 ベクトルとなる尤度方程式

$$\begin{aligned} \frac{\partial \ell(\boldsymbol{\beta},\sigma^2)}{\partial \boldsymbol{\beta}} &= \frac{1}{\sigma^2} X^\top (\boldsymbol{y} - X\boldsymbol{\beta}) = \boldsymbol{0}, \\ \frac{\partial \ell(\boldsymbol{\beta},\sigma^2)}{\partial \sigma^2} &= -\frac{n}{2\sigma^2} + \frac{1}{2(\sigma^2)^2}\|\boldsymbol{y} - X\boldsymbol{\beta}\|^2 = 0 \end{aligned}$$

を解くことで，$\boldsymbol{\beta}$ および σ^2 の最尤推定量

$$\widehat{\boldsymbol{\beta}} = \left(X^\top X\right)^{-1} X^\top \boldsymbol{y}, \quad \widehat{\sigma}^2 = \frac{1}{n}\|\boldsymbol{y} - X\widehat{\boldsymbol{\beta}}\|^2 \qquad (4.22)$$

を得る．$\boldsymbol{\beta}$ の最尤推定量はやはり，最小 2 乗推定量 (4.20) 式に一致していることがわかる．

4.2.3　多項式回帰モデル

線形重回帰モデル (4.16) 式において，p 個の説明変数 $x_{i1},\ldots,x_{ip}$ を，1 つの説明変数 x_i とそのべき乗で置き換えたモデル

$$y_i = \beta_0 + \beta_1 x_i + \beta_2 x_i^2 + \cdots + \beta_p x_i^p + \varepsilon_i$$

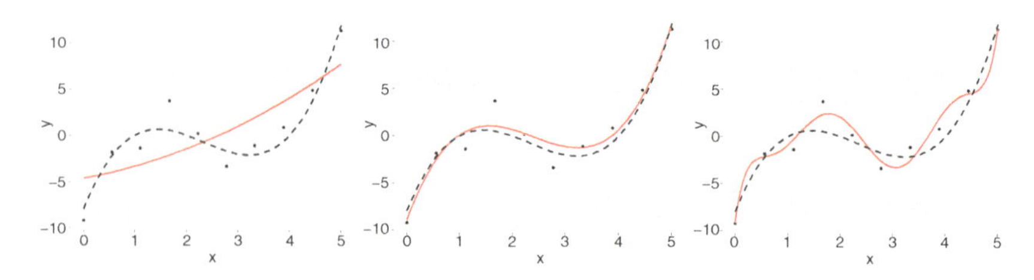

図 4.11 多項式回帰モデルの当てはめ結果．左：$p=2$，中央：$p=3$．右：$p=7$．点は人工的に発生させたデータ，赤曲線は多項式回帰モデルによる曲線，黒破線はデータを発生させた曲線を表す．

は，**多項式回帰モデル** (polynomial regression model) とよばれる．モデルの形としては線形重回帰モデル (4.16) 式と全く同じであるため，4.2.1 項または 4.2.2 項で述べた推定法と全く同じ方法を利用して，多項式回帰モデルの回帰係数の推定量を導出できる．多項式回帰モデルを用いることで，説明変数と目的変数の関係を直線ではなく曲線で表すことができる．

図 4.11 は，$p=2,3,7$ の多項式回帰モデルを，人工的に発生させたデータに当てはめた結果である．この図を見てもわかるように，データに対して多項式を当てはめたことで曲線が構築されていることがわかる．ただし，p の値によって得られる曲線の形状が大きく異なるため，この値の決定は重要な問題となる．この問題については，次節で述べるモデル評価基準などを用いて対応する．また，特に高次の多項式回帰モデルを用いた場合，説明変数の値が増加するにつれてそのべき乗の値が爆発的に増加する．その結果，最小 2 乗推定量 (4.20) 式に含まれる逆行列の計算が不安定になり，場合によっては行列 $X^{\top}X$ が正則でなくなり逆行列を計算できないことがあるため，注意が必要である．多項式回帰モデルのような，曲線を構築するためのモデルの詳細については，小西 (2010) を参照されたい．

4.2.4 推定量の性質

線形重回帰モデル (4.16) 式に含まれるパラメータ $\boldsymbol{\beta}$ の最小 2 乗推定量 (および最尤推定量) については，さまざまな性質があることが知られている．ここではそれらのうちいくつかを紹介する．

定理 4.2　最小 2 乗推定量の期待値と分散共分散行列

線形重回帰モデル (4.16) 式において，$\varepsilon_i \ (i = 1, \ldots, n)$ は互いに独立な確率変数で，$E(\varepsilon_i) = 0, V(\varepsilon_i) = \sigma^2$ とする．このとき，回帰係数 $\boldsymbol{\beta}$ の最小 2 乗推定量 $\widehat{\boldsymbol{\beta}}$ の期待値ベクトルおよび分散共分散行列は次で与えられる．特に，期待値の性質より，$\widehat{\boldsymbol{\beta}}$ は $\boldsymbol{\beta}$ の不偏推定量である．

$$E(\widehat{\boldsymbol{\beta}}) = \boldsymbol{\beta}, \ \ V(\widehat{\boldsymbol{\beta}}) = \sigma^2 (X^\top X)^{-1}.$$

証明　$\widehat{\boldsymbol{\beta}}$ の期待値は，期待値の線形性の性質を用いて

$$\begin{aligned} E(\widehat{\boldsymbol{\beta}}) &= E\left[\left(X^\top X\right)^{-1} X^\top \boldsymbol{y}\right] \\ &= \left(X^\top X\right)^{-1} X^\top E\left(\boldsymbol{y}\right) \\ &= \left(X^\top X\right)^{-1} X^\top X \boldsymbol{\beta} \\ &= \boldsymbol{\beta} \end{aligned}$$

と計算できる．$\widehat{\boldsymbol{\beta}}$ の分散共分散行列については，次のように計算される．

$$\begin{aligned} V(\widehat{\boldsymbol{\beta}}) &= V\left[\left(X^\top X\right)^{-1} X^\top \boldsymbol{y}\right] \\ &= \left(X^\top X\right)^{-1} X^\top V(\boldsymbol{y}) X \left(X^\top X\right)^{-1} \\ &= \left(X^\top X\right)^{-1} X^\top \sigma^2 I_n X \left(X^\top X\right)^{-1} \\ &= \sigma^2 \left(X^\top X\right)^{-1} X^\top X \left(X^\top X\right)^{-1} \\ &= \sigma^2 \left(X^\top X\right)^{-1}. \end{aligned}$$

■

定理 4.2 は，$p = 1$ とすれば定理 4.1 に帰着する．定理 4.1 と比較すると，行列やベクトルを用いることで，証明が容易になることがわかる．また，定理 4.1 と同様，この定理についても，ε_i に特定の分布を仮定していない．正規線形重回帰モデルの場合は，次が成り立つことが知られている．

$$\widehat{\boldsymbol{\beta}} \sim N\left(\boldsymbol{\beta}, \sigma^2 (X^\top X)^{-1}\right).$$

続いて，残差ベクトル $\boldsymbol{r} = \boldsymbol{y} - X\widehat{\boldsymbol{\beta}}$ の期待値ベクトル，分散共分散行列についても紹介する．

定理 4.3　残差ベクトルの期待値と分散共分散行列

線形重回帰モデル (4.16) 式の最小 2 乗推定量 $\widehat{\boldsymbol{\beta}}$ から得られる残差ベクトル $\boldsymbol{r}$ の期待値ベクトルおよび分散共分散行列は，次で与えられる．

$$E(\boldsymbol{r}) = \boldsymbol{0}, \quad V(\boldsymbol{r}) = \sigma^2(I_n - P_{\mathcal{M}}).$$

証明

$$\begin{aligned} E(\boldsymbol{r}) &= E[\boldsymbol{y} - X(X^\top X)^{-1}X^\top \boldsymbol{y}] \\ &= E(\boldsymbol{y}) - X(X^\top X)^{-1}X^\top E(\boldsymbol{y}) \\ &= X\boldsymbol{\beta} - X(X^\top X)^{-1}X^\top X\boldsymbol{\beta} \\ &= X\boldsymbol{\beta} - X\boldsymbol{\beta} \\ &= \boldsymbol{0}, \end{aligned}$$

$$\begin{aligned} V(\boldsymbol{r}) &= V[\boldsymbol{y} - X(X^\top X)^{-1}X^\top \boldsymbol{y}] \\ &= V[(I_n - P_{\mathcal{M}})\boldsymbol{y}] \\ &= (I_n - P_{\mathcal{M}})V(\boldsymbol{y})(I_n - P_{\mathcal{M}}) \\ &= \sigma^2(I_n - P_{\mathcal{M}}). \end{aligned}$$

$V(\boldsymbol{r})$ の最後の式は，$V(\boldsymbol{y}) = \sigma^2 I_n$ と，$I_n - P_{\mathcal{M}}$ がべキ等，つまり $(I_n - P_{\mathcal{M}})^2 = I_n - P_{\mathcal{M}}$ であることを用いた． ■

パラメータ $\boldsymbol{\beta}$ の最小 2 乗推定量は，$\widehat{\boldsymbol{\beta}} = \left(X^\top X\right)^{-1} X^\top \boldsymbol{y}$ という形からわかるように，$\boldsymbol{y} = (y_1, \ldots, y_n)^\top$ の線形結合で表されている．このように，$\boldsymbol{y}$ の線形結合，すなわち，適当な n 次元ベクトル $\boldsymbol{c}$ に対して $\boldsymbol{c}^\top \boldsymbol{y}$ で表されるような推定量を，**線形推定量** (linear estimator) とよぶ．線形推定量の中でも特に不偏性をもつものを，**線形不偏推定量** (linear unbiased estimator) とよぶ．定理 4.2 より，最小 2 乗推定量 $\widehat{\boldsymbol{\beta}}$ は線形不偏推定量であるが，さらに次の性質が成り立つことが知られている．

定理 4.4　ガウス-マルコフの定理

最小 2 乗推定量 $\widehat{\boldsymbol{\beta}}$ は，$\boldsymbol{\beta}$ の**最良線形不偏推定量** (BLUE, best linear unbiased estimator) である．すなわち，$\boldsymbol{\beta}$ に対する任意の線形不偏推定量 $\widetilde{\boldsymbol{\beta}} = C\boldsymbol{y}$ (C は $(p+1) \times n$ 行列) に対して $V(\widetilde{\boldsymbol{\beta}}) \succeq V(\widehat{\boldsymbol{\beta}})$ が成り立つ．

ここで，2 つの同じサイズの正方行列 A, B に対して $A \succeq B$ とは，$A - B$ が非負値定符号行列 (半正定値行列) である，すなわち，A, B の行や列と同じサイズの任意のベクトル $\boldsymbol{x}$ に対して $\boldsymbol{x}^\top (A - B)\boldsymbol{x} \geq 0$ であることを意味する．特に，$\boldsymbol{\beta}$ の各成分 β_j に対して，$V(\widetilde{\beta}_j) \geq V(\widehat{\beta}_j)$ が成り立つ．つまり，最小 2 乗推定量 $\widehat{\beta}_j$ は，任意の線形不偏推定量の中で，分散を最小にするものである．

証明　まず，$\widetilde{\boldsymbol{\beta}}$ と $\widehat{\boldsymbol{\beta}}$ の不偏性より，いずれの期待値も $\boldsymbol{\beta}$ であるから，

$$
\begin{aligned}
E(\widetilde{\boldsymbol{\beta}} - \widehat{\boldsymbol{\beta}}) &= \left\{ C - \left(X^\top X \right)^{-1} X^\top \right\} E(\boldsymbol{y}) \\
&= \left\{ C - \left(X^\top X \right)^{-1} X^\top \right\} X\boldsymbol{\beta} \\
&= \{ CX - I_{p+1} \} \boldsymbol{\beta} = \boldsymbol{0}
\end{aligned}
$$

がすべての $\boldsymbol{\beta}$ について成り立つ．したがって，

$$
CX = I_{p+1} \tag{4.23}
$$

の関係が成り立つ．

続いて，$V(\widetilde{\boldsymbol{\beta}})$ と $V(\widehat{\boldsymbol{\beta}})$ の差について考える．定理 4.2 の結果と (4.23) 式を利用すると，

$$
\begin{aligned}
V(\widetilde{\boldsymbol{\beta}}) - V(\widehat{\boldsymbol{\beta}}) &= \sigma^2 CC^\top - \sigma^2 \left(X^\top X \right)^{-1} \\
&= \sigma^2 CC^\top - \sigma^2 CX \left(X^\top X \right)^{-1} X^\top C^\top \\
&= \sigma^2 C \left\{ I_n - X \left(X^\top X \right)^{-1} X^\top \right\} C^\top \\
&= \sigma^2 C P_{\mathcal{M}^\perp} C^\top
\end{aligned}
$$

となる．ここで，$P_{\mathcal{M}^\perp} = I_n - X \left(X^\top X \right)^{-1} X^\top$ は対称行列であり，かつべき等である．したがって，任意の $p+1$ 次元ベクトル $\boldsymbol{a}$ に対して

$$
\boldsymbol{a}^\top C P_{\mathcal{M}^\perp} C^\top \boldsymbol{a} = (P_{\mathcal{M}^\perp} C^\top \boldsymbol{a})^\top (P_{\mathcal{M}^\perp} C^\top \boldsymbol{a}) \geq 0
$$

であることから，$V(\widetilde{\boldsymbol{\beta}}) - V(\widehat{\boldsymbol{\beta}})$ は非負値定符号行列であることが示された． ■

4.3 当てはまりの評価と変数選択

線形重回帰モデル (4.16) 式に対しても，(4.11) 式の決定係数 R^2 を用いることで，y_i の予測値に対する当てはまりの良さを定量化できる．ところが，線形重回帰モデルは線形単回帰モデル (4.2) 式とは異なり，決定係数が高いほど良いモデルという訳ではない．本節では，この問題点と，**変数選択** (variable selection) とよばれる問題に対するアプローチについて説明する．

4.3.1 変数選択の必要性

線形重回帰モデル (4.16) 式は線形単回帰モデル (4.2) 式を一般化したもので，説明変数が p 個ある場合を考えた．実は，この p の数が増えれば増えるほど，残差 2 乗和の値は小さくなり，決定係数の値は 1 に近づく．極端な例として，サンプルサイズ n のデータに対して，何でもよいので $n-1$ 個の 1 次独立な説明変数を用意したとしよう．すると，X は正則な $n \times n$ 行列となるので，$\boldsymbol{y}$ の最小 2 乗推定量は

$$\widehat{\boldsymbol{y}} = X(X^\top X)^{-1}X^\top \boldsymbol{y} = XX^{-1}(X^\top)^{-1}X^\top \boldsymbol{y} = \boldsymbol{y}$$

となり，データに完全に当てはまったモデルが得られる．したがって，残差 2 乗和は 0 に，決定係数は 1 となる．これは，説明変数の候補として，たとえ目的変数に全く影響がないようなものを追加しても，当てはまりは良くなってしまうことを意味している．例えば，アパートの家賃を決める一因として，関係性が薄いであろう「最寄りのコンビニエンスストアの広さ」のデータを説明変数として加えても，決定係数の値は増加するのである．実は，説明変数の数を闇雲に増やすと，さまざまな問題が発生する．

説明変数の数を増やした線形重回帰モデルに対して最小 2 乗法を適用することで，残差 2 乗和を最小にするような回帰係数の推定値を得るが，これは「現在観測されているデータに対する当てはまり」を考慮したものである．しかし，統計モデルの推定の目的の 1 つに，「将来新たに観測されるデータに対する予測」がある．説明変数として，目的変数とは関連の薄いものを追加すると，むしろその変数が邪魔をし

て将来のデータに対する予測の精度が悪化する可能性がある．

このことを，4.2.3 節で述べた多項式回帰モデルを用いて説明する．図 4.11 を見てもわかるように，多項式回帰モデルでは，多項式の次数 (= 説明変数の数) を増やすほど回帰曲線は観測データに近づき，当てはまりは良くなっていく．しかし，このデータは本来 3 次の多項式曲線に乱数による誤差を加えることで人工的に発生させたデータであり，将来新たに観測されるデータも，この曲線の近くで得られると考えられる．多項式回帰モデルでは，$p = 3$ のときの回帰曲線が真の曲線に最も近いことがわかる．一方で $p = 7$ のときの回帰曲線は，観測データに引きずられ必要以上に大きな変動が起こっている．このようなモデルは，データを発生させている現象の説明にも，将来観測されるデータへの予測にも向いていない．この現象は**過適合** (overfitting) あるいは過学習として知られている．一般の線形重回帰モデルについても同様のことが当てはまる．つまり，説明変数の数が多ければ多いほど観測データへの見かけ上の当てはまりは良くなり，決定係数 R^2 は 1 に近づくが，将来観測されるデータに対する予測精度はかえって悪化してしまう．

説明変数の数を増やすことによる問題点はこれだけではない．説明変数の数を増やすことで，ある説明変数が，他の説明変数，あるいはそれらの線形結合によって表現できてしまう状況が発生しうる．例えば，説明変数に関するデータ x_{i1}, x_{i2}, x_{i3} が，すべての i に対して $x_{i1} = 2x_{i2}$ あるいは $x_{i1} = x_{i2} + 3x_{i3}$ といった関係性をもつような状況である．このような状況は**多重共線性** (multicollinearity) とよばれる．多重共線性が発生しているとき，$n \times (p+1)$ 計画行列 X のランクは $p+1$ よりも小さくなり，結果として，最小 2 乗推定量 (4.20) 式中の $(p+1) \times (p+1)$ 行列 $X^\top X$ は正則ではなくなる，つまり最小 2 乗推定量が計算できなくなる．また，大量の説明変数を用意して $n < p+1$ となった場合は，行列 $X^\top X$ のランクが n となるため，やはり最小 2 乗推定量が計算できなくなる．

したがって，複数の説明変数の候補の中から，目的変数に実際に影響を与えているものの組み合わせを適切に選択する必要がある．この問題は変数選択とよばれる，統計学における最も重要な課題の 1 つである．変数選択問題は，「ある事柄を説明するために必要以上に多くの仮定を用いるべきではない」という，**オッカムの剃刀** (Ockham's razor) の考え方に基づいている．変数の組み合わせに応じて 1 つの統計モデルが対応することから，**モデル選択** (model selection) の 1 種と捉えることもできる．

変数選択は，次のような流れで行われる．

1. 候補となる説明変数の組み合わせを 1 組選び，対応する線形重回帰モデルを推定する．
2. 推定されたモデルに対して，4.3.2 項で紹介するモデル評価基準 (のうちいずれか 1 種類) の値を計算する．
3. 上記 1, 2 の過程を，説明変数の組み合わせを変えて繰り返し行う．組み合わせの探索方法は，4.3.3 項で紹介する変数選択のための手順を用いる．
4. 最終的に得られた，説明変数の組み合わせに対応するモデル評価基準の値を比較して，最適な組み合わせを決定する．

4.3.2 モデル評価基準

では，変数選択を行うための基準として何を用いればよいだろうか．先にも述べたように，「説明変数の組み合わせのうち，決定係数 R^2 を最大にするものを最適な組み合わせとして選択する」というルールにすると，すべての説明変数が選択されてしまうことになる．そのために，決定係数 R^2 に代わり，モデルの良さを評価するための基準 (ものさし) が，これまでにさまざまな観点から考案されてきた．ここでは，そのような**モデル評価基準** (model selection criterion) についていくつか紹介する．

決定係数 R^2 に対して，説明変数の個数 p で補正を行った次の基準

$$R^{*2} = \max\left\{0, 1 - \frac{n-1}{n-p-1}\left(1 - R^2\right)\right\}$$

は，**自由度調整済み決定係数** (adjusted R-squared) とよばれている．式の形から，説明変数の数 p が増えたにもかかわらず決定係数 R^2 が増加しなければ，R^{*2} の値は逆に減少することがわかる．自由度調整済み決定係数の値が 1 に近いモデルほど，良いモデルとみなす．

マローズの C_p 基準 (Mallows' C_p) は，モデルの当てはまりの良さに対して，パラメータの数による補正を行ったものである．マローズの C_p 基準は，次で与えられる．

$$C_p = \frac{1}{\widehat{\sigma}^2_{full}}\sum_{i=1}^{n}(y_i - \widehat{y}_i)^2 + 2(p+1) - n.$$

ただし $\widehat{\sigma}^2_{full}$ は，候補となるモデルの中で説明変数の数が最も多いモデル (フルモデ

ル) における分散パラメータ σ^2 の推定量である．マローズの C_p 基準では，当てはまりの良さを第 1 項で評価している一方で，説明変数の数が増加することによる罰則を第 2 項で課している．したがって，マローズの C_p 基準の値が小さいモデルほど良いモデルと考える．

赤池情報量規準 (AIC, Akaike information criterion) は，将来観測されるモデルに対する予測という観点から導出された基準である．AIC は，次の式で与えられる．

$$\mathrm{AIC} = -2\ell(\widehat{\boldsymbol{\beta}}, \widehat{\sigma}^2) + 2(p+2).$$

特に，正規線形回帰モデルの場合は次のようになる (練習問題 4.4)．ただし，パラメータの推定量や p に依存しない項は除外している．

$$\mathrm{AIC} = n \log \widehat{\sigma}^2 + 2(p+2). \tag{4.24}$$

AIC の第 2 項はモデルに含まれるパラメータの数 (回帰係数 $\boldsymbol{\beta}$ の $p+1$ 個および誤差分散 σ^2 の 1 個) を 2 倍したものである [*4]．

AIC と似ているが，全く異なるアプローチで導出されたモデル評価基準として，**ベイズ型モデル評価基準** (BIC, Bayesian information criterion) がある．これは，1 組の説明変数の組み合わせを 1 つのモデルとみなしたとき，データが観測された下で，生起する事後確率が最大となるようなモデルを最適なモデルとして選択するという考え方の下で生まれた基準である．BIC は次で与えられる．

$$\mathrm{BIC} = -2\ell(\widehat{\boldsymbol{\beta}}, \widehat{\sigma}^2) + (p+2)\log n.$$

AIC に似た形であるが，第 2 項が $2(p+2)$ ではなく $(p+2)\log n$ となっている．この違いから，標本サイズが $n \geq 8$ であれば，AIC よりも BIC の方が，比較的単純な，つまり説明変数の数が少ないモデルが選択されやすくなる．AIC, BIC もマローズの C_p 基準と同様，第 1 項で当てはまりの良さを測り，第 2 項で説明変数の数が増えることへの罰則を課した形になっている．AIC, BIC ともに，その値が小さいものほど良いモデルとされる．

以上で述べたもの以外にも，モデル選択基準として使われるものはいくつかある．これらのうち，基準としてどれが最適であるかという絶対的かつ明確な答えはない．

[*4] 文献によっては誤差分散を含めず $2(p+1)$ とするものもあるが，モデルを比較する上で相対的な違いはないため，モデル選択の結果に影響しない．

ただし，予測を目的とする場合は AIC を，正しいモデル (変数の組み合わせ) を選択する場合は BIC, というように，これらの基準が導出された背景に基づいて基準を選ぶべきであると考えられる．また，AIC や BIC は，5 章で述べるロジスティック回帰モデルや 6 章で述べる一般化線形モデルにおける変数選択，さらに 7 章で述べる混合分布モデルにおける成分数選択にも利用できる．

複数の回帰係数のうち，いくつかが 0 であるか否かの検定を行うことでも，変数選択を行うことができる．いま，p 個の回帰係数 β_j $(j = 1, \ldots, p)$ の推定値がすべて 0 か否かの検定を行うために，次の仮説を考える．

$$H_0 : \beta_1 = \cdots = \beta_p = 0, \;\; H_1 : \text{少なくとも 1 つの } j \text{ に対して}, \beta_j \neq 0$$

このとき，帰無仮説 H_0 の下で，

$$F = \frac{\frac{1}{p}\|X\widehat{\boldsymbol{\beta}} - \overline{y}\mathbf{1}_n\|^2}{\frac{1}{n-p-1}\|\boldsymbol{y} - X\widehat{\boldsymbol{\beta}}\|^2} \tag{4.25}$$

は自由度 $(p, n-p-1)$ の F 分布に従う．ここで，$\mathbf{1}_n$ はすべての成分が 1 である n 次元ベクトルとする．F 分布に従うことの証明については，蓑谷 (2015) や Fahrmeir *et al.* (2013) 等を参照されたい．

4.3.3 変数選択法

4.3.2 項では，重回帰モデルにおいて，説明変数の組み合わせによって 1 つのモデルが設定されたという前提で，そのモデルの良さを評価するための基準を述べた．それでは，その組み合わせはどのように設定すればよいだろうか．本項では，p 個の説明変数のうち，4.3.2 項で紹介した基準を用いて最適な変数の組み合わせを探索するための方法として基本的なものを紹介する．

総当たり法は，p 個の説明変数のすべての組み合わせに対してモデルを推定し，モデル評価基準を計算し比較するというものである．これにより，モデル評価基準の下で最適な説明変数の組み合わせを確実に見つけ出すことができる．しかし，説明変数の組み合わせの総数は $2^p - 1$ 通り存在するため，説明変数の数が増加すると，組み合わせの数は急激に増加し，計算機による実行が困難になる．例えば $p = 30$ とすると，組み合わせの総数は 10 億を超える．これは，モデルの推定とモデル評価基準の計算を 10 億回繰り返すことを意味する．このため，説明変数の数 p が多い

場合，総当たり法による変数選択は現実的ではない．

ステップワイズ法 (stepwise method) は，総当たり法の計算コストを抑え，より効率的に最適なモデルを探索することを目的に考えられた方法である．ステップワイズ法には，前進的選択法と後退的選択法，およびこの 2 つを組み合わせたハイブリッドな方法がある．

前進的選択法は，次の流れで行われる．まず，説明変数が 1 つだけの p 種類の線形単回帰モデルを考える．この中から，モデル評価基準の値が最適となるモデルに含まれる説明変数を選択する．続いて，この変数と，それ以外の変数のいずれか 1 つ，計 2 つの説明変数からなる $p-1$ 種類の線形重回帰モデルを考える．この中から，再びモデル評価基準の値が最適となるものを選択する．この手順を繰り返すが，途中で，以前選択した変数が不要になる可能性もある．そこで，既に選択された変数を除いた状態でモデル評価基準を計算し，その値が改善された場合は該当する変数を除外する．この手順を繰り返し，どの説明変数を加えてもモデル評価基準が改善されなくなったときに変数の追加をやめ，その時点で含まれている変数の組み合わせを最適なモデルとして選択する．

後退的選択法は逆に，説明変数がすべて含まれたモデル (フルモデル) からスタートする．フルモデルから，説明変数を 1 つだけ除外した p 種類のモデルの中から，モデル評価基準が最適となるモデルを選択する．以降同様に 1 つずつ変数を減らしていき，どの説明変数を除外してもモデル評価基準が改善しなくなった時点で探索をやめ，その時点でのモデルを最適なモデルとする．

ステップワイズ法は，総当たり法に比べて計算回数を減らすことができる．ただし，総当たり法とは異なり必ずしも最適なモデルを探索できる訳ではないので，注意が必要である．

➤ 4.4　適用例

4.2 節で述べた線形重回帰モデルを，実際のデータの分析に適用した例を紹介する．ここでは，アメリカの都市ボストンの各地区における，不動産の情報とそれに関連した情報からなるデータを用いる．データは 506 の地区について，犯罪率や住宅価格など 14 種類の情報が取得されている．このデータは，R に標準で搭載されている `MASS` ライブラリで読み込まれる `Boston` という変数に格納されている．なお，

?Boston と入力することで，データに関する説明を見ることができる．このデータに対して，持家住宅の価格を目的変数，それ以外の 13 種類の情報を説明変数として重回帰モデルを適用し，さらに変数選択まで行ってみよう．つまり，この分析を行うことで，住宅価格が，その地区の犯罪率や大気汚染といった情報とどのように関連しているかを定量化できる．

まず，13 個の説明変数すべてを用いて線形重回帰モデルの推定を行った．これを実行するための R のプログラムと，推定結果をリスト 4.3 に示す．Coefficients の項目では，各説明変数の回帰係数とその標準誤差，検定統計量を掲載している．また "*" 印は，その数が多いほど小さい有意水準でその回帰係数が有意，すなわち帰無仮説 $\widehat{\beta}_j = 0$ が棄却されることを意味している．線形重回帰モデルでは，indus と age が 5%有意水準で帰無仮説 $\widehat{\beta}_j = 0$ が棄却できず，それ以外は有意 ($\widehat{\beta}_j \neq 0$) という結果になった．

また，Residual standard error は，残差標準誤差とよばれるもので，次で与えられる．

$$\sqrt{\frac{1}{n-p-1}\sum_{i=1}^{n} r_i^2}.$$

Multiple R-squared，Adjusted R-squared はそれぞれ決定係数，自由度調整済み決定係数を表す．それぞれの値が 0.74, 0.73 であることから，当てはまりもよく，また過適合も起こっていないと考えられる．出力結果の最後の項目である F-statistic は F 統計量およびその p 値を示している．p 値が非常に小さいことから，「(定数項を除く) 回帰係数がすべて 0 である」という帰無仮説は棄却されるという結論になる．

リスト 4.3　ボストン住宅価格データに対する回帰係数の推定

```
1  > library(MASS)
2  > #線形重回帰モデル実行
3  > result <- lm(medv~., data=Boston)
4  > summary(result)
5
6  Call:
```

```
7   lm(formula = medv ~ ., data = Boston)
8
9   Residuals:
10  Min      1Q  Median      3Q     Max
11  -15.595  -2.730  -0.518   1.777  26.199
12
13  Coefficients:
14  Estimate Std. Error t value Pr(>|t|)
15  (Intercept)  3.646e+01  5.103e+00   7.144 3.28e-12 ***
16  crim        -1.080e-01  3.286e-02  -3.287 0.001087 **
17  zn           4.642e-02  1.373e-02   3.382 0.000778 ***
18  indus        2.056e-02  6.150e-02   0.334 0.738288
19  chas         2.687e+00  8.616e-01   3.118 0.001925 **
20  nox         -1.777e+01  3.820e+00  -4.651 4.25e-06 ***
21  rm           3.810e+00  4.179e-01   9.116  < 2e-16 ***
22  age          6.922e-04  1.321e-02   0.052 0.958229
23  dis         -1.476e+00  1.995e-01  -7.398 6.01e-13 ***
24  rad          3.060e-01  6.635e-02   4.613 5.07e-06 ***
25  tax         -1.233e-02  3.760e-03  -3.280 0.001112 **
26  ptratio     -9.527e-01  1.308e-01  -7.283 1.31e-12 ***
27  black        9.312e-03  2.686e-03   3.467 0.000573 ***
28  lstat       -5.248e-01  5.072e-02 -10.347  < 2e-16 ***
29  ---
30  Signif. codes:
31  0 '***' 0.001 '**' 0.01 '*' 0.05 '.' 0.1 ' ' 1
32
33  Residual standard error: 4.745 on 492 degrees of freedom
34  Multiple R-squared:  0.7406,    Adjusted R-squared:  0.7338
35  F-statistic: 108.1 on 13 and 492 DF,  p-value: < 2.2e-16
```

続いて，AIC に基づくステップワイズ法を用いて，変数選択を行う．この方法は，R の step 関数を使って簡単に行うことができる．なお，step 関数では，変数選択のアルゴリズムは初期設定では後退的選択法が選ばれている (direction="backward")．リスト 4.4 に，実行プログラムとその結果を示す．なお，step を実行することでステップワイズ法の途中経過が表示されるが，ここでは省略した．変数選択の結果，indus と age が除外され，それ以外の 11 変数が選択されるという結果になり，検定による結果と一致した.

リスト 4.4　ボストン住宅価格データに対する変数選択

```
> result2 <- step(result)
> summary(result2)

Call:
lm(formula = medv ~ crim + zn + chas + nox + rm + dis + rad +
tax + ptratio + black + lstat, data = Boston)

Residuals:
Min       1Q   Median      3Q     Max
-15.5984 -2.7386 -0.5046  1.7273 26.2373

Coefficients:
Estimate Std. Error t value Pr(>|t|)
(Intercept)  36.341145   5.067492   7.171 2.73e-12 ***
crim         -0.108413   0.032779  -3.307 0.001010 **
zn            0.045845   0.013523   3.390 0.000754 ***
chas          2.718716   0.854240   3.183 0.001551 **
nox         -17.376023   3.535243  -4.915 1.21e-06 ***
rm            3.801579   0.406316   9.356  < 2e-16 ***
dis          -1.492711   0.185731  -8.037 6.84e-15 ***
rad           0.299608   0.063402   4.726 3.00e-06 ***
tax          -0.011778   0.003372  -3.493 0.000521 ***
ptratio      -0.946525   0.129066  -7.334 9.24e-13 ***
black         0.009291   0.002674   3.475 0.000557 ***
lstat        -0.522553   0.047424 -11.019  < 2e-16 ***
---
Signif. codes:
0 '***' 0.001 '**' 0.01 '*' 0.05 '.' 0.1 ' ' 1

Residual standard error: 4.736 on 494 degrees of freedom
Multiple R-squared:  0.7406,    Adjusted R-squared:  0.7348
F-statistic: 128.2 on 11 and 494 DF,  p-value: < 2.2e-16
```

次に，4.2.3 項で述べた多項式回帰モデルに対して，モデル評価基準を使って多項式の次数を選択してみよう．ここでは，人工的に発生させたデータに対して異なる次数の多項式回帰モデルを適用し，さらにモデル評価基準を用いて最適な次数を決定する．

データは，次のように発生させた．まず，説明変数に対応するデータ x を $(0,5)$ 上に等間隔で発生させる．標本サイズは $n=30$ とした．続いて，この x に対して

$$y=(x-1)(x-2)(x-4)+\varepsilon \tag{4.26}$$

という式に従って，目的変数に対応するデータ y を得る．ここで，ε は平均 0，標準偏差 2 の正規分布に従う乱数から発生させた．なお，このデータは図 4.11 で図示したデータでもある．このデータに対して，1 次から 8 次までの多項式回帰モデルを適用し，さらに，それぞれのモデルに対してモデル評価基準 AIC と BIC を計算する．そのプログラムをリスト 4.5 に示す．途中にある出力が，各次数における AIC, BIC の値である．各次数 p におけるこれらの値を比較すると，$p=3$ のときに AIC, BIC の値をいずれも最小にしていることがわかる．したがって，$p=3$ の多項式回帰モデルを最適なモデルとして選択する．

リスト 4.5 には，選択されたモデルを当てはめた曲線と，y から誤差を取り除いた曲線を描画するプログラムも示している．これを実際に実行して，推定モデルが，データを発生させた曲線をよく近似できているか確かめてみよう．また，$p=3$ ではなく，他の次数を選択した場合はどのような曲線になっているかについても，確かめてみるとよい．

リスト 4.5　多項式回帰モデルにおける次数の選択

```
1  > #人工データ発生
2  > set.seed(1)
3  > n <- 30
4  > x <- seq(0,5,length=n)
5  > y <- (x-1)*(x-2)*(x-4) + rnorm(n, 0, 2)
6  > #次数p の多項式回帰モデルを反復して推定・評価
7  > for(p in 1:8){
```

```
+ result <- lm(y ~ poly(x, p, raw=T))
+ #各モデルに対してAIC, BIC 計算
+ print(c(p, AIC(result), BIC(result)))
> }
[1]   1.0000 161.7122 165.9157
[1]   2.0000 162.5848 168.1896
[1]   3.0000 129.2778 136.2838
[1]   4.0000 131.2500 139.6572
[1]   5.0000 130.0483 139.8567
[1]   6.0000 130.8893 142.0988
[1]   7.0000 132.8351 145.4458
[1]   8.0000 134.4118 148.4237

> # 選択された次数 (3)で再度多項式回帰モデルを推定
> p <- 3
> result <- lm(y ~ poly(x, p, raw=T))
> plot(x,y)
> xx <- seq(0,5,length=101))
> # 回帰曲線の描画
> lines(xx, predict(object = result, newdata = data.frame(x=xx)))
> # 真の曲線を破線で描画
> lines(xx, (xx-1)*(xx-2)*(xx-4), lty=2)
```

➤ 第4章　練習問題

4.1 連立方程式を解くことにより，β_0, β_1 の最小 2 乗推定量 (4.6) 式を導出せよ．

4.2 (4.12) 式が自由度 $n-2$ の t 分布に従うことを示せ．

4.3 (4.13) 式を示せ．

4.4 正規線形回帰モデルに対する AIC が (4.24) 式であることを確かめよ．

4.5 R に内蔵されているデータ `longley` は，アメリカ合衆国のある期間における経済指標をまとめたものである．このデータに対して，`Employed` (被雇用者数) を目的変数，それ以外を説明変数とみなして，プログラム上で回帰分析を実行し，回帰係数の推定値を出力せよ．またステップワイズ法により変数選択を行い，選択された変数について考察せよ．

第5章 ロジスティック回帰モデル

前章で述べた線形回帰モデルは，目的変数が実数値であることを仮定していた．しかし，データによっては目的変数が比率であったり，カテゴリである状況も考えられる．このような場合，線形回帰モデルを当てはめると適切でない結果が得られる．本章では，そのようなデータが目的変数として与えられた場合に，説明変数との関係を表すモデルの1つであるロジスティック回帰モデルについて紹介する．

5.1 ダミー変数

水温や住宅価格といったデータは，数量として意味のある，連続的な数値である．これに対して，性別や血液型，人種といった情報は，数量的な意味をもたない．このような変数は**カテゴリ変数** (categorical variable) とよばれ，データ分析に用いる場合には，下記のように注意が必要である．

例えば血液型というカテゴリ変数を扱うことを考えてみよう．カテゴリ変数の多くは，対応するデータが数値として与えられていないため，計算機で扱う際には，まずはこれらを数値にコード化することが多い．数値に変換する方法として，O 型，A 型，B 型，AB 型にそれぞれ 0, 1, 2, 3 という数値を対応させるルールを考えてみよう．これにより，4 種類の血液型を 4 つの数値で識別できるようになる．しかし，このようなルールだと，「O 型 < A 型 < B 型 < AB 型」という順序関係が生まれることになる．当然ながら，これらの血液型にこのような順序関係，大小関係はない．

表 5.1　カテゴリ変数とダミー変数の対応．ダミー変数を 3 変数とした場合 (左) と 4 変数とした場合 (右).

血液型	X_1	X_2	X_3
O 型	0	0	0
A 型	1	0	0
B 型	0	1	0
AB 型	0	0	1

血液型	X_1	X_2	X_3	X_4
O 型	1	0	0	0
A 型	0	1	0	0
B 型	0	0	1	0
AB 型	0	0	0	1

そこで，このような順序関係を生み出さないような対応付けを行うために，次の方法を考えよう．例えば血液型の場合，4 カテゴリに対して，表 5.1 左のように $4-1=3$ つの変数を対応させ，カテゴリに応じてそれぞれ 0 または 1 の値を対応させる．このような対応付けを行うことで，4 種類のカテゴリをすべて識別でき，なおかつカテゴリ間の順序関係が生まれない変数を作ることができる．このようにして得られた新たな変数 X_1, X_2, X_3 は，**ダミー変数** (dummy variable) とよばれる．表 5.1 左の各ダミー変数は，O 型と他の血液型との違いを表している．この例での O 型のように，すべてのダミー変数に対して 0 を対応させるカテゴリのことを**ベースライン** (baseline) とよぶ．一方で，ダミー変数の数をカテゴリ数と等しい 4 つとして，表 5.1 右のような対応付けによりダミー変数を得る方式も考えられる．しかし，この方式を 4 章で述べた線形回帰モデルの説明変数に対して適用すると，定数項との多重共線性が生じてしまい適切な推定値が得られない (練習問題 5.1).

4 章で述べた線形回帰モデルでは，説明変数に対してはカテゴリ変数をダミー変数に変換したものを利用できる．一方で，目的変数がカテゴリ変数の場合は，線形回帰モデルを適用しても適切な結果が得られない可能性がある．そこで，線形回帰モデルに代わって，次節から紹介するロジスティック回帰モデルを用いる．

5.2 ロジスティック回帰モデル

5.2.1 比率データと 2 値データ

はじめに，線形回帰モデルよりもロジスティック回帰モデルを適用することが適切と考えられる，2 つのデータセットについて説明する．表 5.2 は，殺虫剤に含まれる殺虫成分の異なる濃度に対して，殺虫効果がどの程度あるかを実験した結果である (Hewlett and Plackett, 1950)．また，表 5.3 は，9 名それぞれに対して，1 日の

表 5.2 殺虫剤のデータ．殺虫成分の濃度それぞれに対して，何匹中何匹の虫が死亡したかを集計している．

殺虫剤濃度 [mg/10cm^2] x	2.00	2.64	3.48	4.59	6.06	8.00
実験に用いた虫の数 m	50	49	47	50	49	50
死亡数 d	2	14	20	27	41	40
死亡率 d/m	0.04	0.29	0.43	0.54	0.84	0.80

表 5.3 喫煙データ．肺疾患の有無については，1=肺疾患あり，0=肺疾患なしとしている．

喫煙本数 [本] x	2	6	6	10	14	19	22	26	30
肺疾患の有無 y	0	0	0	0	1	0	1	1	1

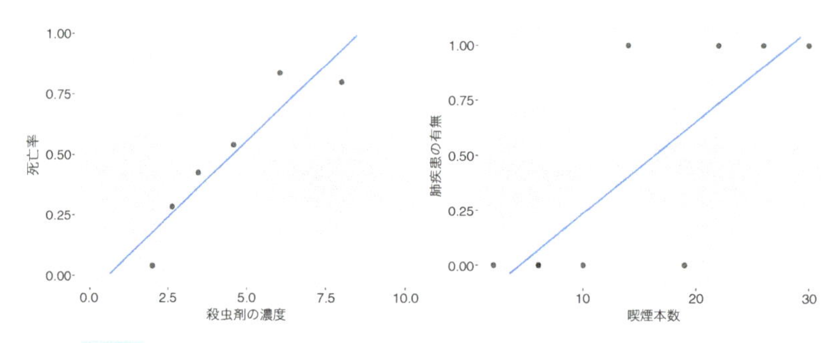

図 5.1 殺虫剤のデータ (左) と喫煙データ (右) に対する回帰直線の当てはめ

煙草の喫煙本数と，肺疾患の有無を表した人工的なデータである．ただし，肺疾患ありの場合は 1，なしの場合は 0 という 2 値変数を対応させている．これらのデータセットから，それぞれ殺虫成分の濃度と虫の死亡率，喫煙本数と肺疾患との関係を回帰モデルによって表現することを考える．

まず，表 5.2 の殺虫成分の濃度と，殺虫効果 (虫の死亡率) との関係を，4 章で扱った線形回帰モデル (4.3) 式で表現することを考えてみよう．最小 2 乗法により推定された線形回帰モデルによる回帰直線は，図 5.1 左で与えられる．この結果は一見，観測されたデータに対しては良く当てはまっているように見える．しかし，死亡率という比率に対して直線を当てはめているため，殺虫成分の濃度が低くなると比率の予測値が負になったり，高くなると 1 を超えたりする．直感的には，殺虫成分の濃度が低くなるにつれて死亡率は 0 に近づいていき，逆に高くなるにつれて 1 に近づいていくと考えるのが自然である．喫煙データに対しても，線形回帰モデルを適

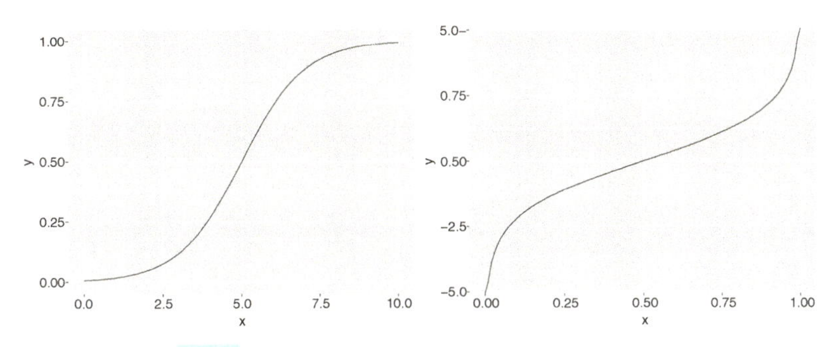

図 5.2　ロジスティック関数 (左) とロジット関数 (右)

用することで図 5.1 右のような回帰直線が得られるが，同様の理由でこの結果も不適切であると考えられる．

5.2.2　ロジスティック回帰モデル

目的変数と説明変数との関係を表す関数として，次を用いる．

$$f(x) = \frac{\exp(x)}{1 + \exp(x)} \left(= \frac{1}{1 + \exp(-x)} \right). \tag{5.1}$$

これは**ロジスティック関数** (logistic function) とよばれ，$(-\infty, \infty)$ 上の値をとる変数 x を $(0, 1)$ 上の値に変換する (図 5.2 左)．そして，(5.1) 式の x を，切片も加えた説明変数の線形結合 $\eta_i = \beta_0 + \beta_1 x_i$ (これは線形予測子とよばれる) で置き換えた

$$\pi_i = \frac{\exp(\beta_0 + \beta_1 x_i)}{1 + \exp(\beta_0 + \beta_1 x_i)} \tag{5.2}$$

を考える．この式を変形することで，

$$\log \frac{\pi_i}{1 - \pi_i} = \beta_0 + \beta_1 x_i \tag{5.3}$$

が得られる (練習問題 5.2)．これは**ロジスティック回帰モデル** (logistic regression model) とよばれる．ロジスティック回帰モデルの左辺は**ロジット関数** (logit function) とよばれ，ロジスティック関数の逆関数に対応する (図 5.2 右)．左辺はまた，確率 π_i と $1 - \pi_i$ の比 (これをオッズという) の対数，すなわち対数オッズともよばれる．

ロジスティック回帰モデルは，表5.3のような，2値変数を目的変数にもつデータに対しても用いられる．いま，説明変数に関するデータ x_i が観測されたとき，目的変数 y_i が1となる確率を $\pi_i = \Pr(y_i = 1|x_i)$ とおく．ただし，π_i は $(0,1)$ 上の値をとるものとする．このとき，x_i と π_i との関係を次のロジスティック回帰モデルで表す．

$$\pi_i = \frac{\exp(\beta_0 + \beta_1 x_i)}{1 + \exp(\beta_0 + \beta_1 x_i)}.$$

したがって，回帰係数 β_0, β_1 を推定することで，y_i そのものではなく確率 π_i，すなわち，その人が肺疾患であるリスクが推定される．この式は(5.2)式と同じ形であるため，目的変数のデータが比率であっても2値であっても，同様の枠組みで推定できる．

ロジスティック回帰モデルは，重回帰モデルの枠組みへ容易に拡張できる．i 番目の観測に対して，p 個の説明変数に関する観測値 $x_{i1}, \ldots, x_{ip}$ が与えられたとき，$\pi_i = \Pr(y_i = 1|\boldsymbol{x}_i)$ との関係を表すロジスティック重回帰モデルは次で与えられる．

$$\begin{aligned} \log \frac{\pi_i}{1-\pi_i} &= \beta_0 + \beta_1 x_{i1} + \ldots + \beta_p x_{ip} \\ &= \boldsymbol{\beta}^\mathsf{T} \boldsymbol{x}_i. \end{aligned} \tag{5.4}$$

ただし $\boldsymbol{\beta} = (\beta_0, \beta_1, \ldots, \beta_p)^\mathsf{T}$, $\boldsymbol{x}_i = (1, x_{i1}, \ldots, x_{ip})^\mathsf{T}$ とする．これにより，例えば煙草の喫煙本数だけでなく，年齢や性別のデータも取り入れて肺疾患の有無との関係をモデル化できる．次節以降では，ロジスティック重回帰モデル(5.4)式を想定する．

殺虫剤データおよび喫煙データに対してロジスティック回帰モデルを適用するRプログラムを，それぞれリスト5.1, 5.2に示す．ロジスティック回帰モデルは`glm`関数で，引数として`family="binomial"`と指定することで実行できる．2種類のデータでは，目的変数の指定の方法が異なることに注意されたい．

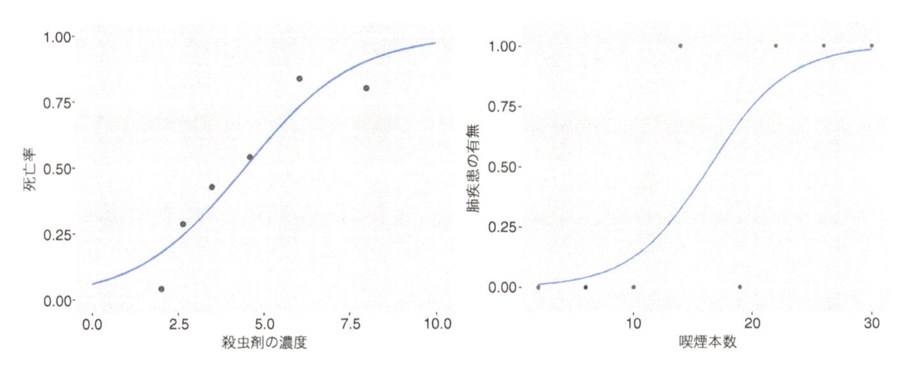

図 5.3　殺虫剤のデータ (左) と喫煙データ (右) に対するロジスティック回帰モデルの当てはめ

リスト 5.1　殺虫剤データに対するロジスティック回帰モデル

```
1  > # 殺虫剤データ
2  > x <- c(2.00, 2.64, 3.48, 4.59, 6.06, 8.00)
3  > d <- c(2, 14, 20, 27, 41, 40)
4  > m <- c(50, 49, 47, 50, 49, 50)
5
6  > #ロジスティック回帰モデル適用
7  > result <- glm(cbind(d, m-d)~x, family="binomial")
8  > #回帰係数
9  > result$coefficients
10 (Intercept)          x
11 -2.7914770   0.6252053
12
13 > #説明変数x における確率π の推定値
14 > predict(result, type="response")
15
16 > #新しい観測点における π の推定値を計算
17 > xx <- seq(0,10,length=101)
18 > predict(result, newdata=data.frame(x=xx), type="response")
```

リスト 5.2　喫煙データに対するロジスティック回帰モデル

```
> # 喫煙データ
> x <- c(2, 6, 6, 10, 14, 19, 22, 26, 30)
> y <- c(0, 0, 0, 0, 1, 0, 1, 1, 1)

> #ロジスティック回帰モデル適用
> result <- glm(y~x, family="binomial")
> #回帰係数
> result$coefficients
(Intercept)           x
-4.9891490   0.3034164

> #説明変数x における確率πの推定値
> predict(result, type="response")

> #新しい観測点におけるπの推定値を計算
> xx <- seq(0,32,length=101)
> predict(result, newdata=data.frame(x=xx), type="response")
```

5.3　推定

ロジスティック回帰モデルに含まれる回帰係数 $\boldsymbol{\beta}$ を推定する方法について考える．4 章の線形回帰モデルでは，誤差 2 乗和を最小化する最小 2 乗法，またはモデルの対数尤度関数を最大化する最尤法によって回帰係数を推定した．ロジスティック回帰モデルに対しては，一般的に最尤法が用いられる．本節では，最尤法によってロジスティック回帰モデルを推定する方法について述べる．

5.3.1　目的変数の確率分布

表 5.2 の殺虫剤のデータを考える．第 i 番目の実験 $(i = 1, \ldots, n)$ について，殺虫剤の刺激レベルを x_i，実験で用いた虫の個体数を m_i，実験による死亡数を d_i とおく．このとき，死亡数 d_i は 2 項分布 $B(m_i, \pi_i)$ に従う．すなわち，死亡数の確

率は

$$f(d_i;\pi_i) = {}_{m_i}C_{d_i}\pi_i^{d_i}(1-\pi_i)^{m_i-d_i}$$

で与えられる．$y_i = d_i/m_i$ とおくと，π_i は (5.2) 式よりパラメータ $\boldsymbol{\beta}$ に依存することから，次の対数尤度関数を得る．

$$\ell(\boldsymbol{\beta}) = \sum_{i=1}^{n} \log f(y_i;\pi_i) = \sum_{i=1}^{n} m_i \left[y_i \log \pi_i + (1-y_i)\log(1-\pi_i)\right]. \tag{5.5}$$

ただし，最尤法では $\boldsymbol{\beta}$ について最大化を行うため，π_i に依存しない (最大化問題に関係のない) 項は除外した．対数尤度関数は，(5.4) 式を利用することで

$$\ell(\boldsymbol{\beta}) = \sum_{i=1}^{n} m_i \left[y_i\boldsymbol{\beta}^\mathsf{T}\boldsymbol{x}_i - \log\left\{1+\exp\left(\boldsymbol{\beta}^\mathsf{T}\boldsymbol{x}_i\right)\right\}\right] \tag{5.6}$$

と表すことができる (練習問題 5.3)．

次に，肺疾患のデータに対するモデルについて考える．このデータでは目的変数が肺疾患の有無という 2 値変数であるため，第 i 人目の被験者に肺疾患があれば 1，なければ 0 という数値を対応させた 2 値変数を y_i とおくと，y_i はベルヌーイ分布 $B(1,\pi_i)$ に従う．すなわち，肺疾患である確率は

$$f(y_i;\pi_i) = \pi_i^{y_i}(1-\pi_i)^{1-y_i}$$

で与えられる．これより，次のような対数尤度関数が得られる．

$$\ell(\boldsymbol{\beta}) = \sum_{i=1}^{n} \log f(y_i;\pi_i) = \sum_{i=1}^{n} \left[y_i \log \pi_i + (1-y_i)\log(1-\pi_i)\right]. \tag{5.7}$$

対数尤度関数は，(5.4) 式を利用することで

$$\ell(\boldsymbol{\beta}) = \sum_{i=1}^{n} \left[y_i\boldsymbol{\beta}^\mathsf{T}\boldsymbol{x}_i - \log\left\{1+\exp\left(\boldsymbol{\beta}^\mathsf{T}\boldsymbol{x}_i\right)\right\}\right] \tag{5.8}$$

と表すことができる．このことから，目的変数が 2 値のロジスティック回帰モデルは，目的変数が比率のモデル (5.6) 式において $m_i = 1$ としたものに一致する．

ここで，ロジスティック回帰モデルに対して最小 2 乗法を用いて推定することが適切でない理由を説明する．4 章では，線形回帰モデルの回帰係数の最尤推定量は最小 2 乗推定量に一致することを述べた．これは，最尤法において，目的変数 y_i は個体間で独立で，その分散は共通であるという仮定の下で推定量を導出したものが，最小 2 乗推定量と一致したのであった．一方で，ベルヌーイ分布 $B(1, \pi_i)$ に従う 2 値目的変数 y_i に対するロジスティック回帰モデルでは，その分散は $V(y_i) = \pi_i(1 - \pi_i)$ であるため，i によって異なる．これは，目的変数が比率の場合でも同様である．したがって，ロジスティック回帰モデルに対して最小 2 乗法を直接適用すると，個体間の分散の違いを無視した推定が行われることになり，適切とは言えない．

また，2 項分布からも，次のことが言える．$\boldsymbol{x}_i$ の値に応じて真の比率が $\pi_i = 0.1$ であったとき，個体数 $m_i = 10$ における観測値が $y_i = 0$ である確率は $\Pr(Y_i = 0|\boldsymbol{x}_i, \pi_i = 0.1) = {}_{10}C_0 \times 0.1^0 \times 0.9^{10} = 0.349$ である．一方で，真の比率が $\pi_i = 0$ であったとき，$y_i = 0.1$ である確率は $\Pr(Y_i = 0.1|\boldsymbol{x}_i, \pi_i = 0) = {}_{10}C_1 \times 0^1 \times 1^9 = 0$，つまり全く起こりえないのである．このように，比率の真の値と，実際の観測値との誤差 $\pi_i - y_i$ が同じ 0.1 であっても，起こりうる確率 (尤度) が全く異なる．したがって，比率 π_i と観測値 y_i との差を当てはまりの良さとする最小 2 乗法は不適切であることがわかる．

5.3.2 パラメータの推定

線形回帰モデルに対しては，尤度方程式を解析的に解くことで最尤推定量を得た．これに対してロジスティック回帰モデルでは，尤度方程式を解析的に解く，つまり，推定量を陽に表現することが困難である．そこで，計算機を利用して，数値最適化によって推定量を近似的に求める方法が用いられる．ロジスティック回帰モデルに対しては，一般的に**ニュートン–ラフソン法** (Newton-Raphson method) が用いられる．

まず，パラメータ $\boldsymbol{\beta}$ に初期値 $\boldsymbol{\beta}^{(0)}$ を与える．続いて，第 $k+1$ 回目 $(k = 0, 1, \ldots)$ のパラメータ値 $\boldsymbol{\beta}^{(k+1)}$ を次のように逐次的に更新する．

$$\boldsymbol{\beta}^{(k+1)} = \boldsymbol{\beta}^{(k)} - \left\{ \frac{\partial^2 \ell(\boldsymbol{\beta}^{(k)})}{\partial \boldsymbol{\beta} \partial \boldsymbol{\beta}^{\mathsf{T}}} \right\}^{-1} \frac{\partial \ell(\boldsymbol{\beta}^{(k)})}{\partial \boldsymbol{\beta}}. \tag{5.9}$$

ここで，(5.6) 式で与えられる $\ell(\boldsymbol{\beta})$ の，$\boldsymbol{\beta}$ による 1 階微分 (スコアベクトル) および 2 階微分 (ヘッセ行列) はそれぞれ次のように計算される．

$$\begin{aligned}
\frac{\partial \ell(\boldsymbol{\beta})}{\partial \boldsymbol{\beta}} &= \sum_{i=1}^{n} m_i \left\{ y_i \boldsymbol{x}_i - \frac{\exp(\boldsymbol{\beta}^\top \boldsymbol{x}_i)\boldsymbol{x}_i}{1+\exp(\boldsymbol{\beta}^\top \boldsymbol{x}_i)} \right\} \\
&= \sum_{i=1}^{n} m_i (y_i - \pi_i)\boldsymbol{x}_i \\
&= X^\top M(\boldsymbol{y} - \boldsymbol{\pi}), \\
\frac{\partial^2 \ell(\boldsymbol{\beta})}{\partial \boldsymbol{\beta} \partial \boldsymbol{\beta}^\top} &= -\sum_{i=1}^{n} m_i \frac{\exp(\boldsymbol{\beta}^\top \boldsymbol{x}_i)}{\{1+\exp(\boldsymbol{\beta}^\top \boldsymbol{x}_i)\}^2} \boldsymbol{x}_i \boldsymbol{x}_i^\top \\
&= -\sum_{i=1}^{n} m_i \pi_i (1-\pi_i) \boldsymbol{x}_i \boldsymbol{x}_i^\top \\
&= -X^\top MWX.
\end{aligned}$$

ただし，$X = (\boldsymbol{x}_1, \ldots, \boldsymbol{x}_n)^\top$，$\boldsymbol{y} = (y_1, \ldots, y_n)^\top$，$\boldsymbol{\pi} = (\pi_1, \ldots, \pi_n)^\top$，$M = \mathrm{diag}\{m_1, \ldots, m_n\}, W = \mathrm{diag}\{\pi_1(1-\pi_1), \ldots, \pi_n(1-\pi_n)\}$ である．また，$\boldsymbol{\pi}$ および W も $\boldsymbol{\beta}$ に依存するため，これらも $\boldsymbol{\beta}$ の更新の度に更新される．以上より，ニュートン–ラフソン法の更新式 (5.9) は，次のように書き換えることができる．

$$\begin{aligned}
\boldsymbol{\beta}^{(k+1)} &= \boldsymbol{\beta}^{(k)} + \left(X^\top MW^{(k)}X\right)^{-1} X^\top M(\boldsymbol{y} - \boldsymbol{\pi}^{(k)}) \\
&= \left(X^\top MW^{(k)}X\right)^{-1} \left\{X^\top MW^{(k)}X\boldsymbol{\beta}^{(k)} + X^\top M(\boldsymbol{y} - \boldsymbol{\pi}^{(k)})\right\} \\
&= \left(X^\top MW^{(k)}X\right)^{-1} X^\top MW^{(k)} \left\{X\boldsymbol{\beta}^{(k)} + W^{(k)^{-1}}(\boldsymbol{y} - \boldsymbol{\pi}^{(k)})\right\} \\
&= \left(X^\top MW^{(k)}X\right)^{-1} X^\top MW^{(k)}\boldsymbol{\xi}^{(k)}. \qquad (5.10)
\end{aligned}$$

ここで，$\boldsymbol{\xi}^{(k)} = X\boldsymbol{\beta}^{(k)} + W^{(k)^{-1}}(\boldsymbol{y} - \boldsymbol{\pi}^{(k)})$ とする．これより，ニュートン–ラフソン法による更新アルゴリズムは，目的変数を $\boldsymbol{\xi}$ とした重み付き最小 2 乗推定量と同様の形となる．なお，目的変数が 2 値の場合は，上記の更新式において $M = I_n$ とすればよい．

以上をまとめて，ロジスティック回帰モデルを推定するアルゴリズムは，次の流れで行われる．

1. $\boldsymbol{\beta}$ の初期値 $\boldsymbol{\beta}^{(0)}$ を設定する．また，$k = 0$ とおく．
2. $\boldsymbol{\beta}^{(k)}$ を用いて $\boldsymbol{\pi}^{(k)}, W^{(k)}, \boldsymbol{\xi}^{(k)}$ を更新する．

表 5.4 混同行列

		実際のラベル	
		$Y=1$	$Y=0$
判別による予測値	$\widehat{Y}=1$	真陽性 (TP)	偽陽性 (FP)
	$\widehat{Y}=0$	偽陰性 (FN)	真陰性 (TN)

3. (5.10) 式により $\boldsymbol{\beta}$ の更新値 $\boldsymbol{\beta}^{(k+1)}$ を計算する．
4. ステップ 2, 3 を，収束するまで繰り返す．

なお，ステップ 4 の収束判定としては，例えば $\boldsymbol{\beta}$ の更新値の差のノルム $\|\boldsymbol{\beta}^{(k+1)}-\boldsymbol{\beta}^{(k)}\|$ や，対数尤度の差の絶対値 $|\ell(\boldsymbol{\beta}^{(k+1)})-\ell(\boldsymbol{\beta}^{(k)})|$ が十分小さくなったときなどが用いられる．

5.3.3 ロジスティック判別

目的変数が 2 値データの場合は，ロジスティック回帰モデルを用いることで，各観測が $y=0,1$ のいずれかであるかの判別へ応用できる．いま，ロジスティック回帰モデルを推定することで，確率 $\pi_i=\Pr(Y_i=1|x_i)$ の推定値 $\widehat{\pi}_i$ が得られたとしよう．この確率 $\widehat{\pi}_i$ に対して，ある閾値 T を用いて

$$\begin{aligned}\widehat{\pi}_i \geq T \text{のとき} \widehat{y}_i = 1\\ \widehat{\pi}_i < T \text{のとき} \widehat{y}_i = 0\end{aligned} \tag{5.11}$$

のようなルールに従って目的変数の予測値 $\widehat{y}_i$ を与えることで，データを 2 群に判別できる．

このとき，正しく判別されたデータと，誤って判別されたデータの内訳は，表 5.4 のような形でまとめられる．これは**混同行列** (confusion matrix) とよばれる [*1]．ここで，次の用語の定義をしておく．

- **真陽性** (true positive) TP：$Y=1$ を正しく $\widehat{Y}=1$ と判別した数
- **偽陰性** (false negative) FN：$Y=1$ を誤って $\widehat{Y}=0$ と判別した数
- **偽陽性** (false positive) FP：$Y=0$ を誤って $\widehat{Y}=1$ と判別した数
- **真陰性** (true negative) TN：$Y=0$ を正しく $\widehat{Y}=0$ と判別した数

[*1] 表 5.4 の混同行列は，文献によっては行と列が入れ替わっているものもあるので，注意されたい．ここでは，5.6 節で用いる caret パッケージで出力される混同行列の表記に準拠している．

これらを用いて得られる比率

$$\mathrm{ACC} = \frac{\mathrm{TP} + \mathrm{TN}}{\mathrm{TP} + \mathrm{FN} + \mathrm{FP} + \mathrm{TN}},$$

は**正解率** (ACC, accuracy rate) とよばれ，正しく判別されたデータの割合を示す．逆に，$1 - \mathrm{ACC}$ は誤って判別された割合を示すもので，**誤判別率** (error rate) とよばれる．また，

$$\mathrm{TPR} = \frac{\mathrm{TP}}{\mathrm{TP} + \mathrm{FN}}, \quad \mathrm{FPR} = \frac{\mathrm{FP}}{\mathrm{FP} + \mathrm{TN}}, \tag{5.12}$$

をそれぞれ**真陽性率** (TPR, true positive rate)，**偽陽性率** (FPR, false positive rate) とよぶ．真陽性率は，$Y = 1$ であるもののうち正しく $\widehat{Y} = 1$ と判別されたものの割合を，偽陽性率は，本来 $Y = 0$ であるものを誤って $\widehat{Y} = 1$ と誤判別してしまったものの割合を示す．これらの値は，判別モデルの性能の評価に用いられる．

5.4 モデルの評価

ロジスティック回帰モデルに対して，当てはまりの良さを評価するにはどのようにすればよいだろうか．5.3.2 項でも述べた通り，ロジスティック回帰モデルに対しては最小 2 乗法による推定は適切ではないため，2 乗誤差やそれを利用した決定係数は当てはまりの評価には不適切である．一般的に，ロジスティック回帰モデルや，6 章で述べる一般化線形モデルに対する当てはまりの評価には，パラメータ $\boldsymbol{\beta}$ の推定値を代入した対数尤度 $\ell(\widehat{\boldsymbol{\beta}})$ や，対数尤度に基づいて得られる**逸脱度** (deviance) が用いられる．

5.4.1 逸脱度

逸脱度として，次の 2 種類を紹介する．これらは，6 章においても当てはまりの評価指標として用いられる．

確率 π_i の推定値として，観測値である比率または 2 値データ自身を代入したときの対数尤度 ℓ_{full} と，回帰係数 $\beta_1, \ldots, \beta_p$ をすべて 0 と制限した状態で切片 β_0 のみの推定値からなるベクトル $\widehat{\boldsymbol{\beta}}_0 = (\widehat{\beta}_0, 0, \ldots, 0)^{\mathsf{T}}$ を代入した対数尤度 $\ell(\widehat{\boldsymbol{\beta}}_0)$ との差を -2 倍した

$$D = -2\left\{\ell(\widehat{\boldsymbol{\beta}}_0) - \ell_{full}\right\} \tag{5.13}$$

を**最大逸脱度** (null deviance) とよぶ．これは，目的変数に完全に当てはまっている，いわば最も当てはまりの良いモデル (これを**飽和モデル**，saturated model という) と，説明変数の影響を受けておらず目的変数に全く当てはまっていないモデルとの対数尤度の差を測ったものである．したがって，最大逸脱度は，考えうるロジスティック回帰モデルの組み合わせによる対数尤度の差の中で最大の値をとる．なお，2 値目的変数に対するロジスティック回帰モデルの場合は，ベルヌーイ分布の確率関数において $\pi_i = y_i$ とすればわかるように，必ず $\ell_{full} = 0$ となる．

また，回帰係数 $\boldsymbol{\beta}$ の推定値 $\widehat{\boldsymbol{\beta}}$ に基づく対数尤度 $\ell(\widehat{\boldsymbol{\beta}})$ と，ℓ_{full} との差を -2 倍した

$$D = -2\left\{\ell(\widehat{\boldsymbol{\beta}}) - \ell_{full}\right\} \tag{5.14}$$

は，**残差逸脱度** (residual deviance) とよばれる．これは，飽和モデルと想定モデルとの差を測る指標であり，小さいほど当てはまりが良いと言える．

5.4.2 モデル評価基準

比率の推定や判別に寄与している説明変数の組み合わせを選択したい場合，ロジスティック回帰モデルに対しても変数選択を行うことが考えられる．変数選択問題に対しては，4 章でも紹介したモデル評価基準 AIC や BIC を，ロジスティック回帰モデルにも適用できる．(5.6) 式で与えられた，ロジスティック回帰モデルに基づく対数尤度関数 $\ell(\boldsymbol{\beta})$ に，推定値 $\widehat{\boldsymbol{\beta}}$ を代入したものを用いて，ロジスティック回帰モデルを評価するモデル評価基準 AIC, BIC はそれぞれ次で与えられる．

$$\begin{aligned}\mathrm{AIC} &= -2\ell(\widehat{\boldsymbol{\beta}}) + 2(p+1),\\ \mathrm{BIC} &= -2\ell(\widehat{\boldsymbol{\beta}}) + (p+1)\log n.\end{aligned}$$

さまざまな説明変数の組み合わせに対応するロジスティック回帰モデルの中で，これらの基準が最小となるものを，最適なモデルとみなす．

5.4.3 曲線下面積

目的変数が 2 値変数で，判別を行う場合は，次のような評価方法も用いられる．ロジスティック回帰モデルによる判別では，(5.11) 式にある閾値 T の値を変化させることで，異なる TPR, FPR ((5.12) 式) の値が得られるが，一般的に，TPR が増加

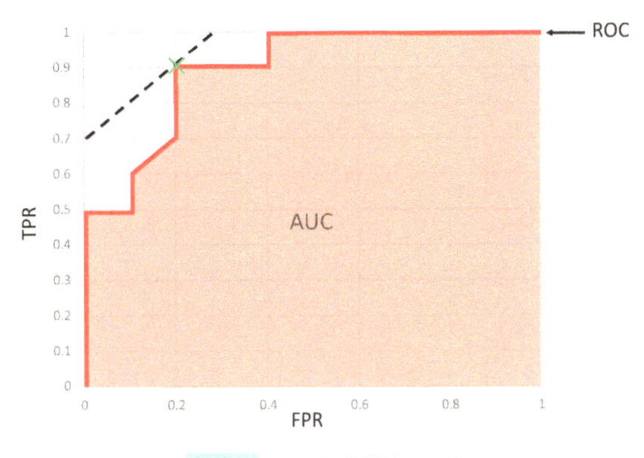

図 5.4　ROC 曲線と AUC

すれば FPR も増加する傾向にある．一方で，判別においては，TPR が大きく，かつ FPR が小さいほど判別性能が良いモデルと言える．そこで，判別精度の評価として，図 5.4 のようなグラフを用いる．図 5.4 は，横軸を FPR，縦軸を TPR としたグラフ上で，閾値 T の値を変化させたことによる FPR と TPR の推移をプロットすることで得られる曲線を表している．この曲線は **ROC 曲線** (receiver operating characteristic curve) とよばれる．また，ROC 曲線の右下の部分 (図 5.4 の赤の領域) の面積は**曲線下面積** (AUC, area under the curve) または c **統計量** (c-statistic) とよばれる．TPR が大きく，FPR が小さいということは，この AUC が大きいことに対応するため，AUC が大きいほど良いモデルと評価される．

ROC 曲線を用いて，(5.11) 式における閾値 T を選択することもできる．1 つの方法として，図 5.4 に示す破線のような，FPR = TPR に平行な直線を座標 (0,1) から右下に移動させ，初めて ROC 曲線と接する点を閾値に対応させるものである．これにより，できるだけ TPR が大きく，かつ FPR が小さい閾値を選択できる．

➤ 5.5　多項ロジスティック回帰モデル

これまでに扱ったロジスティック回帰モデルは，1 つの事象が起こる確率の推定や，2 カテゴリの判別 (2 群判別) のために用いられていた．しかし，実際の問題では 3 つ以上の確率またはカテゴリをもつデータも多く存在する．例えば，6 面サイコロを 100 回振ったとき，1 から 6 の目が出た比率のデータを目的変数として扱う問題が挙げられる．また，肺疾患の有無ではなく，複数ある肺疾患の種類がデータとして与えられており，各患者がこれらの疾患のうちどの種類に属しているかを判別する問題もこれに対応する．サイコロの例の場合，これまでに紹介したロジスティック回帰モデルでは，「1 の目か，それ以外の目が出た比率」というデータに対しては適用できるが，1 から 6 それぞれの目が出た比率を同時に目的変数としてモデルに組み込むことはできない．肺疾患の種類のデータに対しても同様である．本節では，目的変数としてこのようなデータが与えられたとき，説明変数との関係を同時にモデル化する多項ロジスティック回帰モデルについて紹介する．

5.5.1 多項ロジスティック回帰モデル

目的変数が，L 種類の比率データとして与えられたとき，説明変数との関係を表すロジスティック回帰モデルについて考える．いま，説明変数の i 番目の観測に関する個体数を m_i，第 l 種の観測数を d_{il} とおく．ただし $l = 1, \ldots, L-1$ で，$l = L$ のときは $d_{iL} = m_i - \sum_{l=1}^{L-1} d_{il}$ とする．また，対応する比率を $y_{il} = d_{il}/m_i$ とおく．

一方，目的変数が L 種類のカテゴリ変数として与えられており，n 個の個体を L 群へ判別する問題を考える．説明変数に関する i 番目の観測のラベルを g_i とし，第 l 群に判別される確率を $\pi_{il} = \Pr(g_i = l|\boldsymbol{x}_i)$ とおく．ただし，$0 < \pi_{il} < 1$, $\sum_{l=1}^{L} \pi_{il} = 1$ とする．

このとき，これら比率や判別確率と説明変数との関係を表す**多項ロジスティック回帰モデル** (multinomial logistic regression model) は，次で与えられる．

$$\begin{aligned}\log \frac{\pi_{il}}{\pi_{iL}} &= \beta_{0l} + \beta_{1l}x_{i1} + \cdots + \beta_{pl}x_{ip} \\ &= \boldsymbol{\beta}_l^{\mathsf{T}}\boldsymbol{x}_i.\end{aligned} \tag{5.15}$$

ただし $\boldsymbol{x}_i = (1, x_{i1}, \ldots, x_{ip})^{\mathsf{T}}$, $\boldsymbol{\beta}_l = (\beta_{0l}, \beta_{1l}, \ldots, \beta_{pl})^{\mathsf{T}}$ とする．モデル (5.15) 式より，l 群に属する確率 π_{il} を

$$\pi_{il} = \frac{\exp\left(\boldsymbol{\beta}_l^{\mathsf{T}}\boldsymbol{x}_i\right)}{1 + \sum_{k=1}^{L-1} \exp\left(\boldsymbol{\beta}_k^{\mathsf{T}}\boldsymbol{x}_i\right)}, \quad l = 1, \ldots, L-1, \tag{5.16}$$

$$\pi_{iL} = \frac{1}{1 + \sum_{k=1}^{L-1} \exp\left(\boldsymbol{\beta}_k^{\mathsf{T}}\boldsymbol{x}_i\right)}$$

と表すことができる (練習問題 5.4)．ここで，多項ロジスティック回帰モデル (5.15) 式の左辺を見ると，これは第 l 群 $(l = 1, \ldots, L-1)$ と第 L 群の判別確率の対数オッズをモデル化したものであることがわかる．第 L 群は，回帰係数 β_{jl} を推定する上でのベースラインである．では，ベースライン以外の群同士の対数オッズはどのように表すことができるだろうか．この場合は，異なる群 l, k に対する 2 つの多項ロジスティック回帰モデル (5.15) 式を辺々引いた

$$\begin{aligned}\log \frac{\pi_{il}}{\pi_{ik}} &= (\beta_{0l} - \beta_{0k}) + (\beta_{1l} - \beta_{1k})x_{i1} + \cdots + (\beta_{pl} - \beta_{pk})x_{ip} \\ &= (\boldsymbol{\beta}_l - \boldsymbol{\beta}_k)^\mathsf{T} \boldsymbol{x}_i\end{aligned}$$

で表すことができる．つまり，ベースライン以外の第 l 群と第 k 群間 $(l, k \neq L)$ の関係を表すロジスティック回帰モデルは，多項ロジスティック回帰モデル (5.15) 式を推定した後に，その回帰係数同士の差をとることで得ることができる．

5.5.2 推定

目的変数が比率データの場合，確率ベクトルを $\boldsymbol{\pi}_i = (\pi_{i1}, \ldots, \pi_{iL})^\mathsf{T}$ とおくと，観測数からなるベクトル $\boldsymbol{d}_i = (d_{i1}, \ldots, d_{iL})^\mathsf{T}$ は多項分布 $Mn(m_i, \boldsymbol{\pi}_i)$ に従う．つまり，同時確率関数は次で与えられる．

$$f(\boldsymbol{d}_i; \boldsymbol{x}_i, \boldsymbol{\beta}) = \frac{m_i!}{d_{i1}! \cdots d_{iL}!} \left(\prod_{l=1}^{L-1} \pi_{il}^{d_{il}} \right) \pi_{iL}^{m_i - \sum_{k=1}^{L-1} d_{ik}}. \tag{5.17}$$

ここで，$\boldsymbol{\beta} = (\boldsymbol{\beta}_1^\mathsf{T}, \ldots, \boldsymbol{\beta}_{L-1}^\mathsf{T})^\mathsf{T}$ とする．これより，$\boldsymbol{y}_i = (y_{i1}, \ldots, y_{i(L-1)})^\mathsf{T}$，$y_{il} = d_{il}/m_i$ とすると，対数尤度関数は次で与えられる．ただし，π_{il} に依存しない項は除外した．

$$\begin{aligned}\ell(\boldsymbol{\beta}) &= \sum_{i=1}^{n} \log f(\boldsymbol{y}_i; \boldsymbol{x}_i, \boldsymbol{\beta}) \\ &= \sum_{i=1}^{n} m_i \left\{ \sum_{l=1}^{L-1} y_{il} \log \pi_{il} + \left(1 - \sum_{k=1}^{L-1} y_{ik} \right) \log \pi_{iL} \right\} \\ &= \sum_{i=1}^{n} m_i \left[\sum_{l=1}^{L-1} y_{il} \boldsymbol{\beta}_l^\mathsf{T} \boldsymbol{x}_i - \log \left\{ 1 + \sum_{k=1}^{L-1} \exp\left(\boldsymbol{\beta}_k^\mathsf{T} \boldsymbol{x}_i \right) \right\} \right].\end{aligned} \tag{5.18}$$

目的変数がカテゴリデータの場合は，目的変数ベクトル $\boldsymbol{y}_i = (y_{i1}, \ldots, y_{i(L-1)})^\mathsf{T}$ を，第 L 群をベースラインとしたダミー変数で表す．すなわち，

$$\boldsymbol{y}_i = \begin{cases} (0, \ldots, \overset{(l)}{1}, \ldots, 0), & g_i = l \ \ (l = 1, \ldots, L-1), \\ (0, \ldots, 0), & g_i = L \end{cases}$$

とおく．このとき，$\boldsymbol{y}_i$ はパラメータベクトル $\boldsymbol{\beta}$ に依存し，次の確率関数をもつ多項分布 $Mn(1, \boldsymbol{\pi}_i)$ に従う．

$$f(\boldsymbol{y}_i | \boldsymbol{x}_i, \boldsymbol{\beta}) = \prod_{l=1}^{L-1} \pi_{il}^{y_{il}} \pi_{iL}^{1 - \sum_{k=1}^{L-1} y_{ik}}.$$

これは，(5.17) 式において $m_i = 1$ としたものに対応する．これより，対数尤度関数

$$\begin{aligned} \ell(\boldsymbol{\beta}) &= \sum_{i=1}^{n} \log f(\boldsymbol{y}_i; \boldsymbol{x}_i, \boldsymbol{\beta}) \\ &= \sum_{i=1}^{n} \left\{ \sum_{l=1}^{L-1} y_{il} \log \pi_{il} + \left(1 - \sum_{k=1}^{L-1} y_{ik} \right) \log \pi_{iL} \right\} \\ &= \sum_{i=1}^{n} \left[\sum_{l=1}^{L-1} y_{il} \boldsymbol{\beta}_l^\mathsf{T} \boldsymbol{x}_i - \log \left\{ 1 + \sum_{k=1}^{L-1} \exp\left(\boldsymbol{\beta}_k^\mathsf{T} \boldsymbol{x}_i \right) \right\} \right] \end{aligned} \tag{5.19}$$

を得る．

パラメータの推定は，5.3.2 項で述べたものと同様にニュートン–ラフソン法 (5.9) 式を用いる．多項ロジスティック回帰モデルの対数尤度関数 (5.18) 式のスコアベクトルは，次で与えられる．

$$\begin{aligned} \frac{\partial \ell(\boldsymbol{\beta})}{\partial \boldsymbol{\beta}_l} &= \sum_{i=1}^{n} m_i \left\{ y_{il} \boldsymbol{x}_i - \frac{\exp(\boldsymbol{\beta}_l^\mathsf{T} \boldsymbol{x}_i) \boldsymbol{x}_i}{1 + \sum_{k=1}^{L-1} \exp(\boldsymbol{\beta}_k^\mathsf{T} \boldsymbol{x}_i)} \right\} \\ &= \sum_{i=1}^{n} m_i (y_{il} - \pi_{il}) \boldsymbol{x}_i. \end{aligned}$$

また，ヘッセ行列は

$$\frac{\partial^2 \ell(\boldsymbol{\beta})}{\partial \boldsymbol{\beta}_l \partial \boldsymbol{\beta}_l^\mathsf{T}} = - \sum_{i=1}^{n} m_i \frac{\exp(\boldsymbol{\beta}_l^\mathsf{T} \boldsymbol{x}_i) \left\{ 1 + \sum_{h=1}^{L-1} \exp(\boldsymbol{\beta}_h^\mathsf{T} \boldsymbol{x}_i) - \exp(\boldsymbol{\beta}_l^\mathsf{T} \boldsymbol{x}_i) \right\}}{\left\{ 1 + \sum_{h=1}^{L-1} \exp(\boldsymbol{\beta}_h^\mathsf{T} \boldsymbol{x}_i) \right\}^2} \boldsymbol{x}_i \boldsymbol{x}_i^\mathsf{T}$$

$$
\begin{aligned}
&= -\sum_{i=1}^{n} m_i \pi_{il}(1-\pi_{il})\boldsymbol{x}_i\boldsymbol{x}_i^{\mathsf{T}}, \\
\frac{\partial^2 \ell(\boldsymbol{\beta})}{\partial \boldsymbol{\beta}_k \partial \boldsymbol{\beta}_l^{\mathsf{T}}} &= \sum_{i=1}^{n} m_i \frac{\exp(\boldsymbol{\beta}_k^{\mathsf{T}}\boldsymbol{x}_i)\exp(\boldsymbol{\beta}_l^{\mathsf{T}}\boldsymbol{x}_i)}{\left\{1+\sum_{h=1}^{L-1}\exp(\boldsymbol{\beta}_h^{\mathsf{T}}\boldsymbol{x}_i)\right\}^2}\boldsymbol{x}_i\boldsymbol{x}_i^{\mathsf{T}} \\
&= \sum_{i=1}^{n} m_i \pi_{ik}\pi_{il}\boldsymbol{x}_i\boldsymbol{x}_i^{\mathsf{T}} \quad (k \neq l)
\end{aligned}
$$

となる．ここで，次の表記を用いる．

$$
\underset{n(L-1)\times(p+1)(L-1)}{\widetilde{X}} = \begin{pmatrix} X & & O \\ & \ddots & \\ O & & X \end{pmatrix}, \quad \underset{n(L-1)\times n(L-1)}{\widetilde{M}} = \begin{pmatrix} M & & O \\ & \ddots & \\ O & & M \end{pmatrix},
$$

$$
\underset{n\times n}{M} = \mathrm{diag}\{m_1, \ldots, m_n\},
$$

$$
\underset{n(L-1)\times 1}{\boldsymbol{y}} = \begin{pmatrix} \boldsymbol{y}_{(1)} \\ \vdots \\ \boldsymbol{y}_{(L-1)} \end{pmatrix}, \quad \underset{n\times 1}{\boldsymbol{y}_{(l)}} = \begin{pmatrix} y_{1l} \\ \vdots \\ y_{nl} \end{pmatrix},
$$

$$
\underset{n(L-1)\times 1}{\boldsymbol{\pi}} = \begin{pmatrix} \boldsymbol{\pi}_{(1)} \\ \vdots \\ \boldsymbol{\pi}_{(L-1)} \end{pmatrix}, \quad \underset{n\times 1}{\boldsymbol{\pi}_{(l)}} = \begin{pmatrix} \pi_{1l} \\ \vdots \\ \pi_{nl} \end{pmatrix},
$$

$$
\underset{n(L-1)\times n(L-1)}{W} = \begin{pmatrix} W_{11} & \cdots & W_{1(L-1)} \\ \vdots & \ddots & \vdots \\ W_{(L-1)1} & \cdots & W_{(L-1)(L-1)} \end{pmatrix},
$$

$$
\underset{n\times n}{W_{ll}} = \mathrm{diag}\left\{\pi_{1l}(1-\pi_{1l}), \ldots, \pi_{nl}(1-\pi_{nl})\right\},
$$

$$
\underset{n\times n}{W_{kl}} = \mathrm{diag}\left\{-\pi_{1k}\pi_{1l}, \ldots, -\pi_{nk}\pi_{nl}\right\} \quad (k \neq l).
$$

ただし，O は零行列を表す．このとき，スコアベクトル，ヘッセ行列はそれぞれ

$$
\frac{\partial \ell(\boldsymbol{\beta})}{\partial \boldsymbol{\beta}} = \widetilde{X}^{\mathsf{T}}\widetilde{M}(\boldsymbol{y}-\boldsymbol{\pi}), \quad \frac{\partial^2 \ell(\boldsymbol{\beta})}{\partial \boldsymbol{\beta}\partial \boldsymbol{\beta}^{\mathsf{T}}} = -\widetilde{X}^{\mathsf{T}}\widetilde{M}W\widetilde{X}
$$

と表される．以上より，多項ロジスティック回帰モデルの推定におけるニュートン–

ラフソン法の更新式 (5.9) は，次のように書き換えることができる．

$$\begin{aligned}
\boldsymbol{\beta}^{(k+1)} &= \boldsymbol{\beta}^{(k)} + \left(\widetilde{X}^\top \widetilde{M} W^{(k)} \widetilde{X}\right)^{-1} \widetilde{X}^\top \widetilde{M} (\boldsymbol{y} - \boldsymbol{\pi}^{(k)}) \\
&= \left(\widetilde{X}^\top \widetilde{M} W^{(k)} \widetilde{X}\right)^{-1} \left\{\widetilde{X}^\top \widetilde{M} W^{(k)} \widetilde{X} \boldsymbol{\beta}^{(k)} + \widetilde{X}^\top \widetilde{M} (\boldsymbol{y} - \boldsymbol{\pi}^{(k)})\right\} \\
&= \left(\widetilde{X}^\top \widetilde{M} W^{(k)} \widetilde{X}\right)^{-1} \widetilde{X}^\top \widetilde{M} W^{(k)} \left\{\widetilde{X} \boldsymbol{\beta}^{(k)} + W^{(k)^{-1}} (\boldsymbol{y} - \boldsymbol{\pi}^{(k)})\right\} \\
&= \left(\widetilde{X}^\top \widetilde{M} W^{(k)} \widetilde{X}\right)^{-1} \widetilde{X}^\top \widetilde{M} W^{(k)} \boldsymbol{\xi}^{(k)}.
\end{aligned}$$

ただし $\boldsymbol{\xi}^{(k)} = \widetilde{X} \boldsymbol{\beta}^{(k)} + W^{(k)^{-1}} (\boldsymbol{y} - \boldsymbol{\pi}^{(k)})$ である．以上より，多項ロジスティック回帰モデルのパラメータ更新式は，2 項ロジスティック回帰モデル (5.4) 式に対するパラメータ更新式 (5.10) と同様に行列表現できる．さらに，アルゴリズムそのものも 2 項ロジスティック回帰モデルに対するものと同様に行うことができる．

5.5.3 多群判別

多群判別 (multiclass classification)，すなわち 3 群以上の判別問題に対しては，一般的に次のようなアプローチが考えられている．

- 2 群判別をすべての群のペアに対して適用し，各群への判別の尤もらしさを表す指標 (スコア) が最も高くなる群へデータを判別する．
- ある群とそれ以外の群による 2 群判別を繰り返し，スコアが最も高くなる群へデータを判別する．

しかし，これらの方法では，群の数が増えるほど推定の繰り返し回数も増えることになり，複雑な推定アルゴリズムを用いる場合は計算コストの問題も発生する．加えて，データによっては，どの群に属するか不鮮明なデータが発生する可能性がある．一方で多項ロジスティック回帰モデルは，これらの推定・判別を 1 度に行うことができる．

多項ロジスティック回帰モデルによる判別を行う場合は，確率 $\pi_{i1}, \ldots, \pi_{iL}$ の推定値 $\widehat{\pi}_{i1}, \ldots, \widehat{\pi}_{i(L-1)}$ および $\widehat{\pi}_{iL} = 1 - \sum_{l=1}^{L-1} \widehat{\pi}_{il}$ を比較し，各 i について $\widehat{\pi}_{il}$ $(l = 1, \ldots, L)$ が最大となる群 l へ判別すればよい．また，3 群以上の判別問題に対しても，表 5.4 のような混同行列を構築することができる．

➤ 5.6　適用例

目的変数が 2 値からなるデータに対して，ロジスティック回帰モデルを適用して分析してみよう．ここでは，クレジットカード保有者が債務不履行に陥ったかどうかについてのデータを扱う．データには，10000 人のカード保有者それぞれについて，「学生か否か (student)」，「毎月の支払後におけるカードの平均残高 (balance)」，「収入 (income)」，そして「債務不履行であるか否か (default)」の情報が含まれている．債務不履行者の傾向を調べるために，「債務不履行であるか否か」を目的変数，それ以外の情報を説明変数として，ロジスティック回帰モデルを適用する．なお，「学生か否か」のデータは “YES” か “NO” で与えられているため，この変数はダミー変数として扱う．すなわち，学生の場合は 1，そうでなければ 0 とする．同様に，債務不履行に陥った人を 1，そうでない人を 0 として扱う．

リスト 5.3 に，債務不履行データに対してロジスティック回帰モデルを適用したプログラムを掲載している．ここで用いたパッケージ ISLR は，James *et al.* (2013) の中で用いられているデータセットを格納したもので，その 1 つである Default データを分析するために呼び出している．ロジスティック回帰モデルの推定の結果，回帰係数の推定値は切片が -10.87，「学生か否か」が -6.47×10^{-1}，「カードの平均残高」が 5.74×10^{-3}，「収入」が 3.03×10^{-6} だった．各回帰係数の検定の結果，「学生か否か」，「カードの平均残高」の変数が有意となり，「収入」は債務不履行か否かにはあまり関連していないという結果になった．有意となった回帰係数の値 (正負) から，学生でない方が，またカードの平均残高が高いほど債務不履行に陥る傾向が高いことがわかる．学生は高額な買い物をあまりしないために債務不履行となる可能性が低く，逆に，カードの平均残高が高い人は，「まだ大丈夫」と思った結果債務不履行に陥ってしまったのではないかと考えられる．

出力結果にある Null deviance は最大逸脱度 (5.13) 式を，Residual deviance は残差逸脱度 (5.14) 式を表している．また，線形回帰モデルで用いた step 関数をここでも用いることができ，AIC に基づいて変数選択を行うことができる．

リスト 5.3　ロジスティック回帰モデルの推定

```
1  > library(ISLR)
```

```
2
3  > #ロジスティック回帰モデル適用
4  > result <- glm(default~student+balance+income, data=Default, family="
       binomial")
5  > #分析結果の出力
6  > summary(result)
7
8  Call:
9  glm(formula = default ~ student + balance + income, family = "binomial",
10 data = Default)
11
12 Deviance Residuals:
13 Min        1Q    Median      3Q       Max
14 -2.4691  -0.1418  -0.0557  -0.0203   3.7383
15
16 Coefficients:
17 Estimate Std. Error z value Pr(>|z|)
18 (Intercept) -1.087e+01  4.923e-01 -22.080  < 2e-16 ***
19 studentYes  -6.468e-01  2.363e-01  -2.738  0.00619 **
20 balance      5.737e-03  2.319e-04  24.738  < 2e-16 ***
21 income       3.033e-06  8.203e-06   0.370  0.71152
22 ---
23 Signif. codes:
24 0  '***'  0.001  '**'  0.01  '*'  0.05  '.'  0.1  ' '  1
25
26 (Dispersion parameter for binomial family taken to be 1)
27
28 Null deviance: 2920.6  on 9999  degrees of freedom
29 Residual deviance: 1571.5  on 9996  degrees of freedom
30 AIC: 1579.5
31
32 Number of Fisher Scoring iterations: 8
```

続いて，推定されたモデルから得られた確率に対して，(5.11) 式の閾値を $T = 0.5$ として判別を行った場合の精度を見るために，混同行列を出力する．R では，caret パッケージの confusionMatrix 関数を用いることで，混同行列をはじめとするさまざまな指標を出力できる．リスト5.4では，ロジスティック回帰モデルの推定結果から確率 π_i の推定値を計算し，それを閾値0.5で判別したものに対して混同行列を出力したものである．正解率は $\mathrm{ACC} = (9627+105)/(9627+228+40+105) = 0.973$ で，偽陽性率は $\mathrm{FPR} = 40/(40+9627) = 0.004$ であることから，この判別モデルは良いモデルであるように見える．しかし，真陽性率は $\mathrm{TPR} = 105/(105+228) = 0.315$ と，実際は "Yes" のラベルの多くを "No" と判別してしまっている．

リスト5.4　混同行列の出力

```
> # リスト5.3からの続き
> library(caret)
> # 事後確率の予測値計算
> pred.result <- predict(result, type="response")
> # 閾値によるラベル設定
> pred.label <- ifelse(pred.result >= 0.5, "Yes", "No")
> # factor 型へ変換
> pred.label <- factor(pred.label, levels=c("No", "Yes"))
> # 混同行列計算
> confusion <- confusionMatrix(pred.label, Default$default)
> # 混同行列出力
> confusion$table
          Reference
Prediction   No  Yes
       No  9627  228
       Yes   40  105
```

リスト5.5は，ROCRパッケージの関数群を用いてROCを描画するためのプログラムである．出力されるROCを，図5.5に示す．なお，図中の × 印は，リスト5.4において，閾値 $T = 0.5$ による判別結果のFPRとTPRの位置 $(0.004, 0.315)$ を示しており，$\oplus$ 印は5.4.3節で述べた方法で選択された閾値 $T = 0.03$ により得られる位置 $(0.139, 0.904)$ である．なお，FPRとTPRの推移と，対応する閾値の値はそれぞれ `pred.result3@x.values`, `pred.results3@y.values`, `pred.result3@alpha.values` で確認できる．また，ROCRパッケージではAUC

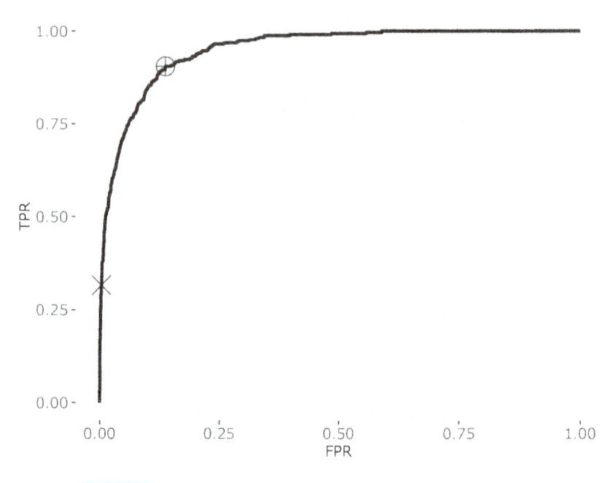

図 5.5　債務不履行データに対する ROC 曲線

の値も出力できる.

リスト 5.5　ROC の出力

```
> # リスト 5.3からの続き
> library(ROCR)
> # ROC 描画のための準備
> pred.result2 <- prediction(pred.result, Default$default)
> pred.result3 <- performance(pred.result2, measure="tpr", x.measure="fpr
   ")
> #ROC 描画
> plot(pred.result3)

> #AUC 出力
> auc <- performance(pred.result2, measure="auc")
> auc@y.values
[[1]]
[1] 0.9495581
```

最後に，多項ロジスティック回帰モデルを，アヤメの花のデータの分析に適用した結果を紹介する．アヤメの花のデータは，150 個体のアヤメの花それぞれに対するがく片の長さと幅，花びらの長さと幅，そして3種類の品種 (setosa, versicolor, virginica) からなる．ここでは，がく片の長さ (`Sepal.Length`) と幅 (`Sepal.Width`), 花びらの長さ (`Petal.Length`) と幅 (`Petal.Width`) を説明変数，アヤメの3品種を目的変数とした多項ロジスティック回帰モデルを適用してみよう．R では，多項ロジスティック回帰モデルは `nnet` パッケージの `multinom` 関数で実行することができる．実行プログラムをリスト5.6に示す．この分析では，モデル (5.15) 式の $l = 1, 2, 3$ がそれぞれ versicolor, virginica, setosa となっており，setosa の群をベースラインとしている．出力結果には $\boldsymbol{\beta}_1$ および $\boldsymbol{\beta}_2$ の推定値が出力されている．また，`result$fitted.values` により，各個体の，各群に対する確率の推定値 $\widehat{\pi}_{il}$ が出力される．これにより，その個体が，どの群へどのくらいの確からしさで判別されるかの確率がわかる．したがって，例えば「確率が最大となる群にそのデータを判別する」といったルールを作ることで，データの3群判別を行うことができる．

リスト 5.6　アヤメの花データに対する多項ロジスティック回帰モデル

```
1  > # 多項ロジスティック回帰モデル
2  > library(nnet)
3  > result <- multinom(Species~., data=iris)
4  > result
5  Call:
6  multinom(formula = Species ~ ., data = iris)
7  
8  Coefficients:
9  (Intercept) Sepal.Length Sepal.Width Petal.Length Petal.Width
10 versicolor    18.69037    -5.458424   -8.707401     14.24477    -3.097684
11 virginica    -23.83628    -7.923634  -15.370769     23.65978    15.135301
12 
13 Residual Deviance: 11.89973
14 AIC: 31.89973
15 
16 > #判別確率
17 > result$fitted.values
18 setosa   versicolor    virginica
19 1    1.000000e+00 1.526406e-09 2.716417e-36
```

```
2    9.999996e-01 3.536476e-07 2.883729e-32
3    1.000000e+00 4.443506e-08 6.103424e-34
4    9.999968e-01 3.163905e-06 7.117010e-31
5    1.000000e+00 1.102983e-09 1.289946e-36
```

リスト 5.4 と同様に，多項ロジスティック回帰モデルによる判別結果の混同行列を出力するプログラムを，リスト 5.7 に示す．混同行列は 3×3 のサイズになるが，正解となるのは対角成分にあたる部分で，正解率は $148/150 = 0.987$ となる．

リスト 5.7　アヤメの花データに対する多項ロジスティック回帰モデル

```
> # リスト 5.6からの続き
> library(caret)
> # 判別ラベル計算
> pred.label <- predict(result)
> # 混同行列計算
> confusion <- confusionMatrix(pred.label, iris$Species)
> # 混同行列出力
> confusion$table
            Reference
Prediction   setosa versicolor virginica
  setosa         50          0         0
  versicolor      0         49         1
  virginica       0          1        49
```

➤ 第5章　練習問題

5.1 表 5.1 右の対応によりダミー変数に変換したデータを用いて，(4.18) 式で定義した $n \times 5$ 計画行列 X を構成したとする．このとき，行列 $X^{\top}X$ は退化する (逆行列が計算できない) ことを説明せよ．

5.2 ロジスティック回帰モデル (5.2) 式から，(5.3) 式を導出せよ．

5.3 ロジスティック回帰モデルの対数尤度関数 (5.5) 式から，(5.6) 式を導出せよ．

5.4 多項ロジスティック回帰モデル (5.15) 式から，(5.16) 式を導出せよ．

5.5 R の `MASS` パッケージに内蔵されている `bacteria` データに対して，変数 `y` (2 値) を目的変数，変数 `ap`, `hilo`, `week` を説明変数としてロジスティック回帰モデルを適用し，回帰係数を出力せよ．

5.6 R の `ISLR` パッケージに内蔵されている `Auto` データに対して，変数 `origin` (3 カテゴリ) を目的変数，`origin`, `name` 以外の変数を説明変数として多項ロジスティック回帰モデルを適用せよ．また，推定されたモデルからデータを判別するプログラムを作成せよ．

第 6 章 一般化線形モデル

正規線形回帰モデルおよびロジスティック回帰モデルは，目的変数が特定の確率分布に従うことを仮定していた．これらの分布は，指数型分布族とよばれる分布の仲間の 1 つと捉えられる．指数型分布族に従う目的変数と，説明変数との関係を表す回帰モデルの一群は総称して，一般化線形モデルとよばれている．本章では，さまざまな形式のデータに対して適用される一般化線形モデルについて紹介する．さらに，一般化線形モデルでも表現できない過分散とよばれる現象や，擬似尤度についても紹介する．

6.1 指数型分布族

1 章で紹介した確率分布のうちいくつかは，ある 1 つの関数によって包括的に表現される．いま，確率変数 Y が，次の形で表される確率関数または確率密度関数をもつとする．

$$f(y;\theta,\phi)=\exp\left\{\frac{\theta y-b(\theta)}{a(\phi)}+c(y,\phi)\right\}. \tag{6.1}$$

ここで，θ,ϕ は未知パラメータで，それぞれ**自然パラメータ** (natural parameter) (または**正準パラメータ**，canonical parameter)，**分散パラメータ** (dispersion parameter) とよばれる．また，$a(\phi)$, $b(\theta)$, $c(y,\phi)$ は既知の関数とする．Y の期待値と分散については，それぞれ次の関係が成り立つ (練習問題 6.1)．

$$\mu=E(Y)=b'(\theta),\quad \sigma^2=V(Y)=a(\phi)b''(\theta). \tag{6.2}$$

ただし $b'(\theta)$, $b''(\theta)$ はそれぞれ $b(\theta)$ の θ に関する 1 階，2 階微分とする．また，$b''(\theta)$ は期待値 $\mu = E(Y)$ のみに依存する関数であることから $v(\mu) = b''(\theta)$ と表され，分散関数とよばれる．(6.1) 式で表される確率分布の集合は**指数型分布族** (exponential family) とよばれ，正規分布や 2 項分布，ポアソン分布など，さまざまな確率分布を包括的に表現したものである．これらの確率分布は，(6.1) 式の $a(\phi)$, $b(\theta)$, $c(y, \phi)$ に特定の形を与えることで対応付けられる．例えば，代表的な確率分布は次のように対応している．

例 6.1　正規分布 $N(\mu, \sigma^2)$ の確率密度関数は，次のように変形できる．

$$\begin{aligned} f(y;\mu,\sigma^2) &= \frac{1}{\sqrt{2\pi\sigma^2}} \exp\left\{-\frac{1}{2\sigma^2}(y-\mu)^2\right\} \\ &= \exp\left\{-\frac{1}{2}\log(2\pi\sigma^2) - \frac{y^2}{2\sigma^2} + \frac{y\mu}{\sigma^2} - \frac{\mu^2}{2\sigma^2}\right\} \\ &= \exp\left\{\frac{\mu y - \mu^2/2}{\sigma^2} - \frac{y^2}{2\sigma^2} - \frac{1}{2}\log(2\pi\sigma^2)\right\}. \end{aligned}$$

したがって，$\theta = \mu$, $a(\phi) = \phi$, $\phi = \sigma^2$, $b(\theta) = \mu^2/2$, $c(y, \phi) = -y^2/(2\sigma^2) - (1/2)\log(2\pi\sigma^2)$ とおけば，正規分布は指数型分布族の 1 つとみなすことができる．また，$b'(\theta) = \mu = E(Y)$, $a(\phi)b''(\theta) = \sigma^2 = V(Y)$ であることが容易に確かめられる．

例 6.2　2 項分布 $B(n, p)$ の確率関数は，次のように変形できる．

$$\begin{aligned} f(y;\pi) &= {}_nC_y p^y (1-p)^{n-y} \\ &= \exp\{\log {}_nC_y + y\log p + (n-y)\log(1-p)\} \\ &= \exp\left\{\log {}_nC_y + y\log\frac{p}{1-p} + n\log(1-p)\right\}. \end{aligned}$$

ここで，$\theta = \log\{p/(1-p)\}$ とおくと，$p = \exp(\theta)/\{1+\exp(\theta)\}$ であることから，上式は

$$f(y;\theta) = \exp\{y\theta - n\log\{1+\exp(\theta)\} + \log {}_nC_y\}$$

となる．したがって，$a(\phi) = \phi$, $\phi = 1$, $b(\theta) = n\log\{1+\exp(\theta)\}$,

表 6.1　指数型分布族の例

確率分布	θ	$a(\phi)$	$b(\theta)$	$c(y,\phi)$
正規分布 $N(\mu,\sigma^2)$	μ	$\phi=\sigma^2$	$\frac{\theta^2}{2}$	$-\frac{y^2}{2\sigma^2}-\frac{1}{2}\log(2\pi\sigma^2)$
2 項分布 $B(n,p)$	$\log\{p/(1-p)\}$	1	$n\log\{1+\exp(\theta)\}$	$\log {}_nC_y$
ポアソン分布 $Po(\lambda)$	$\log\lambda$	1	$\exp(\theta)$	$-\log(y!)$
負の 2 項分布 $NB(r,p)$	$\log(1-p)$	1	$r\log\{1-\exp(\theta)\}$	$\log\begin{pmatrix} r+y-1 \\ y \end{pmatrix}$

$c(y,\phi)=\log {}_nC_y$ とおくと，(6.1) 式の 1 つであることがわかる．また，$b'(\theta)=np=E(Y)$, $a(\phi)b''(\theta)=np(1-p)=V(Y)$ となる．

例 6.3　ポアソン分布 $Po(\lambda)$ の確率関数は，次で表される．

$$
\begin{aligned}
f(y;\lambda) &= \frac{\lambda^y\exp(-\lambda)}{y!} \\
&= \exp\left\{y\log\lambda-\lambda-\log(y!)\right\}.
\end{aligned}
$$

ここで，$\theta=\log\lambda$ とおくと，上式は

$$
f(y;\theta)=\exp\left\{y\theta-\exp(\theta)-\log(y!)\right\}
$$

となる．よって，$\phi=1$, $a(\phi)=1$, $b(\theta)=\exp(\theta)$, $c(y,\phi)=-\log(y!)$ とおくと，(6.1) 式に包含される．また，$b'(\theta)=\lambda=E(Y)$, $a(\phi)b''(\theta)=\lambda=V(Y)$ であることがわかる．

6.2　一般化線形モデル

4 章の線形回帰モデルや 5 章のロジスティック回帰モデルは，それぞれ実数値や，比率または 2 値を目的変数 Y にもつことから，これらのデータの分布に適切な確率分布を当てはめ，最尤法によってパラメータを推定した．しかし，目的変数に対応するデータの種類はこの他にも，非負の実数値からなるデータや，非負の整数値からなるデータ (これを計数データという) などさまざまな種類があり，これまでに紹

介した回帰モデルを直接適用することは適切でない場合がある．この問題を解決するため，目的変数に関して与えられたさまざまな種類のデータに対応できるよう回帰モデルを一般化し，目的変数が従う分布と，目的変数と説明変数との関係性を統一的に表現したモデルが考案された．それが，これから紹介する一般化線形モデルである．

まず，目的変数 Y と p 個の説明変数 $X_1, \ldots, X_p$ について，次の 3 つの対応を考える．

$$\begin{array}{ccc} (1) & (3) & (2) \\ Y & \longleftarrow & X_1, \ldots, X_p \end{array}$$

(1) 目的変数 Y は，指数型分布族に従うとする．つまり，目的変数に関する第 i 番目のデータ y_i は，次の確率関数または確率密度関数をもつとする．

$$f(y_i; \theta_i, \phi) = \exp\left\{ \frac{\theta_i y_i - b(\theta_i)}{a_i(\phi)} + c(y_i, \phi) \right\}. \qquad (6.3)$$

(2) 説明変数に関するデータ $x_{i1}, \ldots, x_{ip}$ は，**線形予測子** (linear predictor)

$$\eta_i = \beta_0 + \beta_1 x_{i1} + \cdots + \beta_p x_{ip}$$

によって y_i と関係すると仮定する．ここで $\boldsymbol{\beta} = (\beta_0, \ldots, \beta_1)^{\mathsf{T}}$，$\boldsymbol{x}_i = (1, x_{i1}, \ldots, x_{ip})^{\mathsf{T}}$ とする．

(3) 目的変数 y_i の期待値 $\mu_i = E(y_i)$ と，線形予測子 η_i との関係を，関数

$$g(\mu_i) = \eta_i = \boldsymbol{\beta}^{\mathsf{T}} \boldsymbol{x}_i$$

によって繋げる．この関数 $g(\cdot)$ を**連結関数** (link function) という．

このように，目的変数の従う分布を指数型分布族で，p 個の説明変数の寄与の仕方を線形予測子で表現し，さらに両者の関係性を連結関数により繋げた統一的なモデルを，**一般化線形モデル** (generalized linear model) とよぶ．

連結関数の中でも特に，$\eta_i = \theta_i$ が恒等的に成り立つ，すなわち

$$g(\mu_i) = \theta_i = \eta_i = \boldsymbol{\beta}^{\mathsf{T}} \boldsymbol{x}_i$$

が成り立つような連結関数を**正準連結関数** (canonical link function) という．例え

表 6.2　目的変数が従う確率分布と，対応して用いられる連結関数の例

確率分布	目的変数の種類	連結関数 η	回帰モデル名
正規分布 $N(\mu, \sigma^2)$	$(-\infty, \infty)$	μ	正規線形
ベルヌーイ分布 $B(1, p)$	$\{0, 1\}$	$\log\{p/(1-p)\}$	ロジスティック
		$\Phi^{-1}(p)$	プロビット
		$\log\{\log(1-p)\}$	Complementary log-log
		$-\log(\log p)$	log-log
2 項分布 $B(n, p)$	$\{0, 1, \ldots, n\}$	$\log\{p/(1-p)\}$	ロジスティック
ポアソン分布 $Po(\lambda)$	$\{0, 1, 2, \ldots\}$	$\log\lambda$	ポアソン (対数線形)
負の 2 項分布 $NB(r, p)$	$\{0, 1, 2, \ldots\}$	$\log p$	負の 2 項
ガンマ分布 $Ga(\mu, \nu)$	$[0, \infty)$	$\log\mu$	ガンマ
		$1/\mu$	ガンマ
逆ガウス分布 $IG(\mu, \lambda)$	$[0, \infty)$	$1/\mu^2$	逆ガウス

ば，正規線形回帰モデルでは $\mu_i = \eta_i = \boldsymbol{\beta}^\mathsf{T}\boldsymbol{x}_i$ であり，かつ $\theta_i = \mu_i$ であるから，恒等関数 $g(\mu) = \mu$ は正準連結関数である．

表 6.2 は，目的変数が従う確率分布 (指数型分布族に含まれるもの) と，対応して用いられる連結関数の一例である．データにモデルを対応させるときは，目的変数に対応するデータの種類に応じて，確率分布や連結関数を指定する．なお，これらの確率分布および連結関数は，R の関数 `glm` で実装されているものの一部である．

例 6.4　目的変数が $(-\infty, \infty)$ 上の連続値として与えられているとする．このとき，目的変数に正規分布を仮定し，連結関数として恒等関数 $\mu_i = \eta_i$ を用いたモデルは

$$\mu_i = \boldsymbol{\beta}^\mathsf{T}\boldsymbol{x}_i$$

となる．これは，正規線形回帰モデルに対応する．

例 6.5　目的変数が 2 値データとして与えられており，$\pi_i = \Pr(y_i = 1|\boldsymbol{x}_i)$ とする．このとき，目的変数がベルヌーイ分布 $B(1, \pi_i)$ に従うとし，連結関数としてロジット関数 $g(\mu_i) = \log\{\pi_i/(1-\pi_i)\}$ を用いたモデルは

$$\log\frac{\pi_i}{1-\pi_i} = \eta_i = \boldsymbol{\beta}^\mathsf{T}\boldsymbol{x}_i,$$

すなわちロジスティック回帰モデルである．

例 6.6　例 6.5 と同様に，目的変数が 2 値データとして与えられており，$\pi_i = \Pr(y_i = 1|\boldsymbol{x}_i)$ とする．このとき，連結関数として標準正規分布の分布関数の逆関数 $g(\mu_i) = \Phi^{-1}(\pi_i)$ を用いたモデル，すなわち

$$\Phi^{-1}(\pi_i) = \eta_i = \boldsymbol{\beta}^\mathsf{T}\boldsymbol{x}_i$$

としたものは**プロビットモデル** (probit model) とよばれる．これにより，ロジスティック回帰モデルと同様，目的変数の値を $(0, 1)$ の範囲で推定できる．

目的変数が比率データや 2 値データの場合，ロジスティック回帰モデルとプロビットモデルのどちらを用いるべきかという疑問が生じるかもしれない．これら 2 つのモデルによる推定結果に大きな違いはないが，ロジスティック回帰モデルは多項ロジスティック回帰モデルといったさまざまなモデルへの拡張が比較的容易であるといった特徴がある．

例 6.7　目的変数に対応するデータが $y_i = 0, 1, 2, \ldots$ のように計数データとして与えられたとき，目的変数はポアソン分布 $Po(\lambda_i)$ に従うと仮定することが多い．このとき，連結関数を対数関数 $g(\mu_i) = \log(\lambda_i)$ としたモデル

$$\log(\lambda_i) = \eta_i = \boldsymbol{\beta}^\mathsf{T}\boldsymbol{x}_i$$

はポアソン回帰モデルとよばれる．

図 6.1 の曲線は，人工的に発生させたデータに対してポアソン回帰モデルを適用した例である．各 x_i において，y_i が異なるパラメータ値をもつポアソン分布に従っている．4.1.2 節で述べた正規線形回帰モデルでは，図 4.5 に示したように各 x_i で等分散であったのに対して，ポアソン回帰モデルでは不等分散となっていることに注意したい．

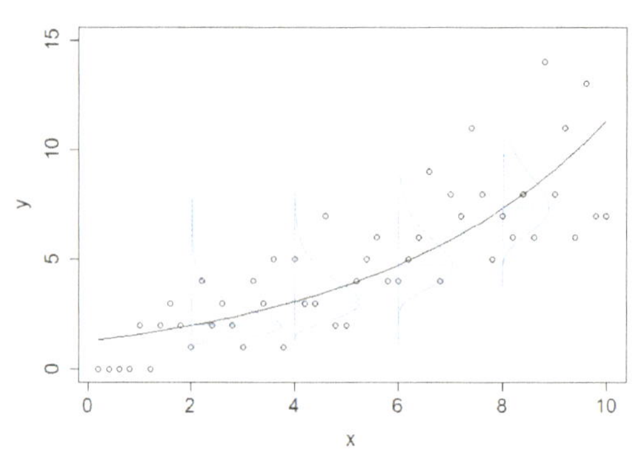

図 6.1　人工データに対してポアソン回帰モデルを当てはめた例．青い曲線は，x の各点におけるポアソン分布の確率関数を表している．

例 6.8　目的変数が非負の連続値をとる場合，目的変数が従う分布としてガンマ分布 $Ga(\mu_i, \nu_i)$ が用いられる．このとき，連結関数を逆数または対数とすることで得られるモデルはガンマ回帰モデルとよばれる．

$$\log \mu_i = \eta_i = \boldsymbol{\beta}^\mathsf{T} \boldsymbol{x}_i$$

6.3　推定

一般化線形モデルにおいて，目的変数が従う指数型分布族 (6.3) 式は，パラメータ θ_i, ϕ によって規定されている．いま，自然パラメータ θ_i のみに注目すると，これは，μ_i, η_i を経由して，$\boldsymbol{\beta}$ に依存している．逆の見方をすれば，$\boldsymbol{\beta}$ を推定することができれば，θ_i が推定されることになる．そこで，ここでは $\boldsymbol{\beta}$ を最尤法を用いて推定する方法について述べる．

一般化線形モデルの対数尤度関数は，

$$\ell(\boldsymbol{\beta}) = \sum_{i=1}^{n} \log f(y_i; \boldsymbol{\beta}) = \sum_{i=1}^{n} \left\{ \frac{\theta_i y_i - b(\theta_i)}{a_i(\phi)} + c(y_i, \phi) \right\}$$

で与えられる．指数型分布族の対数尤度関数についてもロジスティック回帰モデルの場合と同様，尤度方程式を解析的に解くことは困難なため，数値最適化により解を求める方法が考えられている．しかし，一般化線形モデルでは，ニュートン–ラフソン法で必要な対数尤度関数の2階微分 (ヘッセ行列) を求めることが困難な場合がある．そこで，ヘッセ行列の代わりに．その期待値，すなわちフィッシャー情報行列の -1 倍で置き換えたものを用いる．したがって，次の式によって，パラメータ $\boldsymbol{\beta}$ の第 $k+1$ 回目の更新値 $\boldsymbol{\beta}^{(k+1)}$ を得る．

$$\boldsymbol{\beta}^{(k+1)} = \boldsymbol{\beta}^{(k)} - \left\{ E\left[\frac{\partial^2 \ell(\boldsymbol{\beta}^{(k)})}{\partial \boldsymbol{\beta} \partial \boldsymbol{\beta}^{\mathsf{T}}} \right] \right\}^{-1} \frac{\partial \ell(\boldsymbol{\beta}^{(k)})}{\partial \boldsymbol{\beta}}. \tag{6.4}$$

この更新式によりパラメータを更新する方法は，**フィッシャーのスコア法** (Fisher's scoring method) とよばれる．スコアベクトル $\dfrac{\partial \ell(\boldsymbol{\beta})}{\partial \boldsymbol{\beta}}$ およびフィッシャー情報行列 $-E\left[\dfrac{\partial^2 \ell(\boldsymbol{\beta})}{\partial \boldsymbol{\beta} \partial \boldsymbol{\beta}^{\mathsf{T}}}\right]$ は，次のように計算される．まず，スコアベクトルは，合成関数の偏微分におけるチェイン・ルールを用いて，次のように4つの偏微分に分解される．

$$\frac{\partial \ell(\boldsymbol{\beta})}{\partial \boldsymbol{\beta}} = \sum_{i=1}^{n} \frac{\partial}{\partial \theta_i} \left\{ \frac{\theta_i y_i - b(\theta_i)}{a_i(\phi)} + c(y_i, \phi) \right\} \frac{\partial \theta_i}{\partial \mu_i} \frac{\partial \mu_i}{\partial \eta_i} \frac{\partial \eta_i}{\partial \boldsymbol{\beta}}.$$

これらの偏微分は，それぞれ次のように計算される．

$$\begin{aligned}
&\frac{\partial}{\partial \theta_i} \left\{ \frac{\theta_i y_i - b(\theta_i)}{a_i(\phi)} + c(y_i, \phi) \right\} = \frac{1}{a_i(\phi)} \left\{ y_i - b'(\theta_i) \right\}, \\
&\frac{\partial \theta_i}{\partial \mu_i} = \frac{1}{b''(\theta_i)}, \\
&\frac{\partial \mu_i}{\partial \eta_i} = h'(\eta_i), \\
&\frac{\partial \eta_i}{\partial \boldsymbol{\beta}} = \boldsymbol{x}_i.
\end{aligned}$$

ただし，$h(\eta_i)$ は連結関数 $g(\mu_i)$ の逆関数，すなわち $h(\eta_i) = \mu_i$ で，$h'(\eta_i)$ は $h(\eta_i)$ の1階微分である．以上をまとめて，$\ell(\boldsymbol{\beta})$ のスコアベクトルは次で与えられる．

$$\begin{aligned}
\frac{\partial \ell(\boldsymbol{\beta})}{\partial \boldsymbol{\beta}} &= \sum_{i=1}^{n} \frac{h'(\eta_i)}{a_i(\phi) b''(\theta_i)} \left\{ y_i - b'(\theta_i) \right\} \boldsymbol{x}_i \\
&= \sum_{i=1}^{n} \frac{h'(\eta_i)}{\sigma_i^2} (y_i - \mu_i) \boldsymbol{x}_i
\end{aligned} \tag{6.5}$$

$$= X^\top D\Sigma^{-1}(\boldsymbol{y}-\boldsymbol{\mu}).$$

ここで，$X = (\boldsymbol{x}_1,\ldots,\boldsymbol{x}_n)^\top$, $D = \mathrm{diag}\{h'(\eta_1),\ldots,h'(\eta_n)\}$, $\Sigma = \mathrm{diag}\{\sigma_1^2,\ldots,\sigma_n^2\}$, $\sigma_i^2 = V(Y_i)$, $\boldsymbol{y} = (y_1,\ldots,y_n)^\top$, $\boldsymbol{\mu} = (\mu_1,\ldots,\mu_n)^\top$ とする．

続いて，$\ell(\boldsymbol{\beta})$ の 2 階微分 (ヘッセ行列) は

$$\begin{aligned}
\frac{\partial^2 \ell(\boldsymbol{\beta})}{\partial\boldsymbol{\beta}\partial\boldsymbol{\beta}^\top} &= \sum_{i=1}^n \frac{\partial}{\partial\boldsymbol{\beta}}\left\{\frac{h'(\eta_i)}{\sigma_i^2}(y_i-\mu_i)\,\boldsymbol{x}_i^\top\right\} \\
&= \sum_{i=1}^n \left[\left\{\frac{\partial}{\partial\boldsymbol{\beta}}\frac{h'(\eta_i)}{\sigma_i^2}\right\}(y_i-\mu_i) + \frac{h'(\eta_i)}{\sigma_i^2}\frac{\partial}{\partial\boldsymbol{\beta}}(y_i-\mu_i)\right]\boldsymbol{x}_i^\top \\
&= \sum_{i=1}^n \left[\left\{\frac{\partial}{\partial\boldsymbol{\beta}}\frac{h'(\eta_i)}{\sigma_i^2}\right\}(y_i-\mu_i) - \frac{h'(\eta_i)}{\sigma_i^2}\frac{\partial\mu_i}{\partial\eta_i}\frac{\partial\eta_i}{\partial\boldsymbol{\beta}}\right]\boldsymbol{x}_i^\top \\
&= \sum_{i=1}^n \left[\left\{\frac{\partial}{\partial\boldsymbol{\beta}}\frac{h'(\eta_i)}{\sigma_i^2}\right\}(y_i-\mu_i) - \frac{\{h'(\eta_i)\}^2}{\sigma_i^2}\boldsymbol{x}_i\right]\boldsymbol{x}_i^\top \qquad (6.6)
\end{aligned}$$

で与えられる．上式の最右辺第 1 項は，y_i について期待値をとると 0 になることから，(6.6) 式の期待値，すなわちフィッシャー情報行列に -1 を乗じたものは

$$\begin{aligned}
E\left[\frac{\partial^2 \ell(\boldsymbol{\beta})}{\partial\boldsymbol{\beta}\partial\boldsymbol{\beta}^\top}\right] &= -\sum_{i=1}^n \frac{\{h'(\eta_i)\}^2}{\sigma_i^2}\boldsymbol{x}_i\boldsymbol{x}_i^\top \qquad (6.7) \\
&= -X^\top W X
\end{aligned}$$

と表される．ただし，$W = \mathrm{diag}\{\{h'(\eta_1)\}^2/\sigma_1^2,\ldots,\{h'(\eta_n)\}^2/\sigma_n^2\}$ とする．

以上をまとめると，フィッシャーのスコア法による $k+1$ 回目のパラメータの更新式は次で与えられる．

$$\begin{aligned}
\boldsymbol{\beta}^{(k+1)} &= \boldsymbol{\beta}^{(k)} - \left\{E\left[\frac{\partial^2 \ell(\boldsymbol{\beta}^{(k)})}{\partial\boldsymbol{\beta}\partial\boldsymbol{\beta}^\top}\right]\right\}^{-1}\frac{\partial \ell(\boldsymbol{\beta}^{(k)})}{\partial\boldsymbol{\beta}} \\
&= \boldsymbol{\beta}^{(k)} + (X^\top W^{(k)} X)^{-1} X^\top D^{(k)} {\Sigma^{(k)}}^{-1}(\boldsymbol{y}-\boldsymbol{\mu}^{(k)}) \\
&= \left(X^\top W^{(k)} X\right)^{-1}\left\{X^\top W^{(k)} X\boldsymbol{\beta}^{(k)} + X^\top D^{(k)}{\Sigma^{(k)}}^{-1}(\boldsymbol{y}-\boldsymbol{\mu}^{(k)})\right\} \\
&= \left(X^\top W^{(k)} X\right)^{-1} X^\top W^{(k)}\left\{X\boldsymbol{\beta}^{(k)} + {W^{(k)}}^{-1} D^{(k)}{\Sigma^{(k)}}^{-1}(\boldsymbol{y}-\boldsymbol{\mu}^{(k)})\right\}
\end{aligned}$$

$$= \left(X^\top W^{(k)} X\right)^{-1} X^\top W^{(k)} \boldsymbol{\xi}^{(k)}. \tag{6.8}$$

ここで $\boldsymbol{\xi}^{(k)} = X\boldsymbol{\beta}^{(k)} + {W^{(k)}}^{-1} D^{(k)} {\Sigma^{(k)}}^{-1} \left(\boldsymbol{y} - \boldsymbol{\mu}^{(k)}\right)$ とする．したがって，5章で述べたロジスティック回帰モデルと同様，一般化線形モデルの推定についても，$\boldsymbol{y}$ を $\boldsymbol{\xi}$ で置き換えた重み付き最小2乗推定量を繰り返し求めることで，パラメータ $\boldsymbol{\beta}$ の最尤推定値を計算できる．フィッシャーのスコア法による最尤推定値導出のアルゴリズムをまとめると，次のようになる．

1. $\boldsymbol{\beta}$ の初期値 $\boldsymbol{\beta}^{(0)}$ を設定する．また，$k=0$ とおく．
2. $\boldsymbol{\beta}^{(k)}$ を用いて $\boldsymbol{\mu}^{(k)}, \Sigma^{(k)}, W^{(k)}$ を計算する．
3. (6.8) 式により $\boldsymbol{\beta}$ の更新値 $\boldsymbol{\beta}^{(k+1)}$ を計算する．
4. ステップ 2, 3 を，収束するまで繰り返す．

なお，連結関数が正準連結関数である場合，次のことが言える．$\eta_i = \theta_i$ であることから，

$$h'(\eta_i) = \frac{\partial h(\eta_i)}{\partial \eta_i} = \frac{\partial \mu_i}{\partial \theta_i} = b''(\theta_i)$$

となる．よって，ヘッセ行列 (6.6) 式最右辺の第1項に含まれる微分は，

$$\begin{aligned} \frac{\partial}{\partial \boldsymbol{\beta}} \frac{h'(\eta_i)}{\sigma_i^2} &= \frac{\partial}{\partial \boldsymbol{\beta}} \frac{b''(\theta_i)}{a_i(\phi) b''(\theta_i)} \\ &= \frac{\partial}{\partial \boldsymbol{\beta}} \frac{1}{a_i(\phi)} \end{aligned}$$

となる．$a_i(\phi)$ は分散パラメータ ϕ のみに依存する関数で $\boldsymbol{\beta}$ には依存しないため，この微分は0ベクトルとなり，結果として (6.6) 式最右辺の第1項は，期待値をとるまでもなく0ベクトルとなる．このことから，ヘッセ行列 (6.6) 式はフィッシャー情報行列 (6.7) 式を -1 倍したものと一致し，結果としてフィッシャーのスコア法はニュートン–ラフソン法に帰着される．実際，5章で述べたロジスティック回帰モデルも正準連結関数をもつことから，ニュートン–ラフソン法が用いられている (練習問題 6.2)．また，正規線形回帰モデルの場合は，(6.8) 式は最尤推定量 (4.22) 式に帰着される (練習問題 6.3)．

例 6.9 ポアソン回帰モデルの場合，連結関数は $\eta_i = \log \lambda_i$ であり，目的変数がポアソン分布 $Po(\lambda_i)$ に従うことから $h(\eta_i) = \mu_i = \lambda_i$ より，

$$h(\eta_i) = \mu_i = \lambda_i = \exp(\eta_i)$$

となる．したがって $h'(\eta_i) = \exp(\eta_i)$ である．また，$\sigma_i^2 = V(y_i) = \lambda_i$ である．以上より，$W = \mathrm{diag}\{\lambda_1, \cdots, \lambda_n\}$，$D = \Sigma = \mathrm{diag}\{\lambda_1, \cdots, \lambda_n\}$ となり，ポアソン回帰モデルに対するフィッシャーのスコア法による更新式は

$$\boldsymbol{\beta}^{(k+1)} = \left(X^\top W^{(k)} X\right)^{-1} X^\top W^{(k)} \boldsymbol{\xi}^{(k)},$$
$$\boldsymbol{\xi}^{(k)} = X\boldsymbol{\beta}^{(k)} + W^{(k)^{-1}}(\boldsymbol{y} - \boldsymbol{\mu}^{(k)})$$

となる．なお，$\theta_i = \log \lambda_i = \eta_i$ であることから (例 6.3 参照)，ポアソン回帰モデルの連結関数は正準連結関数である．したがって上の更新式はニュートン–ラフソン法の更新式に一致する．

6.4 モデルの評価

一般化線形モデルにおけるモデル評価法としては，ロジスティック回帰モデルでも扱った逸脱度による当てはまりの良さの評価や，モデル評価基準による変数選択を利用できる．また，仮説検定に基づく方法も用いられている．本節では，いくつかの検定方法とモデル評価基準について紹介する．

6.4.1 尤度比検定

いま，ランク r の $r \times (p+1)$ 行列を C, r 次元ベクトルを $\boldsymbol{d}$ とおく．6.4.1 項から 6.4.3 項までは，回帰係数 $\boldsymbol{\beta}$ に対する次の仮説検定を考える．

$$H_0 : C\boldsymbol{\beta} = \boldsymbol{d}, \quad H_1 : C\boldsymbol{\beta} \neq \boldsymbol{d}. \tag{6.9}$$

例えば，C を単位行列 (つまり $r = p+1$)，$\boldsymbol{d}$ を 0 ベクトルとすると，これは切片を含むすべての回帰係数が 0 であるか否かの検定となる．あるいは，$C = (0, 1, 0, \ldots, 0)$ (つまり $r = 1$)，$\boldsymbol{d} = 0$ とすれば，$\beta_1 = 0$ であるか否かの検定となる．つまり，帰

無仮説 H_0 の下で，モデルに含まれるパラメータ数は $p+1-r$ となる．いま，H_0 の制約の下での $\boldsymbol{\beta}$ の最尤推定量を $\tilde{\boldsymbol{\beta}}$，制約のない状態での（パラメータ数 $p+1$ での）$\boldsymbol{\beta}$ の最尤推定量を $\widehat{\boldsymbol{\beta}}$ とおき，さらに，対応するモデルの自然パラメータをそれぞれ $\widetilde{\theta}_i, \widehat{\theta}_i$ とおくと，次の尤度比検定統計量

$$-2\left\{\ell(\tilde{\boldsymbol{\beta}})-\ell(\widehat{\boldsymbol{\beta}})\right\}=2\sum_{i=1}^{n}\frac{(\widehat{\theta}_i-\widetilde{\theta}_i)y_i-b(\widehat{\theta}_i)+b(\widetilde{\theta}_i)}{a_i(\phi)} \qquad (6.10)$$

は，H_0 が正しいという仮定の下で，近似的に自由度 $(p+1)-(p+1-r)=r$ の χ^2 分布 $\chi^2(r)$ に従う．したがって，この検定統計量に基づく検定を行うことができる．特に，$a_i(\phi)=\phi/p_i$ と表される場合，(6.10) 式は

$$-2\left\{\ell(\tilde{\boldsymbol{\theta}})-\ell(\widehat{\boldsymbol{\theta}})\right\}=\frac{D}{\phi}$$

と表される．ここで，

$$D=2\sum_{i=1}^{n}p_i\{(\widehat{\theta}_i-\widetilde{\theta}_i)y_i-b(\widehat{\theta}_i)+b(\widetilde{\theta}_i)\}$$

は，5.4.1 項でも扱った逸脱度に対応する．また，D/ϕ はスケール化された逸脱度とよばれる．

6.4.2 ワルド検定

制約のない状態での $\boldsymbol{\beta}$ の最尤推定量 $\widehat{\boldsymbol{\beta}}$ については，帰無仮説 H_0 の下で，n が十分大きいとき，近似的に

$$\sqrt{n}\left(C\widehat{\boldsymbol{\beta}}-\boldsymbol{d}\right)\sim N_r(\boldsymbol{0}, nCV(\widehat{\boldsymbol{\beta}})C^{\mathsf{T}})$$

が成り立つことが知られている．ここで，$\widehat{\boldsymbol{\beta}}$ の分散共分散行列 $V(\widehat{\boldsymbol{\beta}})$ は，フィッシャー情報行列，すなわち，(6.7) 式の逆行列を -1 倍したものである．このことから，近似的に

$$n\left(C\widehat{\boldsymbol{\beta}}-\boldsymbol{d}\right)^{\mathsf{T}}\left\{nCV(\widehat{\boldsymbol{\beta}})C^{\mathsf{T}}\right\}^{-1}\left(C\widehat{\boldsymbol{\beta}}-\boldsymbol{d}\right)\sim\chi^2(r)$$

が成り立つ．この検定統計量を用いて，(6.9) の検定を行うことができる．

このように，パラメータの最尤推定量の漸近正規性を利用して検定を行う方法は**ワルド検定** (Wald test) とよばれている．例えば，$\widehat{\boldsymbol{\beta}}$ の要素 $\widehat{\beta}_j$ の検定を行う場合は，多変量正規分布の周辺分布を用いた検定を行えばよい．

6.4.3 スコア検定

最尤推定量 $\widehat{\boldsymbol{\beta}}$ の定義から，スコアベクトルは

$$U(\widehat{\boldsymbol{\beta}}) = \frac{\partial \ell(\widehat{\boldsymbol{\beta}})}{\partial \boldsymbol{\beta}} = \mathbf{0}$$

を満たす．したがって，(6.9) 式の帰無仮説が真であるならば，帰無仮説の下での $\boldsymbol{\beta}$ の最尤推定量 $\widetilde{\boldsymbol{\beta}}$ を代入したスコアベクトルの期待値 $E[U(\widetilde{\boldsymbol{\beta}})]$ も 0 ベクトルに近くなるはずである．そこで，帰無仮説と対立仮説を

$$H_0 : E[U(\widetilde{\boldsymbol{\beta}})] = \mathbf{0}, \quad H_1 : E[U(\widetilde{\boldsymbol{\beta}})] \neq \mathbf{0}$$

と設定し検定を行う方法は**スコア検定** (score test) とよばれている．スコアベクトルは，n が十分大きいとき近似的に平均ベクトルが $\mathbf{0}$, 分散共分散行列がフィッシャー情報行列 $V(\widehat{\boldsymbol{\beta}}) = X^{\mathsf{T}}WX$ の多変量正規分布に従う．

$$U(\widetilde{\boldsymbol{\beta}}) \sim N_p\left(\mathbf{0}, V(\widehat{\boldsymbol{\beta}})\right).$$

これより，近似的に

$$U(\widetilde{\boldsymbol{\beta}})^{\mathsf{T}} V(\widehat{\boldsymbol{\beta}})^{-1} U(\widetilde{\boldsymbol{\beta}}) \sim \chi^2(r)$$

が成り立つことから，これを検定統計量として扱う．

6.4.4 モデル評価基準

一般化線形モデルに対しても，線形回帰モデルやロジスティック回帰モデルと同様に，情報量規準 AIC やベイズ型モデル評価基準 BIC を用いて変数選択を行うことができる．AIC および BIC は，対数尤度関数 $\ell(\boldsymbol{\beta})$ を用いてそれぞれ次で与えられる．

$$\mathrm{AIC} = -2\ell(\widehat{\boldsymbol{\beta}}) + 2(p+1)$$

$$\mathrm{BIC} = -2\ell(\widehat{\boldsymbol{\beta}}) + (p+1)\log n.$$

ただし，正規分布のスケールパラメータのような分散パラメータ ϕ が含まれる場合は，第 2 項の総パラメータ数は $p+2$ となる．

6.5　過分散

これまで見てきたように，一般化線形モデルでは，目的変数の期待値や分散は，特定の確率分布を指定することで，特定の式で表すことができた．しかし，一般化線形モデルの枠組みであっても，データの構造を適切に捉えられない場合がある．

6.4.1 節で述べたように，逸脱度 D は近似的に χ^2 分布に従う．したがって逸脱度の値は，χ^2 分布の期待値である自由度程度になると期待される．しかし，実際には逸脱度が自由度を大きく超えるような状況が生じることがある．逸脱度が自由度を上回る原因としては，目的変数を説明するために十分な説明変数が不足していることや，連結関数が適切でないことなどが考えられるが，特に，想定したモデル (確率分布) の理論上の分散を，実際の分散が上回ることが多い．この現象は**過分散** (overdispersion) とよばれる．

本節では特に，目的変数が比率データおよび計数データとして与えられたとき，それぞれロジスティック回帰モデルとポアソン回帰モデルを当てはめた場合に発生する過分散について説明する．

6.5.1　ロジスティック回帰モデルの場合

ロジスティック回帰モデルにおける過分散について，5.2.1 項で用いた殺虫剤のデータを例に考える．殺虫剤のデータは，各刺激レベルにおいて，約 50 匹の虫の集団に殺虫剤を噴霧する実験を繰り返すことで得られたものだった．これらの中には，集団として死にやすいものや，生き延びやすいものがあるかもしれないが，その情報はデータとして観測されていない．この場合，死亡率のデータの分布は 2 項分布よりも分散が大きくなる可能性がある．

そこで，各 i に対する期待値 μ_i が固定値ではなく，$E_{\mu_i}(\mu_i) = p_i$, $V_{\mu_i}(\mu_i) = \tau^2$ となる確率変数であると仮定する．ここで，E_{μ_i}, V_{μ_i} はそれぞれ確率変数 μ_i に関する期待値，分散であり，Y_i に関する期待値，分散と区別するための表記である．このとき，μ_i が与えられた下での Y_i の条件付き期待値および条件付き分散はそれ

それぞれ

$$E(Y_i|\mu_i) = n_i\mu_i, \quad V(Y_i|\mu_i) = n_i\mu_i(1-\mu_i)$$

であるから，Y_i の期待値と分散はそれぞれ次で与えられる (練習問題 6.4).

$$\begin{aligned}
E(Y_i) &= E_{\mu_i}\left[E(Y_i|\mu_i)\right] = E_{\mu_i}(n_i\mu_i) = n_i p_i \\
V(Y_i) &= E_{\mu_i}\left[V(Y_i|\mu_i)\right] + V_{\mu_i}\left[E(Y_i|\mu_i)\right] \\
&= E_{\mu_i}\left[n_i\mu_i(1-\mu_i)\right] + V_{\mu_i}(n_i\mu_i) \\
&= n_i\left\{E_{\mu_i}(\mu_i) - E_{\mu_i}(\mu_i^2)\right\} + n_i^2\tau^2 \\
&= n_i\left\{p_i - (\tau^2 + p_i^2)\right\} + n_i^2\tau^2 \\
&= n_i p_i(1-p_i) + n_i(n_i-1)\tau^2 \\
&> n_i p_i(1-p_i). \qquad (6.11)
\end{aligned}$$

したがって，μ_i がすべての i で等しく μ となる状況に比べて，Y_i の分散は大きくなることがわかる．ここで，未知のスケールパラメータ $\kappa > 0$ に対して

$$\tau^2 = \kappa\mu(1-\mu)$$

とおくと，上式は

$$\begin{aligned}
V(Y_i) &= \{1 + \kappa(n_i - 1)\}\, n_i\mu(1-\mu) \\
&= \sigma^2 n_i\mu(1-\mu)
\end{aligned}$$

と表すことができ，$\sigma^2 = \{1 + \kappa(n_i - 1)\}$ によって過分散の程度を定量化できる．パラメータ σ^2 の推定量としては，次が用いられる．

$$\widehat{\sigma}^2 = \frac{X^2}{n-p-1}.$$

ここで

$$X^2 = \sum_{i=1}^{n} \frac{(y_i - n_i\widehat{\mu}_i)^2}{v(\widehat{\mu}_i)} \qquad (6.12)$$

で，これは**ピアソン χ^2 統計量** (Pearson's χ^2 statistic) とよばれる．ただし，$v(\mu)$ は 6.1 節で定義した分散関数で，$\widehat{\mu}_i$ は $\boldsymbol{\beta}$ の推定量 $\widehat{\boldsymbol{\beta}}$ によって与えられる期待値

$\widehat{\mu}_i = h(\widehat{\boldsymbol{\beta}}^\top \boldsymbol{x}_i)$ とする．X^2 は，n が十分大きいとき近似的に自由度 $n-p-1$ の χ^2 分布に従うことが知られている．

また，回帰係数の最尤推定量 $\widehat{\boldsymbol{\beta}}$ の分散共分散行列は，n が十分大きいとき，近似的に

$$V(\widehat{\boldsymbol{\beta}}) = \widehat{\sigma}^2 (X^\top W X)^{-1}$$

で与えられる．この他にも，μ_i がベータ分布に従うと仮定して推定を行うベータ 2 項回帰モデルを用いることで，過分散を定量化する方法もある．

6.5.2　ポアソン回帰モデルの場合

計数データに対してポアソン回帰モデルを適用した場合も，過分散が発生する可能性がある．すなわち，目的変数に対応する実際の計数データはポアソン分布よりもばらつきが大きい状況が起こりうる．これは，ポアソン分布では期待値と分散が等しいという仮定をおいているためである．実際のデータでは，期待値よりも分散が大きくなる状況がある．

いま，ロジスティック回帰モデルの場合と同様に，各 Y_i に対する期待値 $\lambda_i = E(Y_i)$ が固定値ではなく確率変数であると仮定する．ここでは，λ_i はガンマ分布 $Ga(\mu, \nu)$ に従うとしよう．このとき，λ_i の期待値および分散はそれぞれ

$$E_{\lambda_i}(\lambda_i) = \frac{\mu}{\nu}, \quad V_{\lambda_i}(\lambda_i) = \frac{\mu}{\nu^2} \tag{6.13}$$

となる．ここで，$E_{\lambda_i}, V_{\lambda_i}$ はそれぞれ確率変数 λ_i に関する期待値，分散とする．このとき，λ_i が与えられた下での y_i の条件付き確率関数 $f(y_i|\lambda_i)$ はポアソン分布 $Po(\lambda_i)$ であり，また，Y_i の周辺確率関数は

$$\begin{aligned} f(y_i) &= \int f(y_i|\lambda_i) f(\lambda_i) d\lambda_i \\ &= \frac{\Gamma(y_i+\mu)}{\Gamma(y_i+1)\Gamma(\mu)} \left(\frac{1}{1+\nu}\right)^{y_i} \left(\frac{\nu}{1+\nu}\right)^{\mu} \end{aligned} \tag{6.14}$$

となる (練習問題 6.5)．これは 1.2.5 項で紹介した負の 2 項分布 $NB\left(\mu, \frac{\nu}{1+\nu}\right)$ の確率関数に対応し，期待値，分散はそれぞれ

$$E(Y_i) = \frac{\mu}{\nu}, \quad V(Y_i) = \frac{\mu}{\nu}\left(1+\frac{1}{\nu}\right) > \frac{\mu}{\nu} \tag{6.15}$$

となる．これにより，y_i の確率分布が 2 つのパラメータ μ, ν で表されることになり，過分散の程度が定量化される．このモデルは負の 2 項回帰モデルとよばれる．

6.5.3 ゼロ過剰ポアソン回帰モデル

特定の交差点における自動車事故の 1 日ごとの発生回数や，ある製品の製造過程における単位時間あたりの不良品の個数などのデータを目的変数にもつ場合は，計数データであることからポアソン回帰モデルを適用することが妥当であると考えられる．しかし，これらのデータは 0 を多く含んでいると考えられ，その頻度はポアソン分布よりも多くなることがある．0 を多量に含んだ計数データを目的変数としてポアソン回帰モデルをそのまま適用すると，過分散が起こる可能性がある．そこで，ポアソン分布の代わりに，データに 0 が過剰に含まれていることを考慮に入れた次の確率分布を考える．

$$\begin{cases} \Pr(Y_i = 0 | \boldsymbol{x}_i, \boldsymbol{z}_i) & = \pi_i + (1 - \pi_i) e^{-\lambda_i} \\ \Pr(Y_i = y_i | \boldsymbol{x}_i, \boldsymbol{z}_i) & = (1 - \pi_i) \dfrac{\lambda_i^{y_i} e^{-\lambda_i}}{y_i!} \quad (y_i = 1, 2, \ldots). \end{cases}$$

これは，目的変数の従う確率分布が，確率 π_i で値 0 をとり，確率 $1 - \pi_i$ でポアソン分布であるというものである．ここで，$\boldsymbol{x}_i, \boldsymbol{z}_i$ はそれぞれ λ_i, π_i に対する説明変数からなるベクトルとする．この確率分布をゼロ過剰ポアソン分布といい，この分布に基づく回帰モデルを**ゼロ過剰ポアソン回帰モデル** (zero-inflated Poisson regression model) という．Y_i の期待値と分散はそれぞれ

$$\begin{aligned} E(Y_i) &= \lambda_i (1 - \pi_i), \\ V(Y_i) &= \lambda_i (1 - \pi_i)(1 + \lambda_i \pi_i) = (1 + \lambda_i \pi_i) E(Y_i) \end{aligned}$$

となる．したがって，$\pi_i > 0$ のときゼロ過剰ポアソン回帰モデルは過分散に対応したモデルとなっており，$\pi_i = 0$ のときは期待値，分散ともに λ_i となり，通常のポアソン回帰モデルに帰着される．

ゼロ過剰ポアソン回帰モデルは一般化線形モデルには属しておらず，線形予測子と期待値との関係を次の 2 つの連結関数によって繋げる．

$$\log \lambda_i = \boldsymbol{\beta}^{\mathsf{T}} \boldsymbol{x}_i, \quad \log \frac{\pi_i}{1 - \pi_i} = \boldsymbol{\gamma}^{\mathsf{T}} \boldsymbol{z}_i.$$

ただし $\boldsymbol{\beta}, \boldsymbol{\gamma}$ は回帰係数ベクトルとする．

6.6 擬似尤度

前節で述べた過分散は，当てはめた確率分布がデータに適切に当てはまらないことで生じる現象だった．過分散に限らず，実際のデータが，指数型分布族のようなよく知られた確率分布には必ずしも従わない場合がある．そこで，データの従う分布を完全に特定せずに回帰分析を行う方法が考えられた．それが，擬似尤度法とよばれるものである．

6.6.1 擬似尤度

いま，目的変数ベクトル $\boldsymbol{y} = (y_1, \ldots, y_n)^{\mathsf{T}}$ について，各成分が互いに独立とする．この $\boldsymbol{y}$ が従う確率分布をここでは特定せずに，期待値ベクトルおよび分散共分散行列がそれぞれ

$$E(\boldsymbol{y}) = \boldsymbol{\mu}, \quad V(\boldsymbol{y}) = \sigma^2 V(\boldsymbol{\mu}) \tag{6.16}$$

と表されるという仮定のみをおく．ここで，σ^2 は未知パラメータで，$\boldsymbol{y}$ の各成分は互いに独立で，行列 $V = V(\boldsymbol{\mu})$ は $V(\boldsymbol{\mu}) = \mathrm{diag}\{v(\mu_1), \ldots, v(\mu_n)\}$ で与えられる対角行列とする．ただし，$v(\mu)$ は既知の分散関数とする．以後本節では，$\boldsymbol{y}$ の各成分 y_i について，添え字を省略して考える．

続いて，次の関数

$$U = u(\mu; y) = \frac{y - \mu}{\sigma^2 v(\mu)}$$

を考える．このとき，仮定 (6.16) 式より次が成り立つ．

$$E(U) = 0, \quad V(U) = \frac{1}{\sigma^2 v(\mu)}.$$

特に，分散 $V(U)$ の結果より $V(U) = -E(\partial U/\partial\mu)$ であることもわかる．これらの性質は，モデルの対数尤度関数から導かれるスコア関数にも共通して成り立つものである．したがって，期待値と分散のみの仮定から得られた関数 U は，モデルに基づく対数尤度関数から得られるスコア関数と同様の性質をもっているものと考えられる．そこで，関数 $U = u(\mu; y)$ を μ について積分した

$$Q(\mu; y) = \int_y^{\mu} \frac{y - t}{\sigma^2 v(t)} dt$$

表 6.3　分散関数と擬似尤度の例

分散関数 $v(\mu)$	擬似尤度 $Q(\mu; y)$	確率分布	範囲
1	$-(y-\mu)^2/2$	正規分布	$-\infty < \mu < \infty$, $-\infty < y < \infty$
μ	$y \log \mu - \mu$	ポアソン分布	$\mu > 0,\ y \geq 0$
μ^2	$-y/\mu - \log \mu$	ガンマ分布	$\mu > 0,\ y > 0$
μ^3	$-y/(2\mu^2) + 1/\mu$	逆ガウス分布	$\mu > 0,\ y > 0$
μ^ζ	$\mu^{-\zeta}\left(\dfrac{\mu y}{1-\zeta} - \dfrac{\mu^2}{2-\zeta}\right)$	———	$\mu > 0,\ \zeta \neq 0, 1, 2$
$\mu(1-\mu)$	$y \log\left(\dfrac{\mu}{1-\mu}\right) + \log(1-\mu)$	2 項分布	$0 < \mu < 1,\ 0 \leq y \leq 1$
$\mu^2(1-\mu)^2$	$(2y-1)\log\left(\dfrac{\mu}{1-\mu}\right) - \dfrac{y}{\mu} - \dfrac{1-y}{1-\mu}$	———	$0 < \mu < 1,\ 0 < y < 1$
$\mu + \mu^2/r$	$y \log\left(\dfrac{\mu}{r+\mu}\right) + r \log\left(\dfrac{r}{r+\mu}\right)$	負の 2 項分布	$\mu > 0,\ y \geq 0$

が存在すれば，これを対数尤度関数の代わりとして利用できると期待される．この関数 $Q(\mu; y)$ が，**擬似尤度** (quasi-likelihood) とよばれるものである．ここでは，データが互いに独立であることを仮定しているため，全観測値 $\boldsymbol{y} = (y_1, \ldots, y_n)^\mathsf{T}$ に対する擬似尤度は

$$Q(\boldsymbol{\mu}; \boldsymbol{y}) = \sum_{i=1}^{n} Q(\mu_i; y_i)$$

で与えられる．表 6.3 に，いくつかの分散関数に対する擬似尤度の例を示す．例えば目的変数が連続量の場合，$v(\mu) = 1$ とおくことで擬似尤度は $Q(\mu; y) = -(y-\mu)^2/2$ となり，正規分布に基づく対数尤度関数に類似した形となる．特に，回帰係数ベクトル $\boldsymbol{\beta}$ の推定量は最尤推定量に一致する．

6.6.2　擬似尤度法に基づく推定

最尤法と同様に，擬似尤度に対しても最大化問題によってパラメータの推定量が得られる．このための方法を**擬似尤度法** (quasi-likelihood method) とよぶ．擬似尤度 $Q(\boldsymbol{\mu}; \boldsymbol{y})$ の，パラメータ $\boldsymbol{\beta}$ に関する 1 階微分

$$U(\boldsymbol{\beta}) = \frac{\partial}{\partial \boldsymbol{\beta}} Q(\boldsymbol{\mu}; \boldsymbol{y}) = \frac{1}{\sigma^2} D^\mathsf{T} V^{-1} (\boldsymbol{y} - \boldsymbol{\mu}) \tag{6.17}$$

を**擬似スコア** (quasi-score) といい，これが 0 ベクトルとなる方程式

$$\frac{1}{\sigma^2}D^\top V^{-1}(\boldsymbol{y}-\boldsymbol{\mu})=\mathbf{0}$$

を**擬似尤度方程式** (quasi-likelihood equation) という．ただし，D は $\partial\mu_i/\partial\beta_j$ を (i,j) 成分にもつ $n\times(p+1)$ 行列とする．擬似スコア (6.17) 式についても，対数尤度関数に基づくスコア関数 (6.5) 式と類似した形をしていることが確認できる．擬似スコアに注目すると，その期待値は $E[U(\boldsymbol{\beta})]=0$ で，分散共分散行列は

$$I_Q(\boldsymbol{\beta})=V\left[U(\boldsymbol{\beta})\right]=-E\left[\frac{\partial}{\partial\boldsymbol{\beta}}U(\boldsymbol{\beta})\right]=\frac{1}{\sigma^2}D^\top V^{-1}D$$

であることが導かれる．この $I_Q(\boldsymbol{\beta})$ は**擬似フィッシャー情報行列** (quasi-Fisher information matrix) とよばれる．擬似フィッシャー情報行列も擬似スコアと同様に，通常のフィッシャー情報行列 (6.7) 式に対応している．擬似スコアおよび擬似フィッシャー情報行列を用いることで，擬似尤度に対するフィッシャーのスコア法は，次の更新式で与えられる．

$$\boldsymbol{\beta}^{(k+1)}=\boldsymbol{\beta}^{(k)}+(D^{(k)^\top}V^{(k)^{-1}}D^{(k)})^{-1}D^{(k)^\top}V^{(k)^{-1}}(\boldsymbol{y}-\boldsymbol{\mu}^{(k)}). \quad (6.18)$$

擬似尤度に対するフィッシャーのスコア法のアルゴリズムは，次で与えられる．

1. $\boldsymbol{\beta}$ の初期値 $\boldsymbol{\beta}^{(0)}$ を設定する．また，$k=0$ とおく．
2. $\boldsymbol{\beta}^{(k)}$ を用いて $\boldsymbol{\mu}^{(k)},V^{(k)},D^{(k)}$ を求める．
3. (6.18) 式により $\boldsymbol{\beta}$ の更新値 $\boldsymbol{\beta}^{(k+1)}$ を計算する．
4. ステップ 2, 3 を，収束するまで繰り返す．

このように擬似尤度法では，回帰係数 $\boldsymbol{\beta}$ は最尤法とほぼ同様の流れで推定できる．

一方で，分散に含まれるパラメータ σ^2 については，最尤法に対応する方法がないため，別に推定する必要がある．パラメータ σ^2 の推定量としては，例えば次が用いられる．

$$\widehat{\sigma}^2=\frac{1}{n-p-1}\sum_{i=1}^{n}\frac{(y_i-\widehat{\mu}_i)^2}{v(\widehat{\mu}_i)}=\frac{X_0^2}{n-p-1}.$$

ここで X_0^2 は，ピアソンの χ^2 統計量 (6.12) 式において，分散関数を (6.16) 式の関数 $v(\mu_i)$ で置き換えたもので，**一般化ピアソン統計量** (generalized Pearson statistic) とよばれる．

$$X_0^2 = \sum_{i=1}^{n} \frac{(y_i - \widehat{\mu}_i)^2}{v(\widehat{\mu}_i)}$$

擬似尤度法により得られる推定量に対する評価もやはり，通常の最尤推定量に対する評価と同様の方法が用いられる．例えば，擬似尤度に基づく逸脱度は次で与えられる．

$$D(y;\mu) = -2\sigma^2 Q(\mu;y) = 2\int_{\mu}^{y} \frac{y-t}{v(t)}dt.$$

全データに対する逸脱度は，$D(y_i;\mu_i)$ を各個体について総和をとったものになる．

データの構造が複雑になると，個体間で階層構造をもつものや，各個体が繰り返して観測値をもつような状況が考えられる．このようなデータに対しては，一般化混合効果モデルなどより複雑な方法が用いられるが，これらの説明については久保 (2011) 等を参照されたい．

6.7 適用例

6.7.1 ポアソン回帰モデル

R パッケージ lme4 パッケージの grouseticks データを分析した例を紹介する．このデータは，さまざまな位置，標高に生息するアカライチョウの雛それぞれに対して，寄生しているマダニの数を集計したものである．表 6.4 に，grouseticks データの一部を，図 6.2 に標高に対するマダニの数を示している．ここでは，標高 (HEIGHT) とマダニの数 (TICKS) との関係を調べるために，標高を説明変数，マダニの数を目的変数として扱う．図 6.2 からわかるように，マダニの数は計数データなので，ポアソン回帰モデルを適用する．

まずは，通常のポアソン回帰モデルを適用する．R では，一般化線形回帰モデルに包含されるモデルの多くは glm 関数で実行できる．ポアソン回帰モデルを適用する場合は，引数に family="poisson" と指定すればよい．

ポアソン回帰モデルの R での実行例を，リスト 6.1 に示す．また，図 6.2 右に，ポアソン回帰モデルによる当てはめ曲線を示している．リスト 6.1 にある分析結果を見ると，自由度が 401 であるのに対して残差逸脱度が 4506.4 と大きく離れており，6.5 節で述べたように，このデータに対しては過分散が疑われる．

表 6.4　grouseticks データ (一部抜粋)

INDEX	TICKS	BROOD	HEIGHT	YEAR	LOCATION	cHEIGHT
1	0	501	465.00	95	32	2.76
2	0	501	465.00	95	32	2.76
3	0	502	472.00	95	36	9.76
4	0	503	475.00	95	37	12.76
5	0	503	475.00	95	37	12.76
6	3	503	475.00	95	37	12.76

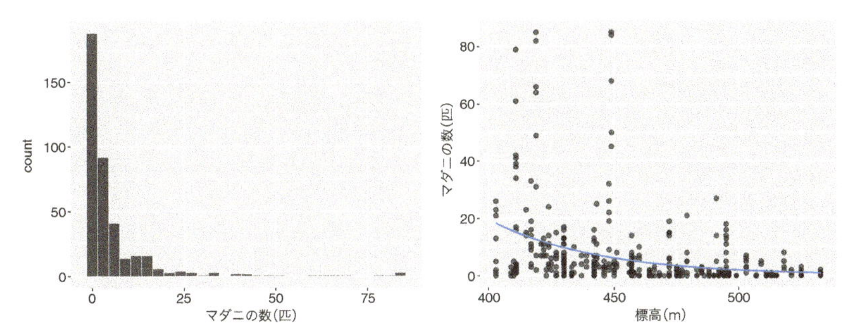

図 6.2　マダニの数のヒストグラム (左) と，標高に対するマダニの数の散布図 (右)

リスト 6.1　マダニの数データに対するポアソン回帰モデル

```
1  > library(lme4)
2  > attach(grouseticks)
3  > result <- glm(TICKS~HEIGHT, family="poisson")
4  > summary(result)
5
6  Call:
7  glm(formula=TICKS~HEIGHT, family="poisson")
8
9  Deviance Residuals:
10 Min        1Q    Median       3Q       Max
11 -6.0623  -2.4283  -1.5395   0.0861  16.8364
12
13 Coefficients:
14 Estimate Std. Error z value Pr(>|z|)
```

```
15  (Intercept) 12.2061106  0.3069365   39.77   <2e-16 ***
16  HEIGHT      -0.0230647  0.0006999  -32.95   <2e-16 ***
17  ---
18  Signif. codes:  0 '***' 0.001 '**' 0.01 '*' 0.05 '.' 0.1 ' ' 1
19
20  (Dispersion parameter for poisson family taken to be 1)
21
22  Null deviance: 5847.5  on 402  degrees of freedom
23  Residual deviance: 4506.4  on 401  degrees of freedom
24  AIC: 5441.4
25
26  Number of Fisher Scoring iterations: 6
27
28  > logLik(result)
29  'log Lik.' -2718.714 (df=2)
```

そこで，過分散を対処するために，6.5.2 節で述べた負の 2 項回帰モデルを適用する．プログラム 6.2 に実行例を示す．R では，MASS パッケージの **glm.nb** 関数で負の 2 項回帰モデルを実行できる．通常のポアソン回帰モデルに比べて，残差逸脱度が大幅に減少していることが確認できる．加えて，対数尤度も大きく改善していることがわかる．

リスト 6.2　マダニの数データに対する負の 2 項回帰モデル

```
1   > library(MASS)
2   > nbresult <- glm.nb(TICKS ~ HEIGHT)
3   > summary(nbresult)
4
5   Call:
6   glm.nb(formula = TICKS ~ HEIGHT, init.theta = 0.4989859431, link = log)
7
8   Deviance Residuals:
9   Min        1Q      Median      3Q       Max
10  -1.91959  -1.15517  -0.54922   0.00423   3.05458
11
```

```
12  Coefficients:
13  Estimate Std. Error z value Pr(>|z|)
14  (Intercept) 12.802679   0.997135   12.84   <2e-16 ***
15  HEIGHT      -0.024394   0.002168  -11.25   <2e-16 ***
16  ---
17  Signif. codes:  0  '***'  0.001  '**'  0.01  '*'  0.05  '.'  0.1  ' '  1
18
19  (Dispersion parameter for Negative Binomial(0.499) family taken to be 1)
20
21  Null deviance: 545.40  on 402  degrees of freedom
22  Residual deviance: 428.18  on 401  degrees of freedom
23  AIC: 2080.4
24
25  Number of Fisher Scoring iterations: 1
26
27
28  Theta:  0.4990
29  Std. Err.:  0.0422
30
31  2 x log-likelihood:  -2074.4070
```

6.5.3 項で説明した，ゼロ過剰ポアソン回帰モデルを適用した結果についても紹介する．R では，`pscl` パッケージの `zeroinfl` 関数を使って，プログラム 6.3 のようにしてゼロ過剰ポアソン回帰モデルを実行できる．ここで，`zeroinfl` 関数で指定している回帰式に縦線 “|” があるが，これより左側でパラメータ λ に対するモデル (ポアソン)，右側でパラメータ π に対するモデル (ロジスティック) を指定できる．ここでは，λ に対するモデルとして変数 `HEIGHT` による線形予測子を，π に対するモデルとしては定数項のみを導入している．得られた回帰係数の推定値から確率 π_i を推定することで，ポアソン分布に比べてどれだけ 0 が過剰に含まれているかを定量化できる．リスト 6.3 の結果を見ると，ゼロ過剰ポアソン回帰モデルの対数尤度は，負の 2 項回帰モデルには劣るが，ポアソン回帰のものに比べて改善されていることがわかる．

リスト 6.3　マダニの数データに対するゼロ過剰ポアソン回帰モデル

```
> library(pscl)
> zipresult <- zeroinfl(TICKS ~ HEIGHT | 1, data=grouseticks)
> summary(zipresult)

Call:
zeroinfl(formula = TICKS ~ HEIGHT | 1, data = grouseticks)

Pearson residuals:
Min      1Q  Median      3Q     Max
-1.4194 -1.1295 -0.7917  0.0836 17.2476

Count model coefficients (poisson with log link):
Estimate Std. Error z value Pr(>|z|)
(Intercept)  9.6285660  0.3180152   30.28   <2e-16 ***
HEIGHT      -0.0166803  0.0007155  -23.31   <2e-16 ***

Zero-inflation model coefficients (binomial with logit link):
Estimate Std. Error z value Pr(>|z|)
(Intercept)  -0.8705     0.1140  -7.637 2.22e-14 ***
---
Signif. codes:  0 '***' 0.001 '**' 0.01 '*' 0.05 '.' 0.1 ' ' 1

Number of iterations in BFGS optimization: 8
Log-likelihood: -2386 on 3 Df
```

最後に，6.6 節で述べた擬似尤度法に基づくポアソン回帰モデルを適用することで，過分散の程度を評価してみよう．R では，glm 関数の引数を family=quasipoisson と変更することで実行される．リスト 6.4 は，擬似尤度法に基づいてマダニの数のデータを分析した出力結果である．回帰係数の推定値などは通常のポアソン回帰モデルと同様だが，“dispersion parameter” が 18.65 と推定されている．これは 6.6 節で述べたパラメータ σ^2 の推定値に対応しており，この値により過分散の程度を定量化している．なお，AIC の値が NA となっているのは，擬似尤度法を用いたことにより通常の尤度関数が計算されなかったためである．

リスト 6.4　マダニの数データに対する擬似尤度法

```
> qresult <- glm(TICKS ~ HEIGHT, family=quasipoisson)
> summary(qresult)

Call:
glm(formula = TICKS ~ HEIGHT, family = quasipoisson)

Deviance Residuals:
Min       1Q    Median      3Q      Max
-6.0623  -2.4283  -1.5395   0.0861  16.8364

Coefficients:
Estimate Std. Error t value Pr(>|t|)
(Intercept) 12.206111   1.325647   9.208  < 2e-16 ***
HEIGHT      -0.023065   0.003023  -7.630 1.73e-13 ***
---
Signif. codes:  0  '***'  0.001  '**'  0.01  '*'  0.05  '.'  0.1  ' '  1

(Dispersion parameter for quasipoisson family taken to be 18.65344)

Null deviance: 5847.5  on 402  degrees of freedom
Residual deviance: 4506.4  on 401  degrees of freedom
AIC: NA

Number of Fisher Scoring iterations: 6
```

6.7.2　ガンマ回帰モデル

目的変数が正の実数で与えられるデータに対して，ガンマ回帰モデルを適用した例を示す．ここでは，R パッケージ Zelig に内蔵されている coalition データを用いる．これは，1945 年から 1987 年の期間における，議会制民主主義国家におけ

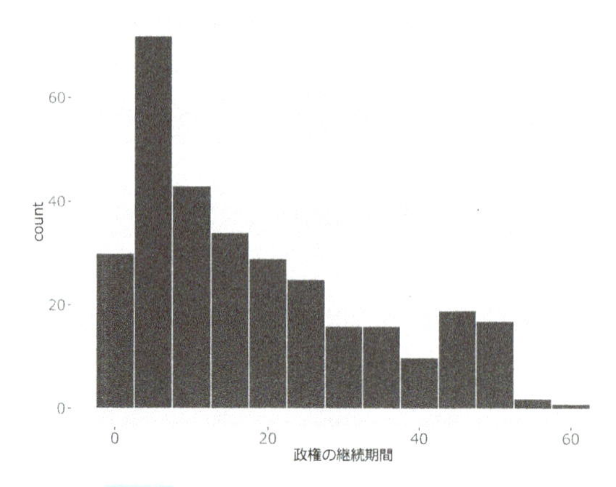

図 6.3　連立政権の継続期間のヒストグラム

る連立政権に関する情報をまとめたデータである．目的変数としては，政権の継続期間 (duration) を，説明変数としては，次の 2 種類の情報を用いた．

- fract：議会の政党の数と規模を特徴づけた指標．この値が高いほど内閣の継続期間は短くなると考えられている．
- numst2：多数派政府 (1) か少数派政府 (0) かを示す 2 値変数．多数派政府の方が，政権が長く続くと考えられている．

目的変数 duration の頻度を，図 6.3 に示す．このデータに対して，ガンマ回帰モデルを適用した結果をリスト 6.5 に示す．2 つの説明変数はいずれも有意であり，回帰係数の符号を見ると，説明変数の記述で述べた通り，fract が小さいほど，numst2 が多数派政府 (1) であるほど政権の継続期間が長いという関係が見て取れる．

リスト 6.5　ガンマ回帰モデル

```
1  > library(Zelig)
2  > data(coalition)
3  > #ガンマ回帰（連結関数：対数関数)
4  > result <- glm(duration ~ fract + numst2, data =
5  + coalition, family = Gamma(link="log"))
6  > # 連結関数に逆関数を用いる場合は，次を実行
```

```
7  > # result <- glm(duration ~ fract + numst2, data =
8  + coalition, family = Gamma(link="inverse"))
9  > summary(result)
10 
11 Call:
12 glm(formula = duration ~ fract + numst2, family = Gamma(link = "log"),
13 data = coalition)
14 
15 Deviance Residuals:
16 Min        1Q    Median       3Q       Max
17 -2.2659  -0.8903  -0.1979   0.4127   1.7373
18 
19 Coefficients:
20 Estimate Std. Error t value Pr(>|t|)
21 (Intercept)  4.7960886  0.3813796  12.576  < 2e-16 ***
22 fract       -0.0029744  0.0005139  -5.787 1.74e-08 ***
23 numst2       0.3269430  0.0935400   3.495 0.000543 ***
24 ---
25 Signif. codes:  0  '***'  0.001  '**'  0.01  '*'  0.05  '.'  0.1  ' '  1
26 
27 (Dispersion parameter for Gamma family taken to be 0.6359487)
28 
29 Null deviance: 300.74  on 313  degrees of freedom
30 Residual deviance: 269.21  on 311  degrees of freedom
31 AIC: 2424.2
32 
33 Number of Fisher Scoring iterations: 6
```

➤ 第6章　練習問題

6.1 確率密度関数 (6.1) 式の対数尤度関数 $\ell(\theta) = \log f(y;\theta,\phi)$ のスコア関数およびフィッシャー情報量の性質を利用して，(6.2) 式を示せ．

6.2 目的変数が 2 値のロジスティック回帰モデル (5.4) 式に対して，フィッシャーのスコア法の更新式 (6.8) はニュートン–ラフソン法の更新式 (5.10) に一致することを示せ．

6.3 正規線形回帰モデルに対しては，フィッシャーのスコア法の更新式 (6.8) は (4.22) 式の $\widehat{\beta}$ に一致することを示せ．

6.4 (6.11) 式で用いられている，次の等式を証明せよ (2 つ目の等式は全分散の公式とよばれている)．

$$E(Y) = E_X\left[E_Y(Y|X)\right]$$
$$V(Y) = E_X\left[V_Y(Y|X)\right] + V_X\left[E_Y(Y|X)\right]$$

6.5 (6.14) 式を示せ．

6.6 R に内蔵されている `warpbreaks` データに対して，変数 `breaks` を目的変数，変数 `wool`， `tension` を説明変数としてポアソン回帰モデルを適用せよ．

第7章 混合分布モデル

データによっては，頻度のピークが2箇所以上ある多峰型の分布をもつ場合がある．このようなデータに対して，正規分布のような，分布の山が1つだけである単峰型の分布を仮定することは適切でなく，その代わりに，2つ以上の異なる単峰型の分布を合成した混合分布が用いられる．本章では，混合分布モデルとその推定法について紹介する．

7.1 混合分布モデル

図7.1は，東京の2018年における日別平均気温をヒストグラムにまとめたものである．なお，このデータは気象庁のウェブサイト[*1]から取得できる．このデータに確率分布を当てはめる問題を考えてみよう．ヒストグラムの形状を見てみると，頻度の山が3か所あるように見える．人によっては別の数を答えるかもしれない．このようなデータに対して1章で紹介した確率分布を仮定しても，適切な当てはめができない．なぜなら，1章で紹介した確率分布は一様分布を除いて山が1つだけの形状をしているためである．このような確率分布は，**単峰型分布** (unimodal distribution) とよばれる．一方で，図7.1のデータのように，複数の山が重なり合ったような形状で与えられる分布は**多峰型分布** (multimodal distribution) とよばれる．多峰型分布を当てはめるための方法の1つに，単峰型分布を2つ，あるいは3つ以上合成した新たな確率分布を考えるものがある．この方法により得られる確率分布を**混合**

[*1] https://www.jma.go.jp/jma/index.html

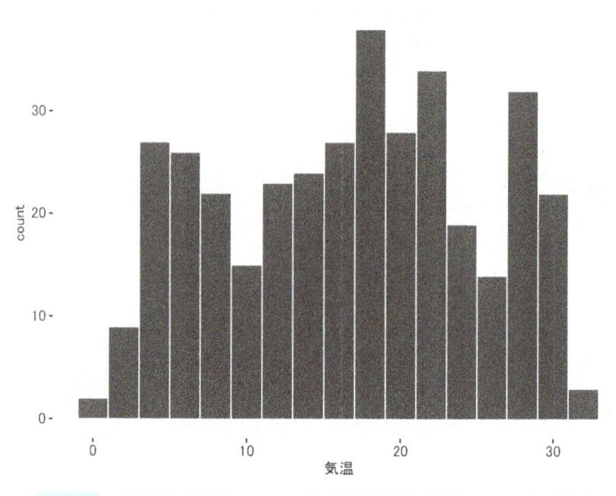

図 7.1　東京の 2018 年における日別平均気温のヒストグラム

分布 (mixture distribution) とよぶ．この章では，パラメータによって規定される混合分布モデルと，これに含まれるパラメータをデータから推定する方法について紹介する．

まずは，異なる 2 つの正規分布を合成したモデルである，2 成分**混合正規分布モデル** (mixture normal model) について紹介する．いま，確率変数 X が，次のように表されるとする．

$$X = ZX_1 + (1 - Z)X_2, \tag{7.1}$$
$$X_1 \sim N(\mu_1, \sigma_1^2), \quad X_2 \sim N(\mu_2, \sigma_2^2), \quad Z \sim B(1, \pi).$$

ただし，X_1, X_2, Z は互いに独立とする．Z は確率 π で 1，確率 $1-\pi$ で 0 の値をとる確率変数であることから，X は確率 π で正規分布 $N(\mu_1, \sigma_1^2)$ に，確率 $1 - \pi$ で正規分布 $N(\mu_2, \sigma_2^2)$ に従う確率変数であることがわかる．この π は**混合比** (mixture ratio) とよばれる．このことから，X の確率密度関数は次で与えられる．

$$f(x; \boldsymbol{\theta}) = \pi\phi_1(x) + (1 - \pi)\phi_2(x). \tag{7.2}$$

ここで，$\phi_1(x)$ は $N(\mu_1, \sigma_1^2)$ の確率密度関数，$\phi_2(x)$ は $N(\mu_2, \sigma_2^2)$ の確率密度関数である．また，確率密度関数 f に含まれるパラメータからなるベクトルを $\boldsymbol{\theta} = (\mu_1, \sigma_1^2, \mu_2, \sigma_2^2, \pi)^\top$ とおいた．この $\boldsymbol{\theta}$ をデータから推定することで，2 峰

型の確率密度関数が得られる．なお，ここでは混合分布モデルを構成する成分として正規分布を用いたが，ガンマ分布といったその他の連続型確率分布や，ベルヌーイ分布やポアソン分布といった離散型確率分布を用いることもできる．

一般的な混合分布モデルは，次で与えられる．いま，G 個の確率 (密度) 関数を $f_1(x;\boldsymbol{\theta}_1),\ldots,f_G(x;\boldsymbol{\theta}_G)$，これらの混合比を $\pi_1,\ldots\pi_G$ とする．ただし，$\boldsymbol{\theta}_g$ $(g=1,\ldots,G)$ は確率 (密度) 関数 $f_g(x;\boldsymbol{\theta}_g)$ に含まれるパラメータからなるベクトルとする．また，混合比 $\pi_1,\ldots,\pi_G$ については $0\leq\pi_g\leq 1$ $(g=1,\ldots,G)$，$\sum_{g=1}^{G}\pi_g=1$ を満たすものとする．このとき，混合分布モデルの確率 (密度) 関数は次で与えられる．

$$f(x;\boldsymbol{\theta})=\sum_{g=1}^{G}\pi_g f_g(x;\boldsymbol{\theta}_g). \tag{7.3}$$

このモデルに含まれるパラメータ $\boldsymbol{\theta}=(\boldsymbol{\theta}_1^\mathsf{T},\ldots,\boldsymbol{\theta}_G^\mathsf{T},\pi_1,\ldots,\pi_{G-1})^\mathsf{T}$ を推定する方法を，次節以降で述べる．ただし，(7.3) 式の混合分布モデルの推定はやや煩雑であるため，まず 7.2 節で (7.2) 式で与えられる 2 成分混合正規分布モデルの推定について説明し，続く 7.3 節で (7.3) 式で与えられる一般の混合分布モデルの推定について説明する．

7.2　2成分混合正規分布の推定

2 成分混合正規分布モデル (7.2) 式に含まれるパラメータ $\boldsymbol{\theta}=(\mu_1,\sigma_1^2,\mu_2,\sigma_2^2,\pi)^\mathsf{T}$ の推定には，最尤法が用いられる．いま，確率変数 X について n 個の観測 $x_1,\ldots,x_n$ が得られたとき，対数尤度関数は次で与えられる．

$$\begin{aligned}\ell(\boldsymbol{\theta})&=\sum_{i=1}^{n}\log f(x_i;\boldsymbol{\theta})\\&=\sum_{i=1}^{n}\log\left\{\pi\phi_1(x_i)+(1-\pi)\phi_2(x_i)\right\}.\end{aligned} \tag{7.4}$$

これを最大にする $\boldsymbol{\theta}$ を求めることで，最尤推定量が得られる．ところが，(7.4) 式の対数の中には和が含まれており，これに対して微分などの計算を行っても，パラメータの推定量を解析的に導出することは困難である．そこで，**EM アルゴリズム** (expectation-maximization algorithm) とよばれる方法を用いて，数値的に最尤推定量を求める．

いま，i 番目の観測値について，(7.1) 式で与えられた確率変数 Z が，実際に観測値 z_i として得られたと仮定しよう．つまり，i 番目の観測値 x_i が，$\phi_1(x)$, $\phi_2(x)$ どちらの正規分布から発生されたものかがわかっていたとする．Z の実現値として観測値 $\boldsymbol{z} = (z_1, \ldots, z_n)^\mathsf{T}$ が得られていれば，(x_i, z_i) の同時密度関数は

$$f(x_i, z_i; \boldsymbol{\theta}) = \{\pi\phi_1(x_i)\}^{z_i} \{(1-\pi)\phi_2(x_i)\}^{(1-z_i)}$$

と表すことができる．この同時密度関数の対数尤度関数は，次で与えられる．

$$\begin{aligned}
\ell_C(\boldsymbol{\theta}) &= \sum_{i=1}^{n} \log\left[\{\pi\phi_1(x_i)\}^{z_i} \{(1-\pi)\phi_2(x_i)\}^{(1-z_i)}\right] \\
&= \sum_{i=1}^{n} \{z_i \log\phi_1(x_i) + (1-z_i)\log\phi_2(x_i)\} \\
&\quad + \sum_{i=1}^{n} \{z_i \log\pi + (1-z_i)\log(1-\pi)\}. \qquad (7.5)
\end{aligned}$$

したがって，(7.4) 式にあるような和の対数が消え，この対数尤度関数を最大にする $\boldsymbol{\theta}$ を簡単に求めることができる．

しかし，$\boldsymbol{z}$ の値は実際には未知であるため，実際にこのような推定を行うことはできない．$\boldsymbol{x}$ だけでなく $\boldsymbol{z}$ が観測値として与えられたとき，データ $\{\boldsymbol{x}, \boldsymbol{z}\}$ を**完全データ** (complete data) といい，その一方で $\boldsymbol{z}$ が与えられていないデータ $\{\boldsymbol{x}\}$ を**不完全データ** (incomplete data) という．$\boldsymbol{z}$ は**欠損データ** (missing data) とみなすこともできる．また，完全データに基づく対数尤度関数 (7.5) 式を**完全対数尤度関数** (complete log-likelihood function)，不完全データに基づく対数尤度関数 (7.4) 式を**不完全対数尤度関数** (incomplete log-likelihood function) という．さらに，実際には観測されない変数 Z は**潜在変数** (latent variable) とよばれる．このように，推定値の導出が簡単であるという理由から完全データが観測されていることが望ましいのだが，実際に観測されているのは不完全データのみであるため，推定が困難な状況にある．しかし，この潜在変数 Z を推定可能なものに置き換えてしまえば，完全対数尤度関数 (7.5) 式を用いて推定値を導出できるのである．

そのために，(7.5) 式の条件付き期待値 $E[\ell_C(\boldsymbol{\theta})|X = x_i]$ を計算する．すると，期待値の線形性より，

$$E[\ell_C(\boldsymbol{\theta})|x_i] = \sum_{i=1}^{n} \{E[Z_i|x_i] \log \phi_1(x_i) + (1 - E[Z_i|x_i]) \log \phi_2(x_i)\} + \sum_{i=1}^{n} \{E[Z_i|x_i] \log \pi + (1 - E[Z_i|x_i]) \log(1 - \pi)\} \quad (7.6)$$

となる．これは，(7.5) 式内の z_i を，その条件付き期待値

$$\gamma_i = E[Z_i|x_i] = \Pr(Z_i = 1|x_i)$$

で置き換えたものに対応する．この γ_i は，観測値 x_i が $N(\mu_1, \sigma_1^2)$ から発生されたものである確率とみなすことができる．この値は

$$\Pr(Z_i = 1|x_i) = \frac{f(x_i, 1; \boldsymbol{\theta})}{f(x_i; \boldsymbol{\theta})} = \frac{\pi\phi_1(x_i)}{\pi\phi_1(x_i) + (1-\pi)\phi_2(x_i)}$$

と求めることができる．したがって，パラメータ $\boldsymbol{\theta}$ の第 k 回目の更新値 $\boldsymbol{\theta}^{(k)} = (\mu_1^{(k)}, {\sigma_1^{(k)}}^2, \mu_2^{(k)}, {\sigma_2^{(k)}}^2, \pi^{(k)})^{\mathsf{T}}$ が得られれば，γ_i の $k+1$ 回目の更新値を

$$\gamma_i^{(k+1)} = \frac{\pi^{(k)}\phi_1^{(k)}(x_i)}{\pi^{(k)}\phi_1^{(k)}(x_i) + (1-\pi^{(k)})\phi_2^{(k)}(x_i)} \quad (7.7)$$

によって計算できる．ここで，$\phi_1^{(k)}(x)$, $\phi_2^{(k)}(x_i)$ はそれぞれ正規分布 $N(\mu_1^{(k)}, {\sigma_1^{(k)}}^2)$, $N(\mu_2^{(k)}, {\sigma_2^{(k)}}^2)$ の確率密度関数とする．

改めて説明すると，完全対数尤度 (7.5) 式に含まれる，実際には観測されない変数 z_i を，その条件付き期待値 γ_i の更新値 (7.7) 式で置き換えている．これは，EM アルゴリズムの **E–ステップ** (expectation-step) に対応するものである．

E–ステップによって，パラメータ $\boldsymbol{\theta}$ の最尤推定量の導出が困難であった不完全対数尤度関数 (7.4) 式の代わりに，完全対数尤度関数 (7.5) 式を用いて，$\boldsymbol{\theta}$ の更新値を求めることができる．更新値 $\gamma_i^{(k+1)}$ を用いて，(7.6) 式を最大にするパラメータ $\boldsymbol{\theta}$ の更新値は次のように得られる (練習問題 7.1).

$$\mu_1^{(k+1)} = \frac{\sum_{i=1}^{n} \gamma_i^{(k+1)} x_i}{\sum_{i=1}^{n} \gamma_i^{(k+1)}}, \quad {\sigma_1^{(k+1)}}^2 = \frac{\sum_{i=1}^{n} \gamma_i^{(k+1)} (x_i - \mu_1^{(k+1)})^2}{\sum_{i=1}^{n} \gamma_i^{(k+1)}},$$

$$\mu_2^{(k+1)} = \frac{\sum_{i=1}^n (1-\gamma_i^{(k+1)}) x_i}{\sum_{i=1}^n (1-\gamma_i^{(k+1)})}, \quad {\sigma_2^{(k+1)}}^2 = \frac{\sum_{i=1}^n (1-\gamma_i^{(k+1)})(x_i - \mu_2^{(k+1)})^2}{\sum_{i=1}^n (1-\gamma_i^{(k+1)})},$$

$$\pi^{(k+1)} = \frac{1}{n}\sum_{i=1}^n \gamma_i^{(k+1)}. \tag{7.8}$$

これはEMアルゴリズムの**M–ステップ** (maximization-step) に対応する．E–ステップおよびM–ステップは互いの更新値に依存しているため，これら2つのステップは反復して実行される．以上をまとめて，EMアルゴリズムを用いた混合正規分布モデルのパラメータ推定は次の流れで行われる．

1. パラメータの初期値 $\boldsymbol{\theta}^{(0)} = (\mu_1^{(0)}, {\sigma_1^{(0)}}^2, \mu_2^{(0)}, {\sigma_2^{(0)}}^2, \pi^{(0)})^\mathsf{T}$ を与える．
2. (E–ステップ) 第 k 回目のパラメータ更新値 $\boldsymbol{\theta}^{(k)}$ を用いて，$\gamma_i^{(k+1)}$ を (7.7) 式で更新する．
3. (M–ステップ) 第 $k+1$ 回目のパラメータ更新値 $\boldsymbol{\theta}^{(k+1)}$ を (7.8) 式で更新する．
4. ステップ 2, 3 を，収束するまで繰り返す．

ここで，混合分布モデルの推定を行う場合，次の2点の結果に注意が必要である．

- データによっては，ある i に対して $\hat{\mu}_1 = x_i$ となる．
- 全く同じデータに対して混合正規分布モデルを繰り返し推定すると，(μ_1, σ_1^2) の推定値と (μ_2, σ_2^2) の推定値が入れ替わる．

1つ目の結果は，$N(\mu_1, \sigma_1^2)$ から発生された観測値が x_i ただ1つとみなせる場合に生じる．このとき，確率密度は $\phi_1(x_i) = 1/(\sqrt{2\pi\sigma_1^2})$ となる．最尤法では尤度を最大にするようなパラメータを推定値として与えるため，σ_1^2 の最尤推定量は限りなく0に近づき，結果として尤度は無限大に発散する．したがってこの場合，適切な推定値が得られない．混合正規分布モデルにおいてこのような問題点を防ぐには，推定アルゴリズムにおいて分散の推定値が過度に小さくならないための処理を施しておく必要がある．

2つ目の結果は，混合分布モデルは**識別可能性** (identifiability) がない，つまり，各成分のパラメータの組 (2成分混合正規分布モデルの場合は (μ_1, σ_1^2) と (μ_2, σ_2^2) に対応する) は，その役割を入れ替えてもモデルとして区別がつかないために生じる．このとき，たとえパラメータの推定値が入れ替わり $\widehat{\boldsymbol{\theta}}$ が大きく異なっていたとしても，全く同じモデルが得られることになる．識別可能でないモデルは，一致性といった推定量の良い性質を満たさない場合があるため，注意が必要である．一般的に，このような性質をもつモデルは**特異モデル** (singular model) とよばれる．これに対して，1 成分のみの正規分布モデルなどは**正則モデル** (regular model) とよばれる．

また，混合分布モデルに対する EM アルゴリズムの性質として，初期値依存性が高い，すなわち，初期値によって最終的に得られる推定値が異なる傾向が強いことが知られている．そのため，あらかじめ適切な初期値を選択するなどの対応をすることが望ましい．

例 7.1　2 成分混合正規分布モデルを当てはめた例を 1 つ紹介しよう．図 7.2 左上は，(7.1) 式に従って 10000 個の乱数を発生させ，それをヒストグラムにまとめたものである．パラメータである各成分の平均，標準偏差，および混合比としては次の値を設定した．

$$\mu_1 = 40,\ \sigma_1 = 10,\ \mu_2 = 70,\ \sigma_2 = 5,\ \pi = 0.5.$$

このデータに対して，2 成分混合正規分布モデルを当てはめた結果，パラメータの値は次のように推定された．

$$\widehat{\mu}_1 = 69.93,\ \widehat{\sigma}_1 = 4.99,\ \widehat{\mu}_2 = 40.28,\ \widehat{\sigma}_2 = 9.93,\ \widehat{\pi} = 0.49.$$

混合分布モデルは識別可能性がないために，1 つ目と 2 つ目の成分が入れ替わっているが，その点を除けばほぼ正確にパラメータを推定できていることがわかる．推定されたパラメータに基づく 2 つの正規分布に混合比を掛けたものを図 7.2 右上に，推定された混合正規分布を図 7.2 左下に示す．さらに，図 7.2 右下は各データに対する γ_i の推定値を描画したものである．ちょうど分布の谷間の x 座標で，γ_i の値が 0 から 1 に推移している様子がわかる．これは，各 i の第 1 成分に属する確率が，0 から次第に 1 に変化していることを示しており，$\gamma_i = 0.5$ 付近のデータはどちらの成分であるか明確になっていないことを意味している．

データの発生および，混合分布モデルを当てはめるプログラムおよびその結果を，リスト 7.1 に示す．プログラムで用いた関数等の詳細については，7.5 節で改めて説明する．

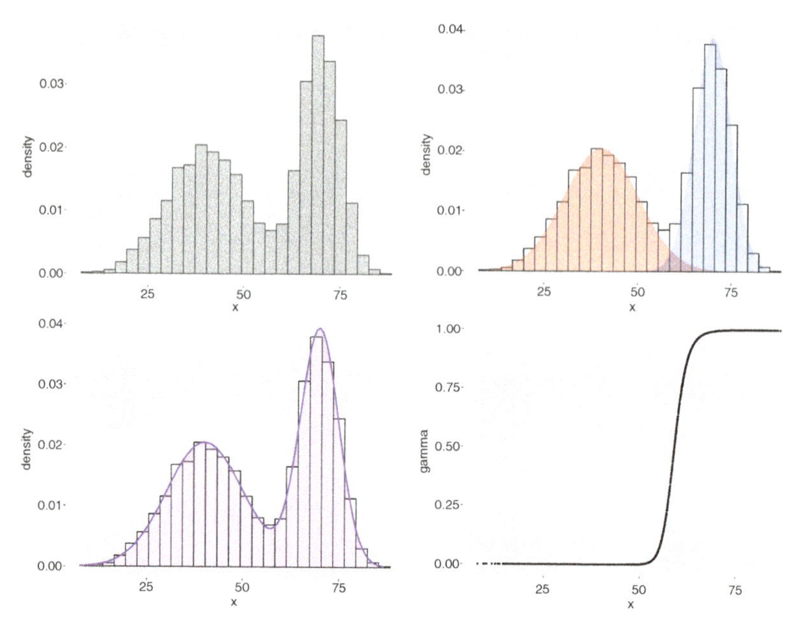

図 7.2　(左上) 人工データのヒストグラム．(右上) 混合分布モデルの推定により当てはめられた各成分の確率密度関数．(左下) 推定された混合正規分布の確率密度関数．(右下) γ_i の推定値．

リスト 7.1　人工データに対する混合分布モデルの当てはめ

```
1   #パラメータ設定
2   > set.seed(0)
3   > n <- 10000
4   > mu1 <- 40; mu2 <- 70
5   > sig1 <- 10; sig2 <- 5
6   > rate <- 0.5
7   >
8   > #乱数発生
9   > x1 <- rnorm(n, mean=mu1, sd = sig1)
10  > x2 <- rnorm(n, mean=mu2, sd = sig2)
11  > z <- rbinom(n, size=1, prob=rate)
```

```
12 > x <- x1*z + x2*(1-z)
13 > #ヒストグラム描画
14 > hist(x, breaks=30, col="lightblue")
15 >
16 > #EM アルゴリズムによるパラメータ推定 (mixtools)
17 > library(mixtools)
18 > fit <- normalmixEM(x,2)
19 > summary(fit)
20 >
21 > # 各成分の密度関数を描画
22 > plot(fit, whichplots = 2)
```

混合分布モデルを用いて，**クラスター分析** (cluster analysis) を行うこともできる．すなわち，データに対して混合分布モデルを当てはめることで，各観測がどのクラスターに属しているかを推定できる．どのクラスターに属しているかについては，$\gamma_i = \Pr(Z_i = 1|x_i)$ の推定値が最大となる成分へ第 i 観測値を分類すればよい．例 7.1 の場合，図 7.2 の右下に示す γ_i の推定値が，例えば 0.5 より小さければクラスター 1 へ，0.5 以上であればクラスター 2 へ分類すればよい．

7.3　一般の混合分布の推定

前節で述べた，2 成分混合正規分布モデル (7.2) 式の推定を一般化し，G 成分の混合分布モデル (7.3) 式を推定する問題を考える．また，成分数 G を選択するための方法についても述べる．

7.3.1　EM アルゴリズムによる推定

G 成分の混合分布モデルの確率 (密度) 関数は (7.3) 式で与えられることから，対数尤度関数は

$$\ell(\boldsymbol{\theta}) = \sum_{i=1}^{n} \log f(x_i; \boldsymbol{\theta}) = \sum_{i=1}^{n} \log \left\{ \sum_{g=1}^{G} \pi_g f_g(x_i; \boldsymbol{\theta}_g) \right\} \qquad (7.9)$$

で与えられる．しかし，これは (7.4) 式と同様，対数の中に和の形が含まれ，やはり最尤推定量を直接導出することは困難となる．そこで，潜在変数からなるベクトル

$\boldsymbol{Z} = (Z_1, \ldots, Z_G)^\top$ として

$$Z_g = \begin{cases} 1 & (\text{データが } f_g(x;\boldsymbol{\theta}_g) \text{ から発生されている}) \\ 0 & (\text{その他}) \end{cases}$$

を定義する．仮に，$\boldsymbol{Z}$ が観測値として $\boldsymbol{z} = (\boldsymbol{z}_1, \ldots, \boldsymbol{z}_n)^\top$, $\boldsymbol{z}_i = (z_{i1}, \ldots, z_{iG})^\top$ のように得られたとすると，完全データ $\{\boldsymbol{x}, \boldsymbol{z}\}$ に基づく同時密度関数は

$$f(x_i, z_{i1}, \ldots, z_{iG}; \boldsymbol{\theta}) = \prod_{g=1}^{G} \pi_g^{z_{ig}} f_g(x_i; \boldsymbol{\theta}_g)^{z_{ig}}$$

で与えられ，これより完全対数尤度関数は

$$\begin{aligned} \ell_C(\boldsymbol{\theta}) &= \log \prod_{i=1}^{n} f(x_i, z_{i1}, \ldots, z_{iG}; \boldsymbol{\theta}) \\ &= \sum_{i=1}^{n} \log \left[\prod_{g=1}^{G} \pi_g^{z_{ig}} \left\{ f_g(x_i; \boldsymbol{\theta}_g) \right\}^{z_{ig}} \right] \\ &= \sum_{i=1}^{n} \left[\sum_{g=1}^{G} z_{ig} \log f_g(x_i; \boldsymbol{\theta}_g) + \sum_{g=1}^{G} z_{ig} \log \pi_g \right] \end{aligned} \tag{7.10}$$

となる．E–ステップでは, 完全対数尤度関数 (7.10) 式の条件付き期待値 $E[\ell_C(\boldsymbol{\theta})|X = x_i]$ を考える．(7.10) 式は確率変数 z_{ig} の線形結合の形で表されているため，条件付き期待値は

$$E\left[\ell_C(\boldsymbol{\theta})|x_i\right] = \sum_{i=1}^{n} \left\{ \sum_{g=1}^{G} \gamma_{ig} \log f_g(x_i; \boldsymbol{\theta}_g) + \sum_{g=1}^{G} \gamma_{ig} \log \pi_g \right\} \tag{7.11}$$

で与えられる．ただし，γ_{ig} は Z_{ig} の条件付き期待値

$$\gamma_{ig} = E[Z_{ig}|x_i] = \Pr(Z_{ig} = 1|x_i)$$

で，この値は,

$$\Pr(Z_{ig} = 1|x_i) = \frac{f(x_i, 0, \ldots, \overset{(g)}{1}, \ldots, 0; \boldsymbol{\theta})}{f(x_i; \boldsymbol{\theta})}$$

$$= \frac{\pi_g f_g(x_i;\boldsymbol{\theta}_g)}{\sum_{h=1}^{G}\pi_h f_h(x_i;\boldsymbol{\theta}_h)}$$

と求められる．したがって，$\boldsymbol{\theta}$ の第 k 回目の更新値 $\boldsymbol{\theta}^{(k)} = (\boldsymbol{\theta}_1^{(k)\mathsf{T}},\ldots,\boldsymbol{\theta}_G^{(k)\mathsf{T}}, \pi_1^{(k)},\ldots,\pi_{G-1}^{(k)})^{\mathsf{T}}$ が得られていれば，γ_{ig} の $k+1$ 回目の更新値は次で与えられる．

$$\gamma_{ig}^{(k+1)} = \frac{\pi_g^{(k)} f_g(x_i;\boldsymbol{\theta}_g^{(k)})}{\sum_{h=1}^{G}\pi_h^{(k)} f_h(x_i;\boldsymbol{\theta}_h^{(k)})}. \tag{7.12}$$

続く M–ステップでは，完全対数尤度関数の期待値 (7.11) 式に $\gamma_{ig}^{(k+1)}$ を代入した

$$E\left[\ell_C(\boldsymbol{\theta})|x_i\right] = \sum_{i=1}^{n}\sum_{g=1}^{G}\left\{\gamma_{ig}^{(k+1)}\log f_g(x_i;\boldsymbol{\theta}_g) + \gamma_{ig}^{(k+1)}\log\pi_g\right\} \tag{7.13}$$

を $\boldsymbol{\theta}$ について最大化する．これにより，$\boldsymbol{\theta}$ の更新値 $\boldsymbol{\theta}^{(k+1)}$ が求められる．

実際に，$\boldsymbol{\theta}$ の更新値の導出を考えてみよう．まず，(7.13) 式を π_g で偏微分して得られる尤度方程式を考える．$\pi_G = 1 - \sum_{g=1}^{G-1}\pi_g$ という制約から，π_G も π_g に依存することに注意すると，尤度方程式は

$$\frac{\partial}{\partial\pi_g}E\left[\ell_C(\boldsymbol{\theta})|x_i\right] = \sum_{i=1}^{n}\left(\frac{\gamma_{ig}^{(k+1)}}{\pi_g} - \frac{\gamma_{iG}^{(k+1)}}{\pi_G}\right) = 0 \tag{7.14}$$

となる．これを変形して得られる

$$\pi_G\sum_{i=1}^{n}\gamma_{ig}^{(k+1)} = \pi_g\sum_{i=1}^{n}\gamma_{iG}^{(k+1)} \tag{7.15}$$

の両辺で $g=1,\ldots,G$ について和をとると，$\sum_{g=1}^{G}\pi_g = 1$, $\sum_{i=1}^{n}\sum_{g=1}^{G}\gamma_{ig}^{(k+1)} = n$ であることに注意すると，π_G の更新値

$$\pi_G^{(k+1)} = \frac{1}{n}\sum_{i=1}^{n}\gamma_{iG}^{(k+1)}$$

が得られる．これを (7.15) 式に代入することで，π_g の更新値

$$\pi_g^{(k+1)} = \frac{1}{n}\sum_{i=1}^{n}\gamma_{ig}^{(k+1)}$$

が得られる.

確率 (密度) 関数 $f_g(x_i;\boldsymbol{\theta}_g)$ に含まれるパラメータ $\boldsymbol{\theta}_g$ の更新値についても，尤度方程式を解くことで次のように求めることができる.

$$
\begin{aligned}
\frac{\partial}{\partial \boldsymbol{\theta}_g} E\left[\ell_C(\boldsymbol{\theta})|X\right] &= \frac{\partial}{\partial \boldsymbol{\theta}_g} \sum_{i=1}^{n} \sum_{g=1}^{G} \gamma_{ig}^{(k+1)} \log f_g(x_i;\boldsymbol{\theta}_g) \\
&= \sum_{i=1}^{n} \gamma_{ig}^{(k+1)} \frac{\partial}{\partial \boldsymbol{\theta}_g} \log f_g(x_i;\boldsymbol{\theta}_g) \\
&= \mathbf{0}. \qquad (7.16)
\end{aligned}
$$

これより，$\boldsymbol{\theta}_g$ の $k+1$ 回目の更新値は，所与の値である $\gamma_{ig}^{(k+1)}$ で重みのかかった対数尤度関数から，最尤推定値を求めることで得られる.

以上より，一般の混合分布モデル (7.3) 式を推定するための EM アルゴリズムは，次のようにまとめられる.

1. パラメータの初期値 $\boldsymbol{\theta}^{(0)} = (\boldsymbol{\theta}_1^{(0)\top}, \dots, \boldsymbol{\theta}_G^{(0)\top}, \pi_1^{(0)}, \dots, \pi_{G-1}^{(0)})^\top$ を与える.
2. (E–ステップ) 第 k 回目のパラメータ更新値 $\boldsymbol{\theta}^{(k)}$ を用いて，条件付き期待値 $\gamma_{ig}^{(k+1)}$ を (7.12) 式で更新する.
3. (M–ステップ) 第 $k+1$ 回目のパラメータ更新値 $\boldsymbol{\theta}^{(k+1)}$ を，(7.16) 式を解くことで更新する.
4. ステップ 2, 3 を収束するまで繰り返す.

例 7.2 多変量正規分布による混合分布モデルのパラメータを，EM アルゴリズムの枠組みで推定する場合，E–ステップと M–ステップはそれぞれ次で与えられる.

- E–ステップ
  条件付き期待値 γ_i を，次で更新する.

$$
\gamma_{ig}^{(k+1)} = \frac{\pi_g^{(k)} f_g(\boldsymbol{x}_i;\boldsymbol{\mu}_g^{(k)}, \Sigma_g^{(k)})}{\sum_{h=1}^{G} \pi_h^{(k)} f_h(\boldsymbol{x}_i;\boldsymbol{\mu}_h^{(k)}, \Sigma_h^{(k)})}.
$$

  ここで，$f_g(\boldsymbol{x}_i;\boldsymbol{\mu}_g,\Sigma_g)$ は平均 $\boldsymbol{\mu}_g$，分散共分散行列 Σ_g の多変量正規分布の確率密度関数とする.

- M–ステップ
  各成分の平均 $\boldsymbol{\mu}_g$，分散共分散行列 Σ_g および混合比 π_g を，次で更新する．

$$
\begin{aligned}
\boldsymbol{\mu}_g^{(k+1)} &= \frac{\sum_{i=1}^n \gamma_{ig}^{(k+1)} \boldsymbol{x}_i}{\sum_{i=1}^n \gamma_{ig}^{(k+1)}}, \\
\Sigma_g^{(k+1)} &= \frac{\sum_{i=1}^n \gamma_{ig}^{(k+1)} (\boldsymbol{x}_i - \boldsymbol{\mu}_g^{(k+1)})(\boldsymbol{x}_i - \boldsymbol{\mu}_g^{(k+1)})^\mathsf{T}}{\sum_{i=1}^n \gamma_{ig}^{(k+1)}}, \\
\pi_g^{(k+1)} &= \frac{1}{n} \sum_{i=1}^n \gamma_{ig}^{(k+1)}.
\end{aligned}
$$

例 7.3　2 項分布 $B(n, p_g)$ による混合分布モデルのパラメータは，次のように推定される．

- E–ステップ
  条件付き期待値 γ_i を，次で更新する．

$$
\gamma_{ig}^{(k+1)} = \frac{\pi_g^{(k)} f_g(x_i; p_g^{(k)})}{\sum_{h=1}^G \pi_h^{(k)} f_h(x_i; p_g^{(k)})}.
$$

  ここで，$f_g(x_i; p_g)$ は 2 項分布 $B(n, p_g)$ の確率関数とする．
- M–ステップ
  各成分の確率 p_g および混合比 π_g を，それぞれ次で更新する．

$$
p_g^{(k+1)} = \frac{1}{n} \frac{\sum_{i=1}^n \gamma_{ig}^{(k+1)} x_i}{\sum_{i=1}^n \gamma_{ig}^{(k+1)}}, \quad \pi_g^{(k+1)} = \frac{1}{n} \sum_{i=1}^n \gamma_{ig}^{(k+1)}.
$$

7.3.2　成分数の選択

ここまでは，混合分布モデルの成分の数 G が与えられた前提で，各成分の確率分布のパラメータや混合比を推定した．しかし，一般的には G の値は未知であり，この値を適切に決定する必要がある．この問題は，4章の線形回帰モデルにおける変数選択問題に対応している．

成分数 G を決定する代表的な方法は，モデル評価基準 AIC, BIC を利用する方法である．対数尤度関数 (7.9) 式とパラメータの推定量 $\widehat{\boldsymbol{\theta}}$ を用いて，AIC, BIC はそれぞれ次で与えられる．

$$
\begin{aligned}
\mathrm{AIC} &= -2\ell(\widehat{\boldsymbol{\theta}}) + 2p, \\
\mathrm{BIC} &= -2\ell(\widehat{\boldsymbol{\theta}}) + p \log n.
\end{aligned}
$$

ここで，p は混合分布モデルに含まれるパラメータ数とする．さまざまな成分数 G に対応するモデルに対してパラメータを推定した上で，それぞれに対して AIC または BIC を計算し，その値が最小となる G の値を最適な成分数として選択する．ただし，AIC や BIC は，混合分布モデルのような特異モデルの評価には適していないという研究もある．

混合分布モデル (7.3) 式を用いることで，クラスター数 G のクラスター分析を行うことができる．特に，上記の AIC や BIC によって混合分布の成分数を客観的に選択することで，クラスターの数を選択することもできる．

7.4 混合分布に基づく回帰モデル

7.4.1 混合回帰モデル

混合分布モデルの考え方を回帰モデルへ応用することで，より柔軟なモデルを構築することができる．4章で紹介した正規線形回帰モデルは，各 i に対して目的変数 y_i が平均 $\boldsymbol{\beta}^\mathsf{T}\boldsymbol{x}_i$，分散 σ^2 の正規分布に従うと仮定していた．すなわち，すべての個体に対してパラメータ $\boldsymbol{\beta}, \sigma^2$ は共通の値をもつものであった．しかし，データによってはこのような仮定が不適切な場合がある．

例として，図7.3のデータを見てみよう．この図は，窒素酸化物の排出量に対する気体中のエタノールの濃度との関係を散布図で表したものである．明らかに，x 軸の値 (窒素酸化物排出量) に対して y 軸の値 (エタノール濃度) の傾向が2パターンに分かれていることが見て取れる．このようなデータに対しては，1本の回帰直線を当てはめるよりは，2本の回帰直線を当てはめた方が適切であると考えられる．しかし，仮に2本の回帰直線を当てはめる場合でも，各個体をどちらの回帰直線に

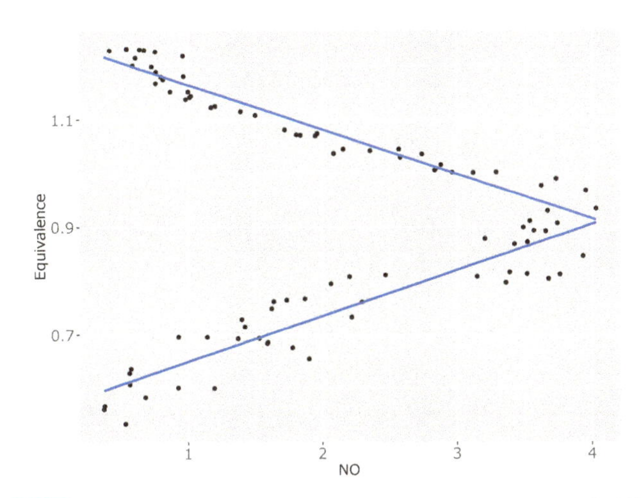

図 7.3　エタノール濃度データと，混合回帰モデルを適用し得られた直線

当てはめればよいかの情報は与えられておらず，これもデータから推定する必要がある．そこで，この章で扱っている混合分布モデルを利用する．

いま，第 i 番目の観測について，p 個の説明変数 $x_{i1}, \ldots, x_{ip}$ と目的変数 y_i が観測されたとする．このとき，目的変数と説明変数との関係が G 種類の回帰係数によって表されると考え，次のモデルを想定する．

$$y_i = \boldsymbol{\beta}_g^\mathsf{T} \boldsymbol{x}_i + \sigma_g \varepsilon_i. \tag{7.17}$$

ここで，$\boldsymbol{x}_i = (1, x_{i1}, \ldots, x_{ip})^\mathsf{T}$ であり，$\boldsymbol{\beta}_g = (\beta_{g0}, \beta_{g1}, \ldots, \beta_{gp})^\mathsf{T}$, $(g = 1, \ldots, G)$ は成分 g の回帰係数，σ_g は成分 g の誤差の標準偏差とする．さらに，ε_i は互いに独立に標準正規分布に従う確率変数とする．このモデルにより，n 個の個体が G 分割され，それぞれに対して線形回帰モデルを得ることができる．例えば図 7.3 に示す直線のように，2 本の回帰直線を推定できる．このモデルを**混合回帰モデル** (mixture regression model)，または**スイッチング回帰モデル** (switching regression model) という．

7.4.2　混合回帰モデルの推定

混合回帰モデル (7.17) 式に含まれるパラメータ $\boldsymbol{\beta}_1, \ldots, \boldsymbol{\beta}_G, \sigma_1, \ldots, \sigma_G$ を，どのように推定すればよいだろうか．いま，データが，成分 $g = 1, \ldots, G$ それぞれ

にどのような割合で属するかを表す混合比を $\pi_1, \ldots, \pi_G$ とおく．このとき，(7.17) 式の仮定より，目的変数 y_i は次の確率密度関数をもつ．

$$g(y_i;\boldsymbol{\theta}) = \pi_1 f_1(y_i;\boldsymbol{\beta}_1^\mathsf{T}\boldsymbol{x}_i, \sigma_1^2) + \cdots + \pi_G f_G(y_i;\boldsymbol{\beta}_G^\mathsf{T}\boldsymbol{x}_i, \sigma_G^2).$$

ただし，$\boldsymbol{\theta} = (\boldsymbol{\beta}_1^\mathsf{T}, \ldots, \boldsymbol{\beta}_G^\mathsf{T}, \sigma_1, \ldots, \sigma_G, \pi_1, \ldots, \pi_{G-1})^\mathsf{T}$ はパラメータからなるベクトルで，$f_g(y_i;\boldsymbol{\beta}_g^\mathsf{T}\boldsymbol{x}_i, \sigma_g^2)$ $(g = 1, \ldots, G)$ は正規分布 $N(\boldsymbol{\beta}_g^\mathsf{T}\boldsymbol{x}_i, \sigma_g^2)$ の確率密度関数とする．この形より，目的変数の従う分布は，前節までで述べた混合分布モデルと同様の枠組みで表されていることがわかる．したがって，EM アルゴリズムを用いて，逐次的に第 g 成分の回帰係数 $\boldsymbol{\beta}_g$，分散 σ_g^2，混合比 π_g を推定できる．

具体的には，次のような形で推定される．まず，パラメータ $\boldsymbol{\theta}$ の第 k 回目の更新値が $\boldsymbol{\theta}^{(k)} = (\boldsymbol{\beta}_1^{(k)^\mathsf{T}}, \ldots, \boldsymbol{\beta}_G^{(k)^\mathsf{T}}, \sigma_1^{(k)}, \ldots, \sigma_G^{(k)}, \pi_1^{(k)}, \ldots, \pi_{G-1}^{(k)})^\mathsf{T}$ として与えられたとする．このとき，EM アルゴリズムの E–ステップでは，混合正規分布モデルと同様に，第 $k+1$ 回目の条件付き期待値 $\gamma_{ig}^{(k+1)}$ を次で更新する．

$$\gamma_{ig}^{(k+1)} = \frac{\pi_g^{(k)} f_g(y_i;\boldsymbol{\beta}_g^{(k)^\mathsf{T}}\boldsymbol{x}_i, \sigma_g^{(k)^2})}{\sum_{h=1}^{G} \pi_h^{(k)} f_h(y_i;\boldsymbol{\beta}_h^{(k)^\mathsf{T}}\boldsymbol{x}_i, \sigma_h^{(k)^2})}. \tag{7.18}$$

続く M–ステップでは，前節の尤度方程式 (7.14) 式，(7.16) 式を解くことで，第 $k+1$ 回目の回帰係数 $\boldsymbol{\beta}_g$，誤差分散 σ_g^2，そして混合比 π_g の更新値を得る．混合回帰モデル (7.17) 式に対しては，(7.14) 式に対応する尤度方程式は全く同じである．一方で (7.16) 式に対応するものについては，次のように計算される．

$$\begin{aligned}
\frac{\partial}{\partial\boldsymbol{\theta}_g} E\left[\ell_C(\boldsymbol{\theta})|Y\right] &= \frac{\partial}{\partial\boldsymbol{\theta}_g} \sum_{i=1}^{n}\sum_{g=1}^{G} \gamma_{ig}^{(k+1)} \log f_g(y_i;\boldsymbol{\beta}_g^\mathsf{T}\boldsymbol{x}_i, \sigma_g^2) \\
&= \sum_{i=1}^{n} \gamma_{ig}^{(k+1)} \frac{\partial}{\partial\boldsymbol{\theta}_g} \left\{ -\frac{1}{2}\log(2\pi) - \frac{1}{2}\log\sigma_g^2 - \frac{1}{2\sigma_g^2}\left(y_i - \boldsymbol{\beta}_g^\mathsf{T}\boldsymbol{x}_i\right)^2 \right\} \\
&= \mathbf{0}.
\end{aligned}$$

ただし，ここでは $\boldsymbol{\theta}_g = (\boldsymbol{\beta}_g^\mathsf{T}, \sigma_g^2)^\mathsf{T}$ である．これらを解くことで，次の更新値が得られる (練習問題 7.2)．

$$\begin{aligned}
\boldsymbol{\beta}_g^{(k+1)} &= (X^\mathsf{T}\Gamma_g^{(k+1)}X)^{-1}X^\mathsf{T}\Gamma_g^{(k+1)}\boldsymbol{y}, \\
\sigma_g^{(k+1)^2} &= \frac{\sum_{i=1}^{n} \gamma_{ig}^{(k+1)}(y_i - \boldsymbol{\beta}_g^{(k+1)^\mathsf{T}}\boldsymbol{x}_i)^2}{\sum_{i=1}^{n} \gamma_{ig}^{(k+1)}},
\end{aligned} \tag{7.19}$$

$$\pi_g^{(k+1)} = \frac{1}{n}\sum_{i=1}^{n}\gamma_{ig}^{(k+1)}.$$

ここで，$\Gamma_g^{(k+1)} = \mathrm{diag}\left\{\gamma_{1g}^{(k+1)}, \ldots, \gamma_{ng}^{(k+1)}\right\}$ である．また，$X, \boldsymbol{y}$ はそれぞれ，4 章の (4.18) 式でも定義した，計画行列および目的変数からなるベクトルとする．つまり，$\boldsymbol{\beta}_g$ の推定量は線形回帰モデルにおける重み付き最小 2 乗推定量と同じ形となる．X や $\boldsymbol{y}$ は観測値から構成される行列やベクトルなので更新により変化することはないが，$\Gamma_g^{(k+1)}$ は更新により値が変化するため，更新の度に重み付き最小 2 乗推定値を計算する必要があることに注意されたい．

以上をまとめて，混合回帰モデルに対する EM アルゴリズムの流れを以下に示す．

1. パラメータの初期値 $\boldsymbol{\theta}^{(0)} = (\boldsymbol{\beta}_1^{(0)^\top}, \ldots, \boldsymbol{\beta}_G^{(0)^\top}, \sigma_1^{(0)}, \ldots, \sigma_G^{(0)}, \pi_1^{(0)}, \ldots, \pi_{G-1}^{(0)})^\top$ を与える．
2. (E–ステップ) 第 k 回目のパラメータ更新値 $\boldsymbol{\theta}^{(k)}$ を用いて，$\gamma_{ig}^{(k+1)}$ を (7.18) 式で更新する．
3. (M–ステップ) 第 $k+1$ 回目のパラメータ更新値 $\boldsymbol{\theta}^{(k+1)}$ を，(7.19) 式で更新する．
4. ステップ 2, 3 を収束するまで繰り返す．

ただし，変数の数および成分数が共に多くなると，その分推定すべきパラメータ数が増加してしまい推定値が不安定になる可能性があるため，注意が必要である．そのために，例えば分散パラメータ σ_g^2 を各 g で共通の σ^2 とすることで，パラメータの数を削減できる．その場合，(7.19) 式の σ_g^2 の更新値は次で与えられる (練習問題 7.3)．

$$\sigma^{(k+1)^2} = \frac{1}{n}\sum_{i=1}^{n}\sum_{g=1}^{G}\gamma_{ig}^{(k+1)}(y_i - \boldsymbol{\beta}_g^{(k+1)^\top}\boldsymbol{x}_i)^2. \qquad (7.20)$$

➤ 7.5　適用例

本節では，混合分布モデルおよび混合回帰モデルを，R を用いてさまざまなデータに適用する方法と，得られた結果について説明する．

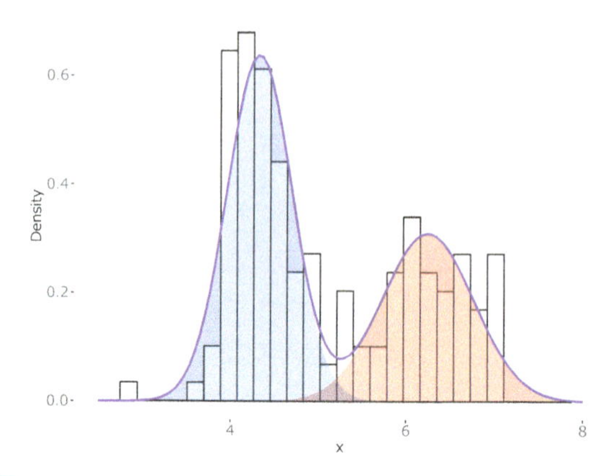

図 7.4　酸性度データに対して 2 成分混合正規分布モデルを当てはめた結果

7.5.1　混合分布モデル

図 7.4 のヒストグラムは，アメリカ合衆国の 155 の湖で測定された酸性度を対数変換したデータである．このデータは R パッケージ mclust の acidity から取得できる．このデータに対して，2 成分混合正規分布モデルを当てはめてみよう．

R には，混合分布モデルの推定を実行するためのさまざまなパッケージが用意されている．ここではその中から，mixtools パッケージの normalmixEM 関数を使って，混合正規分布モデルを EM アルゴリズムによって推定する．ここでは，成分数を 2 と設定した．R による実行プログラムを，リスト 7.2 に示す．当てはめの結果，混合比 (lambda) はおよそ 0.60, 0.40 で，各成分の平均 (mu) はそれぞれ 4.33, 6.25 であった．図 7.4 に，混合分布モデルの推定により得られた各成分の正規分布の確率密度関数を重ね描きしている．確率分布が元のデータに良く当てはまっていることが確認できる．

リスト 7.2 はさらに fit$posterior で，観測値を得たとき，2 つの正規分布のうちどちらの分布から発生されたかを示す条件付き確率，すなわち (7.7) 式の推定値を出力している．この値は，各個体がどちらの成分に属しているかの情報を表しており，データを 2 つのクラスターに分類するために用いることもできる．

リスト 7.2　酸性度データに対する 2 成分混合正規分布モデルの当てはめ

```
> library(mixtools)
> library(mclust)
> data(acidity)
>
> #EM アルゴリズムによるパラメータ推定 (mixtools)
> fit <- normalmixEM(x,2)
> plot(fit,2)
> summary(fit)

summary of normalmixEM object:
comp 1   comp 2
lambda 0.596183 0.403817
mu     4.330166 6.249177
sigma  0.372625 0.519642
loglik at estimate:  -184.6447

> #どちらの成分に含まれるかの確率 (gamma)
> fit$posterior[1:5,]

comp.1       comp.2
[1,] 0.9999992 7.789163e-07
[2,] 0.9999635 3.650058e-05
[3,] 0.9999858 1.420829e-05
[4,] 0.9999886 1.143162e-05
[5,] 0.9999775 2.253943e-05
```

次に，R に標準で内蔵されている faithful データに対して，混合正規分布モデルを当てはめる．このデータは，アメリカの国立公園にある間欠泉の噴出時間と，次の噴出までの待ち時間を記録したものである．ここでは，このデータに対して，2 変量混合正規分布モデルを適用する．多変量混合正規分布モデルを当てはめる場合は，mvnormalmixEM 関数を用いる．その結果，リスト 7.3 に示すような結果が得られる．また，図 7.5 は，データに対して混合分布モデルの等高線を当てはめたもの

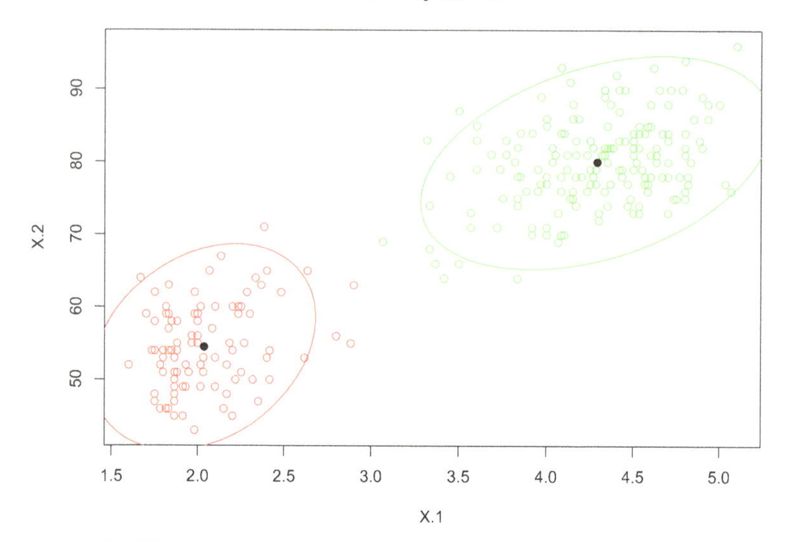

図 7.5　faithful データに対して混合正規分布モデルを適用した結果

である．こちらのデータでも，適切にクラスタリングが行われていることが確認できる．

ここでは混合分布モデルの適用例として混合正規分布のみを例示したが，mixtools パッケージでは他の確率分布に対する混合分布モデルの推定も可能である．また，他のパッケージとして，mclust パッケージでは混合正規分布モデルの推定が行える他，成分数の選択なども行うことができる．

リスト 7.3　faithful データに対する 2 変量混合正規分布モデルの当てはめ

```
1  > # 2変量混合正規分布モデルの当てはめ
2  > fit <- mvnormalmixEM(faithful,k=2)
3  > summary(fit)
4  summary of mvnormalmixEM object:
5            comp 1    comp 2
6  lambda 0.355873  0.644127
7  mu1    2.036389 54.478518
8  mu2    4.289662 79.968117
```

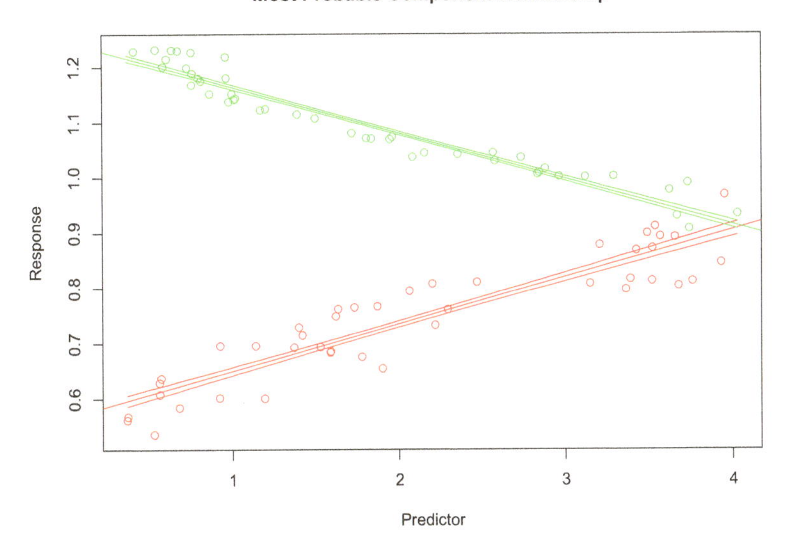

図 7.6　NOdata に対して混合回帰モデルを適用した結果．異なる成分を色分けして表示している．また，回帰直線には 99%信頼区間も示している．

```
9   loglik at estimate:  -1130.264
10
11  > #データと分布の等高線描画
12  > plot(fit,2)
```

7.5.2　混合回帰モデル

図 7.3 に示したデータに対して，混合回帰モデルを適用した結果について説明する．このデータは，R の mixtools パッケージに NOdata として搭載されている．ここでは，mixtools パッケージの regmixEM 関数を用いて，成分数を 2 として混合回帰モデルの推定を行った．プログラムはリスト 7.4 にまとめられている．その結果，成分 1 の回帰係数は $\boldsymbol{\beta}_1 = (0.56, 0.09)^{\mathsf{T}}$，成分 2 の回帰係数は $\boldsymbol{\beta}_2 = (1.25, -0.08)^{\mathsf{T}}$ となった．また，各成分の内訳については，図 7.6 の色分けのようになった．

ここではさらに，regmixmodel.sel 関数を使って，成分数の選択も行った．リスト 7.3 の最後の出力は，1 ～ 3 個の成分数それぞれに対して，モデル評価基準の値を計算した結果である．この結果より，BIC を含むすべての基準で，成分数 2 が選択されたことがわかる．なお，混合回帰モデルの推定は初期値の影響が強く，実行の度に計算結果が変わり，それに伴って最適な成分数も変化する可能性があるため，注意されたい．そのため regmixEM では，あらかじめ適切な初期値を設定した後に混合回帰モデルを適用している．混合回帰モデルに対しては，安定した推定値を得るための方法など，さまざまな研究が進んでいる．

リスト 7.4　NOdata に対する混合回帰モデルの当てはめ

```
1   > data(NOdata)
2   > #混合回帰モデルによる推定
3   > res <- regmixEM(NOdata$Equivalence, NOdata$NO, k=2)
4   > #各成分の回帰係数
5   > res$beta
6                 comp.1      comp.2
7   beta.0 0.56498562  1.24708167
8   beta.1 0.08502314 -0.08299992
9
10  > #成分数の選択
11  > res = regmixmodel.sel(NOdata$Equivalence, NOdata$NO, k = 3)
12  > res
13                1          2          3 Winner
14  AIC   -136.8749 -88.59747 -110.2777      2
15  BIC   -139.3523 -96.02948 -122.6644      2
16  CAIC  -140.3523 -99.02948 -127.6644      2
17  ICL   -139.3523 -95.34495 -121.6967      2
```

第 7 章　練習問題

7.1 完全対数尤度関数の条件付き期待値 (7.6) 式に含まれる $E[Z_i|\boldsymbol{X}]$ をその更新値 $\gamma_i^{(k+1)}$ で置き換えたものを $\boldsymbol{\theta}$ について最大化することで，$\boldsymbol{\theta}$ の更新式 (7.8) を導出せよ．

7.2 混合回帰モデルにおける完全対数尤度関数の条件付き期待値に含まれる $E[Z_i|\boldsymbol{X}]$ をその推定量 $\widehat{\gamma}_i$ で置き換えたものを，$\boldsymbol{\beta}_g$, σ_g^2, π_g に関して最大化することで，これらの更新式 (7.19) を導出せよ．

7.3 すべての g に対して $\sigma_g^2 = \sigma^2$ のとき，混合回帰モデルにおける分散の更新式 (7.20) を示せ．

7.4 R の `iris` データの変数 `Sepal.Length`, `Sepal.Width`, `Petal.Length`, `Petal.Width` に対して混合正規分布モデルを適用し，成分数を選択せよ．また，混合正規分布モデルによるクラスタリング結果と，アヤメの品種を表す `Species` とを比較せよ．

練習問題の略解

1.1 2 項分布 $B(n,p)$ に従う確率変数 X の期待値，分散はそれぞれ $E(X)=np$，分散 $V(X)=np(1-p)$ であるから，$n=15, p=0.6$ となることがわかる．よって，$B(15,0.6)$ の確率関数を用いることで各確率を求めることができる．

(1) $\Pr(X=0) = {}_{15}C_0(0.6)^0 \times (0.4)^{15} \approx 1.07 \times 10^{-6}$.

(2) $\Pr(X \le 2) = {}_{15}C_0(0.6)^0 \times (0.4)^{15} + {}_{15}C_1(0.6)^1 \times (0.4)^{14} + {}_{15}C_2(0.6)^2 \times (0.4)^{13}$
$\approx 2.79 \times 10^{-4}$.

(3) 離散型確率変数であることと (2) より，

$$\Pr(X \ge 3) = 1 - \Pr(X \le 2) \approx 0.9997.$$

1.2 平均 1.2 のポアソン分布であることから，誤字が 1 つも含まれない確率は

$$\Pr(X=0) = \frac{e^{-1.2}(1.2)^0}{0!} \approx 0.301$$

である．したがって，誤字が 1 つでも含まれる確率は $\Pr(X \ge 1) = 1-0.301 = 0.699$ である．また，誤字が 2 つ以上ある確率は，

$$\Pr(X \ge 2) = 1 - \frac{e^{-1.2}(1.2)^0}{0!} - \frac{e^{-1.2}(1.2)^1}{1!} \approx 0.337$$

である．

1.3 次のように変形する．

$$\binom{-r}{x} = (-1)^x \binom{r+x-1}{x}$$
$$\binom{-(r+1)}{x-1} = (-1)^{x-1} \binom{r+x-1}{x-1}$$
$$\binom{-(r+1)}{x} = (-1)^x \binom{r+x}{x}.$$

右辺側の (-1) の累乗を除いた箇所は正の二項係数なので，パスカル三角形より，

$$\binom{-(r+1)}{x} + \binom{-(r+1)}{x-1} = (-1)^x \left\{ \binom{r+x}{x} - \binom{r+x-1}{x-1} \right\}$$
$$= (-1)^x \binom{r+x-1}{x} = \binom{-r}{x}$$

となるので示せた．

1.4 $V(X) = E[(X - E(X))^2] = \int_{-\infty}^{\infty} (x - E(X))^2 f_X(x) dx$

$$= \int_{-\infty}^{\infty} x^2 f_X(x) dx - 2E(X) \int_{-\infty}^{\infty} x f_X(x) dx + \{E(X)\}^2 \int_{-\infty}^{\infty} f_X(x) dx$$
$$= E(X^2) - 2\{E(X)\}^2 + \{E(X)\}^2 = E(X^2) - \{E(X)\}^2.$$

1.5 (1) $\Gamma(1) = \int_0^{\infty} e^{-x} dx = [-e^{-x}]_0^{\infty} = 1.$

(2) $\Gamma\left(\frac{1}{2}\right) = \int_0^{\infty} x^{-\frac{1}{2}} e^{-x} dx = \sqrt{2} \int_0^{\infty} \exp\left[-\frac{y^2}{2}\right] dy$ $\left(x = \frac{y^2}{2}\right.$ とおいた$\left.\right)$

のように変形する．すると標準正規分布の確率密度関数の性質を用いて，

$$\sqrt{2} \int_0^{\infty} \exp\left[-\frac{y^2}{2}\right] dy = 2\sqrt{\pi} \int_0^{\infty} \frac{1}{\sqrt{2\pi}} \exp\left[-\frac{y^2}{2}\right] dy = 2\sqrt{\pi} \times \frac{1}{2} = \sqrt{\pi}$$

を得る．

1.6 $\beta x = y$ とおけばよい．

$$\int_0^{\infty} x^{\alpha-1} e^{-\beta x} dx = \int_0^{\infty} \frac{1}{\beta^{\alpha-1}} y^{\alpha-1} e^{-y} \frac{dy}{\beta}$$
$$= \frac{1}{\beta^{\alpha}} \int_0^{\infty} y^{\alpha-1} e^{-y} dy = \frac{\Gamma(\alpha)}{\beta^{\alpha}}.$$

2.1 対数尤度関数は，

$$\ell(\nu) = -n \log \Gamma(\mu) + n\mu \log \nu + (\mu - 1) \sum_{i=1}^{n} \log x_i - \nu \sum_{i=1}^{n} x_i$$

であるから，これを ν で微分して得られる尤度方程式を解くことで，最尤推定量は次のように得られる．

$$\frac{n\mu}{\widehat{\nu}} - \sum_{i=1}^{n} X_i = 0 \quad \Rightarrow \quad \widehat{\nu} = \frac{\mu}{\overline{X}}.$$

2.2 不偏推定量の定義より，推定量である $\overline{X}$ の期待値を計算する．

$$E(\overline{X}) = E\left(\frac{1}{n}\sum_{i=1}^{n} X_i\right) = \frac{1}{n}\sum_{i=1}^{n} E(X_i) = \frac{1}{n}\cdot n\mu = \mu$$

より，不偏推定量であることが示された．また，不偏推定量の MSE は不偏推定量の分散と一致するので，$\overline{X}$ の分散を計算すると，ランダム標本は互いに独立であることに注意すれば，

$$V(\overline{X}) = V\left(\frac{1}{n}\sum_{i=1}^{n} X_i\right) = \frac{1}{n^2}\sum_{i=1}^{n} V(X_i) = \frac{1}{n^2}\cdot n\sigma^2 = \frac{\sigma^2}{n}$$

となり，MSE が σ^2/n となることが示された．

2.3 μ の $100(1-2\alpha)\%$ 信頼区間は

$$\left[\overline{X} - z(\alpha)\frac{\sigma}{\sqrt{100}}, \overline{X} + z(\alpha)\frac{\sigma}{\sqrt{100}}\right]$$

なので，該当する値を代入して，

$$\begin{gathered}(90\%)\ [5.271,\ 5.929]\ (z(\alpha) = 1.645 \text{ とした})\\ (95\%)\ [5.208,\ 5.992]\ (z(\alpha) = 1.96 \text{ とした})\\ (99\%)\ [5.084,\ 6.116]\ (z(\alpha) = 2.58 \text{ とした})\end{gathered}$$

となる．

2.4 問題 2.3 において，$\sqrt{100}$ の部分を変えていけばよい．$z(\alpha) = 1.96$ とすれば，

$$\begin{gathered}(n = 50)\ [5.046,\ 6.154]\\ (n = 200)\ [5.323,\ 5.877]\\ (n = 400)\ [5.404,\ 5.796]\end{gathered}$$

を得る．

3.1 片側検定になることに注意する．それぞれの有意水準に対する棄却限界値は 1% : 2.33, 5% : 1.65, 10% : 1.28 を用いる．標本平均は 10.4 と求められるため，検定統計量は，帰無仮説に注意して

$$\frac{10.4 - 10.0}{3/\sqrt{5}} \approx 0.298$$

である．この値はそれぞれの棄却限界値を超えないため，有意水準 1%, 5%, 10% では棄却されない．

3.2 有意水準を 5% とする．まず，2 標本 t 検定を行うかウェルチの検定を行うかを判断

するために等分散の検定を行う．両都市の不偏標本分散はそれぞれ 128.5，227.3 となるので，等分散の検定統計量は

$$\frac{227.3}{128.5} \approx 1.769$$

となる．自由度 $(4,4)$ の F 分布の上側パーセント点は数表より，約 6.389 となるので，帰無仮説は棄却されず等分散は否定されない．したがって，等分散の下での 2 標本 t 検定を行う．

プールされた不偏標本分散は $(128.5 \times 4 + 227.3 \times 4)/8 = 177.9$ なので，検定統計量は

$$\frac{103 - 76.6}{\sqrt{\left(\frac{1}{5} + \frac{1}{5}\right)177.9}} \approx 3.130$$

と計算できる．自由度 8 の t 分布の上側 2.5% 点は 2.306 より，帰無仮説は棄却され，2 つの都市の観光客に差はあるといえる．

なお，このデータを対応のあるデータとみなすのであれば，A 市と B 市の差を取った

3，43，20，35，31

としてから，平均が 0 か否かの t 検定を行えばよい．

4.1 連立方程式 (4.5) をそのまま β_0，β_1 について解けばよい．β_1 から先に求めるとよい．

4.2 定義 1.16 より，

$$\frac{\dfrac{\widehat{\beta}_1 - \beta_1^*}{\sqrt{\sigma^2/S_{xx}}}}{\sqrt{\dfrac{n-2}{\sigma^2}S_r^2/(n-2)}} = \frac{\widehat{\beta}_1 - \beta_1^*}{\sqrt{S_r^2/S_{xx}}} \sim t(n-2).$$

4.3 $\widehat{\beta}_0$，$\widehat{\beta}_1$ 共に正規分布に従うことから，$\widehat{y}_0$ も正規分布に従い，その期待値と分散はそれぞれ $E(\widehat{\beta}_0 + \widehat{\beta}_1 x_0)$，$V(\widehat{\beta}_0 + \widehat{\beta}_1 x_0)$ で与えられる．

4.4 正規線形回帰モデルの対数尤度関数 (4.21) に，最尤推定量 (4.22) を代入して

$$\begin{aligned}\ell(\widehat{\boldsymbol{\beta}}, \widehat{\sigma}^2) &= -\frac{n}{2}\log(2\pi\widehat{\sigma}^2) - \frac{1}{2\widehat{\sigma}^2}\|\boldsymbol{y} - X\widehat{\boldsymbol{\beta}}\|^2 \\ &= -\frac{n}{2}\log(2\pi) - \frac{n}{2}\log\widehat{\sigma}^2 - \frac{n}{2}\end{aligned}$$

となる．最右辺第 1 項，第 3 項は，パラメータの推定量や p に依存していないため，除外される．

4.5 略

5.1 各ダミー変数からなる n 次元ベクトル $\boldsymbol{x}_{(1)}, \boldsymbol{x}_{(2)}, \boldsymbol{x}_{(3)}, \boldsymbol{x}_{(4)}$ の和は，すべての要素が 1 のベクトル $\mathbf{1}_n$ となる．これは，計画行列 X の 1 列目に一致する．すなわち，表 5.1 右のコード化により構成されるダミー変数からなる $n \times 5$ 計画行列 $X = (\mathbf{1}_n, \boldsymbol{x}_{(1)}, \boldsymbol{x}_{(2)}, \boldsymbol{x}_{(3)}, \boldsymbol{x}_{(4)})$ のランクは 4 以下となり，その行列の積である 5×5 行列 $X^\top X$ のランクも 4 以下となるため，正則ではない．

5.2 (5.2) 式を $\exp(\beta_0 + \beta_1 x_i)$ について解き，さらにその式に対数をとることで得られる．

5.3

$$\log(1 - \pi_i) = -\log\{1 + \exp(\boldsymbol{\beta}^\top \boldsymbol{x}_i)\}$$

を用いて，(5.5) 式は次のように変形できる．

$$\begin{aligned}
\ell(\boldsymbol{\beta}) &= \sum_{i=1}^{n} m_i \left[y_i \log \frac{\pi_i}{1 - \pi_i} + \log(1 - \pi_i) \right] \\
&= \sum_{i=1}^{n} m_i \left[y_i \boldsymbol{\beta}^\top \boldsymbol{x}_i - \log\left\{ 1 + \exp(\boldsymbol{\beta}^\top \boldsymbol{x}_i) \right\} \right].
\end{aligned}$$

5.4 $\pi_{iL} = 1 - \sum_{l=1}^{L-1} \pi_{il}$ を利用すると，(5.15) 式の指数関数を $l = 1, \ldots, L-1$ について辺々加えることで

$$\frac{1 - \pi_{iL}}{\pi_{iL}} = \sum_{l=1}^{L-1} \exp(\boldsymbol{\beta}_l^\top \boldsymbol{x}_i)$$

となることから，これを π_{iL} について解くことで π_{iL} を得る．π_{il} $(l = 1, \ldots, L-1)$ については，(5.15) 式に π_{iL} を代入すればよい．

5.5 略

5.6 略

6.1 対数尤度関数の 1 階微分と 2 階微分

$$\frac{d\ell(\theta)}{d\theta} = \frac{y - b'(\theta)}{a(\phi)}, \qquad \frac{d^2\ell(\theta)}{d\theta^2} = -\frac{b''(\theta)}{a(\phi)}$$

を用いて，スコア関数とフィッシャー情報量を計算する．スコア関数の性質 (2.3) 式より，

$$0 = E\left(\frac{d\ell(\theta)}{d\theta}\right) = \frac{E(Y) - b'(\theta)}{a(\phi)}$$

となる．よって $E(Y) = b'(\theta)$．また，フィッシャー情報量の性質 (2.5) 式より

$$0 = E\left[\frac{d^2\ell(\theta)}{d\theta^2}\right] + E\left[\left(\frac{d\ell(\theta)}{d\theta}\right)^2\right]$$

$$= -\frac{b''(\theta)}{a(\phi)} + E\left[\frac{(Y - E(Y))^2}{a(\phi)^2}\right]$$
$$= -\frac{b''(\theta)}{a(\phi)} + \frac{V(Y)}{a(\phi)^2}.$$

よって，$V(Y) = a(\phi)b''(\theta)$ が成り立つ．

6.2 更新の番号 (k) は省略する．$h(\eta_i) = \mu_i = \pi_i = \dfrac{\exp(\eta_i)}{1 + \exp(\eta_i)}$ より，$h'(\eta_i) = \dfrac{\exp(\eta_i)}{(1 + \exp(\eta_i))^2} = \pi_i(1 - \pi_i)$ となる．また，$\sigma_i^2 = \pi_i(1 - \pi_i)$ であるから，(6.8) 式の W は $W = \mathrm{diag}\left\{\pi_1(1 - \pi_1), \ldots, \pi_n(1 - \pi_n)\right\}$ となる．また，D と Σ については $D\Sigma^{-1} = I_n$ となることから成り立つ．

6.3 更新の番号 (k) は省略する．$h(\eta_i) = \mu_i = \eta_i$ より，$h'(\eta_i) = 1$．また，$\sigma_i^2 = \sigma^2$ であるから，$W = \frac{1}{\sigma^2}I_n$ であり，$W^{-1}D\Sigma^{1} = I_n$ が成り立つ．さらに，$\boldsymbol{\mu} = X\boldsymbol{\beta}$ より $\boldsymbol{\xi} = \boldsymbol{y}$ となることから成り立つ．

6.4 1 つ目の式については，連続型確率変数の場合を示すが，離散型確率変数の場合も同様である．

$$E_X[E_Y(Y|X)] = \iint yf(y|x)dy \cdot f(x)dx$$
$$= \iint yf(x, y)dxdy$$
$$= \int yf(y)dy = E(Y).$$

2 つ目の式は，1 つ目の式を用いて，次により示される．

$$E_X\left[V(Y|X)\right] + V_X\left[E(Y|X)\right]$$
$$= E_X[E_Y(Y^2|X)] - E_X[\{E_Y(Y|X)\}^2] + E_X[\{E_Y(Y|X)\}^2] - \{E_X[E_Y(Y|X)]\}^2$$
$$= E(Y^2) - \{E(Y)\}^2 = V(Y).$$

6.5
$$f(y_i) = \int f(y_i|\lambda_i)f(\lambda_i)d\lambda_i$$
$$= \int e^{-z}\frac{z^{y_i}}{y_i!} \cdot \frac{\nu^{\mu}}{\Gamma(\mu)}z^{\mu-1}e^{-\nu z}dz$$
$$= \frac{\nu^{\mu}}{\Gamma(y_i + 1)\Gamma(\mu)}\int e^{-z(1+\nu)}z^{y_i+\mu-1}dz$$
$$= \frac{\nu^{\mu}}{\Gamma(y_i + 1)\Gamma(\mu)(1 + \nu)}\int e^{-t}\left(\frac{t}{1+\nu}\right)^{y_i+\mu-1}dt \quad (z(1+\nu) = t \text{ とおいた})$$
$$= \frac{\nu^{\mu}}{\Gamma(y_i + 1)\Gamma(\mu)(1 + \nu)^{y_i+\nu}}\Gamma(y_i + \mu)$$

$$= \frac{\Gamma(y_i + \mu)}{\Gamma(y_i + 1)\Gamma(\mu)} \left(\frac{1}{1+\nu}\right)^{y_i} \left(\frac{\nu}{1+\nu}\right)^{\nu}.$$

6.6 略

7.1 μ_1，σ_1^2，π の更新値はそれぞれ，次の方程式を解くことで得られる．μ_2，σ_2^2 についても同様である．

$$\frac{\partial}{\partial \mu_1} E\left[\ell_C(\boldsymbol{\theta})|x_i\right] = \sum_{i=1}^{n} \gamma_i^{(k+1)} \left\{\frac{1}{\sigma_1^2}(x_i - \mu_1)\right\} = 0,$$

$$\frac{\partial}{\partial \sigma_1^2} E\left[\ell_C(\boldsymbol{\theta})|x_i\right] = \sum_{i=1}^{n} \gamma_i^{(k+1)} \left\{-\frac{1}{2\sigma_1^2} + \frac{1}{2(\sigma_1^2)^2}(x_i - \mu_1^{(k+1)})^2\right\} = 0,$$

$$\frac{\partial}{\partial \pi} E\left[\ell_C(\boldsymbol{\theta})|x_i\right] = \sum_{i=1}^{n} \left\{\frac{\gamma_i^{(k+1)}}{\pi} - \frac{1-\gamma_i^{(k+1)}}{1-\pi}\right\} = 0.$$

7.2 $\dfrac{\partial}{\partial \boldsymbol{\theta}_g} E[\ell_C(\boldsymbol{\theta})|Y] = \boldsymbol{0}$ から得られる，次の方程式を解くことで求められる．

$$\sum_{i=1}^{n} \gamma_{ig}^{(k+1)} \frac{1}{\sigma_g^2} \boldsymbol{x}_i \left(y_i - \boldsymbol{\beta}_g^{\mathsf{T}} \boldsymbol{x}_i\right) = \boldsymbol{0},$$

$$\sum_{i=1}^{n} \gamma_{ig}^{(k+1)} \left\{-\frac{1}{2\sigma_g^2} + \frac{1}{2\sigma_g^4}\left(y_i - \boldsymbol{\beta}_g^{\mathsf{T}} \boldsymbol{x}_i\right)^2\right\} = 0.$$

π_g の更新式は，混合分布モデルのそれと同様にして求めることができる．

7.3 完全対数尤度関数 $E[\ell_C|Y]$ を σ^2 で偏微分して得られる尤度方程式

$$\frac{\partial}{\partial \sigma^2} E\left[\ell_C(\boldsymbol{\theta})|x_i\right] = \sum_{i=1}^{n} \sum_{g=1}^{G} \gamma_{ig}^{(k+1)} \left\{-\frac{1}{2\sigma^2} + \frac{1}{2\sigma^4}\left(y_i - \boldsymbol{\beta}_g^{\mathsf{T}} \boldsymbol{x}_i\right)^2\right\} = 0$$

を解くことで得られる．ここで，$\sum_{i=1}^{n} \sum_{g=1}^{G} \gamma_{ig}^{(k+1)} = n$ であることに注意する．

7.4 略

参考文献

本書で紹介した内容よりも発展的な内容については, 次の文献を参照されたい.

1) Dobson, A. J. (著), 田中豊, 森川敏彦, 山中竹春, 冨田誠 (訳) (2008), 一般化線形モデル入門 原著第 *2* 版, 共立出版.

2) Fahrmeir, L., Kneib, T., Lang, S., and Marx, B. (2013), *Regression*, Springer.

3) James, G., Witten, D., Hastie, T., and Tibshirani, R. (2013), *An introduction to statistical learning with applications in R*, Springer.

4) McCullagh, P. and Nelder, J. A. (1989), *Generalized linear models 2nd edition*, London: Chapman & Hall/CRC.

5) McLachlan, G. and Peel, D. (2000), *Finite Mixture Models*, Wiley.

6) 久保拓弥 (2012), データ解析のための統計モデリング入門, 岩波書店.

7) 佐和隆光 (1979), 回帰分析, 朝倉書店.

8) 広津千尋 (1976), 分散分析（シリーズ新しい応用の数学）, 教育出版.

9) 東京大学教養学部統計学教室 (1991), 統計学入門, 東京大学出版会.

10) 東京大学教養学部統計学教室 (1992), 自然科学の統計学, 東京大学出版会.

11) 永田靖, 吉田道弘 (1997), 統計的多重比較法の基礎, 朝倉書店.

12) 蓑谷千凰彦 (2015), 線形回帰分析, 朝倉書店.

13) 鈴木武, 山田作太郎 (1996), 数理統計学, 内田老鶴圃.

付　　録

付表 1　標準正規分布表

$$\frac{1}{\sqrt{2\pi}}\int_0^x e^{-t^2/2}\,dt$$

x	0.00	0.01	0.02	0.03	0.04	0.05	0.06	0.07	0.08	0.09
0.0	.0000	.0040	.0080	.0120	.0160	.0199	.0239	.0279	.0319	.0359
0.1	.0398	.0438	.0478	.0517	.0557	.0596	.0636	.0675	.0714	.0753
0.2	.0793	.0832	.0871	.0910	.0948	.0987	.1026	.1064	.1103	.1141
0.3	.1179	.1217	.1255	.1293	.1331	.1368	.1406	.1443	.1480	.1517
0.4	.1554	.1591	.1628	.1664	.1700	.1736	.1772	.1808	.1844	.1879
0.5	.1915	.1950	.1985	.2019	.2054	.2088	.2123	.2157	.2190	.2224
0.6	.2257	.2291	.2324	.2357	.2389	.2422	.2454	.2486	.2517	.2549
0.7	.2580	.2611	.2642	.2673	.2704	.2734	.2764	.2794	.2823	.2852
0.8	.2881	.2910	.2939	.2967	.2995	.3023	.3051	.3078	.3106	.3133
0.9	.3159	.3186	.3212	.3238	.3264	.3289	.3315	.3340	.3365	.3389
1.0	.3413	.3438	.3461	.3485	.3508	.3531	.3554	.3577	.3599	.3621
1.1	.3643	.3665	.3686	.3708	.3729	.3749	.3770	.3790	.3810	.3830
1.2	.3849	.3869	.3888	.3907	.3925	.3944	.3962	.3980	.3997	.4015
1.3	.4032	.4049	.4066	.4082	.4099	.4115	.4131	.4147	.4162	.4177
1.4	.4192	.4207	.4222	.4236	.4251	.4265	.4279	.4292	.4306	.4319
1.5	.4332	.4345	.4357	.4370	.4382	.4394	.4406	.4418	.4429	.4441
1.6	.4452	.4463	.4474	.4484	.4495	.4505	.4515	.4525	.4535	.4545
1.7	.4554	.4564	.4573	.4582	.4591	.4599	.4608	.4616	.4625	.4633
1.8	.4641	.4649	.4656	.4664	.4671	.4678	.4686	.4693	.4699	.4706
1.9	.4713	.4719	.4726	.4732	.4738	.4744	.4750	.4756	.4761	.4767
2.0	.4772	.4778	.4783	.4788	.4793	.4798	.4803	.4808	.4812	.4817
2.1	.4821	.4826	.4830	.4834	.4838	.4842	.4846	.4850	.4854	.4857
2.2	.4861	.4864	.4868	.4871	.4875	.4878	.4881	.4884	.4887	.4890
2.3	.4893	.4896	.4898	.4901	.4904	.4906	.4909	.4911	.4913	.4916
2.4	.4918	.4920	.4922	.4925	.4927	.4929	.4931	.4932	.4934	.4936
2.5	.4938	.4940	.4941	.4943	.4945	.4946	.4948	.4949	.4951	.4952
2.6	.4953	.4955	.4956	.4957	.4959	.4960	.4961	.4962	.4963	.4964
2.7	.4965	.4966	.4967	.4968	.4969	.4970	.4971	.4972	.4973	.4974
2.8	.4974	.4975	.4976	.4977	.4977	.4978	.4979	.4979	.4980	.4981
2.9	.4981	.4982	.4982	.4983	.4984	.4984	.4985	.4985	.4986	.4986
3.0	.4987	.4987	.4987	.4988	.4988	.4989	.4989	.4989	.4990	.4990
3.1	.4990	.4991	.4991	.4991	.4992	.4992	.4992	.4992	.4993	.4993

付表 2　t 分布表　　$\alpha = \int_x^{\infty} f_X(z)dz,\quad X \sim t(n)$

n \ α	0.1	0.05	0.025	0.01	0.005
1	3.078	6.314	12.706	31.821	63.657
2	1.886	2.920	4.303	6.965	9.925
3	1.638	2.353	3.182	4.541	5.841
4	1.533	2.132	2.776	3.747	4.604
5	1.476	2.015	2.571	3.365	4.032
6	1.440	1.943	2.447	3.143	3.707
7	1.415	1.895	2.365	2.998	3.499
8	1.397	1.860	2.306	2.896	3.355
9	1.383	1.833	2.262	2.821	3.250
10	1.372	1.812	2.228	2.764	3.169
11	1.363	1.796	2.201	2.718	3.106
12	1.356	1.782	2.179	2.681	3.055
13	1.350	1.771	2.160	2.650	3.012
14	1.345	1.761	2.145	2.624	2.977
15	1.341	1.753	2.131	2.602	2.947
16	1.337	1.746	2.120	2.583	2.921
17	1.333	1.740	2.110	2.567	2.898
18	1.330	1.734	2.101	2.552	2.878
19	1.328	1.729	2.093	2.539	2.861
20	1.325	1.725	2.086	2.528	2.845
21	1.323	1.721	2.080	2.518	2.831
22	1.321	1.717	2.074	2.508	2.819
23	1.319	1.714	2.069	2.500	2.807
24	1.318	1.711	2.064	2.492	2.797
25	1.316	1.708	2.060	2.485	2.787
26	1.315	1.706	2.056	2.479	2.779
27	1.314	1.703	2.052	2.473	2.771
28	1.313	1.701	2.048	2.467	2.763
29	1.311	1.699	2.045	2.462	2.756
30	1.310	1.697	2.042	2.457	2.750
40	1.303	1.684	2.021	2.423	2.704
60	1.296	1.671	2.000	2.390	2.660
80	1.292	1.664	1.990	2.374	2.639
120	1.289	1.658	1.980	2.358	2.617
180	1.286	1.653	1.973	2.347	2.603
240	1.285	1.651	1.970	2.342	2.596
∞	1.258	1.645	1.96	2.326	2.576

付表 3　カイ 2 乗分布表　$\alpha = \int_x^\infty f_X(t)dt$,　$X \sim \chi^2(n)$

n \ α	0.995	0.990	0.985	0.975	0.970	0.950	0.050	0.030	0.025	0.015	0.010	0.005
1	.00003927	.0001571	.0003535	.0009821	.001414	.003932	3.84146	4.70929	5.02389	5.91647	6.63490	7.87944
2	.010025	.020101	.030227	.050636	.060918	.102587	5.99146	7.01312	7.37776	8.39941	9.21034	10.5966
3	.071722	.114832	.151574	.215795	.245099	.351846	7.81473	8.94729	9.34840	10.4650	11.3449	12.8382
4	.206989	.297109	.368157	.484419	.535054	.710723	9.48773	10.7119	11.1433	12.3391	13.2767	14.8603
5	.411742	.554298	.661785	.831212	.903056	1.14548	11.0705	12.3746	12.8325	14.0978	15.0863	16.7496
6	.675727	.872090	1.01596	1.23734	1.32961	1.63538	12.5916	13.9676	14.4494	15.7774	16.8119	18.5476
7	.989256	1.23904	1.41843	1.68987	1.80163	2.16735	14.0671	15.5091	16.0128	17.3984	18.4753	20.2777
8	1.34441	1.64650	1.86027	2.17973	2.31007	2.73264	15.5073	17.0105	17.5345	18.9739	20.0902	21.9550
9	1.73493	2.08790	2.33486	2.70039	2.84849	3.32511	16.9190	18.4796	19.0228	20.5125	21.6660	23.5894
10	2.15586	2.55821	2.83719	3.24697	3.41207	3.94030	18.3070	19.9219	20.4832	22.0206	23.2093	25.1882
11	2.60322	3.05348	3.36338	3.81575	3.99716	4.57481	19.6751	21.3416	21.9200	23.5028	24.7250	26.7568
12	3.07382	3.57057	3.91037	4.40379	4.60090	5.22603	21.0261	22.7418	23.3367	24.9628	26.2170	28.2995
13	3.56503	4.10692	4.47566	5.00875	5.22101	5.89186	22.3620	24.1249	24.7356	26.4034	27.6882	29.8195
14	4.07467	4.66043	5.05724	5.62873	5.85563	6.57063	23.6848	25.4931	26.1189	27.8268	29.1412	31.3193
15	4.60092	5.22935	5.65342	6.26214	6.50322	7.26094	24.9958	26.8479	27.4884	29.2349	30.5779	32.8013
16	5.14221	5.81221	6.26280	6.90766	7.16251	7.96165	26.2962	28.1907	28.8454	30.6292	31.9999	34.2672
17	5.69722	6.40776	6.88415	7.56419	7.83241	8.67176	27.5871	29.5227	30.1910	32.0112	33.4087	35.7185
18	6.26480	7.01491	7.51646	8.23075	8.51199	9.39046	28.8693	30.8447	31.5264	33.3817	34.8053	37.1565
19	6.84397	7.63273	8.15884	8.90652	9.20044	10.1170	30.1435	32.1577	32.8523	34.7420	36.1909	38.5823
20	7.43384	8.26040	8.81050	9.59078	9.89708	10.8508	31.4104	33.4624	34.1696	36.0926	37.5662	39.9968
21	8.03365	8.89720	9.47076	10.2829	10.6013	11.5913	32.6706	34.7593	35.4789	37.4345	38.9322	41.4011
22	8.64272	9.54249	10.1390	10.9823	11.3125	12.3380	33.9244	36.0492	36.7807	38.7681	40.2894	42.7957
23	9.26042	10.1957	10.8147	11.6886	12.0303	13.0905	35.1725	37.3323	38.0756	40.0941	41.6384	44.1813
24	9.88623	10.8564	11.4974	12.4012	12.7543	13.8484	36.4150	38.6093	39.3641	41.4130	42.9798	45.5585
25	10.5197	11.5240	12.1867	13.1197	13.4840	14.6114	37.6525	39.8804	40.6465	42.7252	44.3141	46.9279
26	11.1602	12.1981	12.8821	13.8439	14.2190	15.3792	38.8851	41.1460	41.9232	44.0311	45.6417	48.2899
27	11.8076	12.8785	13.5833	14.5734	14.9592	16.1514	40.1133	42.4066	43.1945	45.3311	46.9629	49.6449
28	12.4613	13.5647	14.2900	15.3079	15.7042	16.9279	41.3371	43.6622	44.4608	46.6256	48.2782	50.9934
29	13.1211	14.2565	15.0019	16.0471	16.4538	17.7084	42.5570	44.9132	45.7223	47.9147	49.5879	52.3356
30	13.7867	14.9535	15.7188	16.7908	17.2076	18.4927	43.7730	46.1599	46.9792	49.1989	50.8922	53.6720
35	17.1918	18.5089	19.3691	20.5694	21.0348	22.4650	49.8018	52.3351	53.2033	55.5526	57.3421	60.2748
40	20.7065	22.1643	23.1130	24.4330	24.9437	26.5093	55.7585	58.4278	59.3417	61.8117	63.6907	66.7660
45	24.3110	25.9013	26.9335	28.3662	28.9194	30.6123	61.6562	64.4535	65.4102	67.9937	69.9568	73.1661
50	27.9907	29.7067	30.8180	32.3574	32.9509	34.7643	67.5048	70.4230	71.4202	74.1111	76.1539	79.4900
60	35.5345	37.4849	38.7435	40.4817	41.1504	43.1880	79.0819	82.2251	83.2977	86.1883	88.3794	91.9517
70	43.2752	45.4417	46.8362	48.7576	49.4953	51.7393	90.5312	93.8813	95.0232	98.0976	100.425	104.215
80	51.1719	53.5401	55.0612	57.1532	57.9553	60.3915	101.879	105.422	106.629	109.874	112.329	116.321
90	59.1963	61.7541	63.3942	65.6466	66.5093	69.1260	113.145	116.869	118.136	121.542	124.116	128.299
100	67.3276	70.0649	71.8177	74.2219	75.1419	77.9295	124.342	128.237	129.561	133.120	135.807	140.169
120	83.8516	86.9233	88.8859	91.5726	92.5991	95.7046	146.567	150.780	152.211	156.053	158.950	163.648
150	109.142	112.668	114.915	117.985	119.155	122.692	179.581	184.225	185.800	190.025	193.208	198.360
200	152.241	156.432	159.096	162.728	164.111	168.279	233.994	239.270	241.058	245.845	249.445	255.264
250	196.161	200.939	203.971	208.098	209.667	214.392	287.882	293.714	295.689	300.971	304.940	311.346
300	240.663	245.972	249.338	253.912	255.650	260.878	341.395	347.731	349.874	355.605	359.906	366.844

付表 4-1　F 分布表　上側確率 5% ($\alpha = 0.05$)

$$\alpha = \int_x^\infty f_X(t)dt, \quad X \sim F(m, n)$$

n \ m	1	2	3	4	5	6	7	8	9	10	11	12
1	161.45	199.50	215.71	224.58	230.16	233.99	236.77	238.88	240.54	241.88	242.98	243.91
2	18.513	19.000	19.164	19.247	19.296	19.330	19.353	19.371	19.385	19.396	19.405	19.413
3	10.128	9.5521	9.2766	9.1172	9.0135	8.9406	8.8867	8.8452	8.8123	8.7855	8.7633	8.7446
4	7.7086	6.9443	6.5914	6.3882	6.2561	6.1631	6.0942	6.0410	5.9988	5.9644	5.9358	5.9117
5	6.6079	5.7861	5.4095	5.1922	5.0503	4.9503	4.8759	4.8183	4.7725	4.7351	4.7040	4.6777
6	5.9874	5.1433	4.7571	4.5337	4.3874	4.2839	4.2067	4.1468	4.0990	4.0600	4.0274	3.9999
7	5.5914	4.7374	4.3468	4.1203	3.9715	3.8660	3.7870	3.7257	3.6767	3.6365	3.6030	3.5747
8	5.3177	4.4590	4.0662	3.8379	3.6875	3.5806	3.5005	3.4381	3.3881	3.3472	3.3130	3.2839
9	5.1174	4.2565	3.8625	3.6331	3.4817	3.3738	3.2927	3.2296	3.1789	3.1373	3.1025	3.0729
10	4.9646	4.1028	3.7083	3.4780	3.3258	3.2172	3.1355	3.0717	3.0204	2.9782	2.9430	2.9130
11	4.8443	3.9823	3.5874	3.3567	3.2039	3.0946	3.0123	2.9480	2.8962	2.8536	2.8179	2.7876
12	4.7472	3.8853	3.4903	3.2592	3.1059	2.9961	2.9134	2.8486	2.7964	2.7534	2.7173	2.6866
13	4.6672	3.8056	3.4105	3.1791	3.0254	2.9153	2.8321	2.7669	2.7144	2.6710	2.6347	2.6037
14	4.6001	3.7389	3.3439	3.1122	2.9582	2.8477	2.7642	2.6987	2.6458	2.6022	2.5655	2.5342
15	4.5431	3.6823	3.2874	3.0556	2.9013	2.7905	2.7066	2.6408	2.5876	2.5437	2.5068	2.4753
20	4.3512	3.4928	3.0984	2.8661	2.7109	2.5990	2.5140	2.4471	2.3928	2.3479	2.3100	2.2776
25	4.2417	3.3852	2.9912	2.7587	2.6030	2.4904	2.4047	2.3371	2.2821	2.2365	2.1979	2.1649
30	4.1709	3.3158	2.9223	2.6896	2.5336	2.4205	2.3343	2.2662	2.2107	2.1646	2.1256	2.0921
40	4.0847	3.2317	2.8387	2.6060	2.4495	2.3359	2.2490	2.1802	2.1240	2.0772	2.0376	2.0035
50	4.0343	3.1826	2.7900	2.5572	2.4004	2.2864	2.1992	2.1299	2.0734	2.0261	1.9861	1.9515
100	3.9361	3.0873	2.6955	2.4626	2.3053	2.1906	2.1025	2.0323	1.9748	1.9267	1.8857	1.8503
200	3.8884	3.0411	2.6498	2.4168	2.2592	2.1441	2.0556	1.9849	1.9269	1.8783	1.8368	1.8008
500	3.8601	3.0138	2.6227	2.3898	2.2320	2.1167	2.0279	1.9569	1.8986	1.8496	1.8078	1.7715
∞	3.8415	2.9957	2.6049	2.3719	2.2141	2.0986	2.0096	1.9384	1.8799	1.8307	1.7886	1.7522

n \ m	13	14	15	20	25	30	40	50	100	200	500	∞
1	244.69	245.36	245.95	248.01	249.26	250.10	251.14	251.77	253.04	253.68	254.06	254.31
2	19.419	19.424	19.429	19.446	19.456	19.462	19.471	19.476	19.486	19.491	19.494	19.496
3	8.7287	8.7149	8.7029	8.6602	8.6341	8.6166	8.5944	8.5810	8.5539	8.5402	8.5320	8.5264
4	5.8911	5.8733	5.8578	5.8025	5.7687	5.7459	5.7170	5.6995	5.6641	5.6461	5.6353	5.6281
5	4.6552	4.6358	4.6188	4.5581	4.5209	4.4957	4.4638	4.4444	4.4051	4.3851	4.3731	4.3650
6	3.9764	3.9559	3.9381	3.8742	3.8348	3.8082	3.7743	3.7537	3.7117	3.6904	3.6775	3.6689
7	3.5503	3.5292	3.5107	3.4445	3.4036	3.3758	3.3404	3.3189	3.2749	3.2525	3.2389	3.2298
8	3.2590	3.2374	3.2184	3.1503	3.1081	3.0794	3.0428	3.0204	2.9747	2.9513	2.9371	2.9276
9	3.0475	3.0255	3.0061	2.9365	2.8932	2.8637	2.8259	2.8028	2.7556	2.7313	2.7166	2.7067
10	2.8872	2.8647	2.8450	2.7740	2.7298	2.6996	2.6609	2.6371	2.5884	2.5634	2.5481	2.5379
11	2.7614	2.7386	2.7186	2.6464	2.6014	2.5705	2.5309	2.5066	2.4566	2.4308	2.4151	2.4045
12	2.6602	2.6371	2.6169	2.5436	2.4977	2.4663	2.4259	2.4010	2.3498	2.3233	2.3071	2.2962
13	2.5769	2.5536	2.5331	2.4589	2.4123	2.3803	2.3392	2.3138	2.2614	2.2343	2.2176	2.2064
14	2.5073	2.4837	2.4630	2.3879	2.3407	2.3082	2.2664	2.2405	2.1870	2.1592	2.1422	2.1307
15	2.4481	2.4244	2.4034	2.3275	2.2797	2.2468	2.2043	2.1780	2.1234	2.0950	2.0776	2.0658
20	2.2495	2.2250	2.2033	2.1242	2.0739	2.0391	1.9938	1.9656	1.9066	1.8755	1.8562	1.8432
25	2.1362	2.1111	2.0889	2.0075	1.9554	1.9192	1.8718	1.8421	1.7794	1.7460	1.7252	1.7110
30	2.0630	2.0374	2.0148	1.9317	1.8782	1.8409	1.7918	1.7609	1.6950	1.6597	1.6375	1.6223
40	1.9738	1.9476	1.9245	1.8389	1.7835	1.7444	1.6928	1.6600	1.5892	1.5505	1.5260	1.5089
50	1.9214	1.8949	1.8714	1.7841	1.7273	1.6872	1.6337	1.5995	1.5249	1.4835	1.4569	1.4383
100	1.8193	1.7919	1.7675	1.6764	1.6163	1.5733	1.5151	1.4772	1.3917	1.3416	1.3079	1.2832
200	1.7694	1.7415	1.7166	1.6233	1.5612	1.5164	1.4551	1.4146	1.3206	1.2626	1.2211	1.1885
500	1.7398	1.7116	1.6864	1.5916	1.5282	1.4821	1.4186	1.3762	1.2753	1.2096	1.1587	1.1132
∞	1.7202	1.6918	1.6664	1.5705	1.5061	1.4591	1.3940	1.3501	1.2434	1.1700	1.1063	1.0000

付表 4-2　F 分布表　上側確率 2.5% ($\alpha = 0.025$)

$$\alpha = \int_x^\infty f_X(t)dt, \quad X \sim F(m, n)$$

n \ m	1	2	3	4	5	6	7	8	9	10	11	12
1	647.79	799.50	864.16	899.58	921.85	937.11	948.22	956.66	963.28	968.63	973.03	976.71
2	38.506	39.000	39.165	39.248	39.298	39.331	39.355	39.373	39.387	39.398	39.407	39.415
3	17.443	16.044	15.439	15.101	14.885	14.735	14.624	14.540	14.473	14.419	14.374	14.337
4	12.218	10.649	9.9792	9.6045	9.3645	9.1973	9.0741	8.9796	8.9047	8.8439	8.7935	8.7512
5	10.007	8.4336	7.7636	7.3879	7.1464	6.9777	6.8531	6.7572	6.6811	6.6192	6.5678	6.5245
6	8.8131	7.2599	6.5988	6.2272	5.9876	5.8198	5.6955	5.5996	5.5234	5.4613	5.4098	5.3662
7	8.0727	6.5415	5.8898	5.5226	5.2852	5.1186	4.9949	4.8993	4.8232	4.7611	4.7095	4.6658
8	7.5709	6.0595	5.4160	5.0526	4.8173	4.6517	4.5286	4.4333	4.3572	4.2951	4.2434	4.1997
9	7.2093	5.7147	5.0781	4.7181	4.4844	4.3197	4.1970	4.1020	4.0260	3.9639	3.9121	3.8682
10	6.9367	5.4564	4.8256	4.4683	4.2361	4.0721	3.9498	3.8549	3.7790	3.7168	3.6649	3.6209
11	6.7241	5.2559	4.6300	4.2751	4.0440	3.8807	3.7586	3.6638	3.5879	3.5257	3.4737	3.4296
12	6.5538	5.0959	4.4742	4.1212	3.8911	3.7283	3.6065	3.5118	3.4358	3.3736	3.3215	3.2773
13	6.4143	4.9653	4.3472	3.9959	3.7667	3.6043	3.4827	3.3880	3.3120	3.2497	3.1975	3.1532
14	6.2979	4.8567	4.2417	3.8919	3.6634	3.5014	3.3799	3.2853	3.2093	3.1469	3.0946	3.0502
15	6.1995	4.7650	4.1528	3.8043	3.5764	3.4147	3.2934	3.1987	3.1227	3.0602	3.0078	2.9633
20	5.8715	4.4613	3.8587	3.5147	3.2891	3.1283	3.0074	2.9128	2.8365	2.7737	2.7209	2.6758
25	5.6864	4.2909	3.6943	3.3530	3.1287	2.9685	2.8478	2.7531	2.6766	2.6135	2.5603	2.5149
30	5.5675	4.1821	3.5894	3.2499	3.0265	2.8667	2.7460	2.6513	2.5746	2.5112	2.4577	2.4120
40	5.4239	4.0510	3.4633	3.1261	2.9037	2.7444	2.6238	2.5289	2.4519	2.3882	2.3343	2.2882
50	5.3403	3.9749	3.3902	3.0544	2.8327	2.6736	2.5530	2.4579	2.3808	2.3168	2.2627	2.2162
100	5.1786	3.8284	3.2496	2.9166	2.6961	2.5374	2.4168	2.3215	2.2439	2.1793	2.1245	2.0773
200	5.1004	3.7578	3.1820	2.8503	2.6304	2.4720	2.3513	2.2558	2.1780	2.1130	2.0578	2.0103
500	5.0543	3.7162	3.1423	2.8114	2.5919	2.4335	2.3129	2.2172	2.1392	2.0740	2.0186	1.9708
∞	5.0239	3.6889	3.1161	2.7858	2.5665	2.4082	2.2875	2.1918	2.1136	2.0483	1.9927	1.9447

n \ m	13	14	15	20	25	30	40	50	100	200	500	∞
1	979.84	982.53	984.87	993.10	998.08	1001.4	1005.6	1008.1	1013.2	1015.7	1017.2	1018.3
2	39.421	39.427	39.431	39.448	39.458	39.465	39.473	39.478	39.488	39.493	39.496	39.498
3	14.304	14.277	14.253	14.167	14.115	14.081	14.037	14.010	13.956	13.929	13.913	13.902
4	8.7150	8.6838	8.6565	8.5599	8.5010	8.4613	8.4111	8.3808	8.3195	8.2885	8.2698	8.2573
5	6.4876	6.4556	6.4277	6.3286	6.2679	6.2269	6.1750	6.1436	6.0800	6.0478	6.0283	6.0153
6	5.3290	5.2968	5.2687	5.1684	5.1069	5.0652	5.0125	4.9804	4.9154	4.8824	4.8625	4.8491
7	4.6285	4.5961	4.5678	4.4667	4.4045	4.3624	4.3089	4.2763	4.2101	4.1764	4.1560	4.1423
8	4.1622	4.1297	4.1012	3.9995	3.9367	3.8940	3.8398	3.8067	3.7393	3.7050	3.6842	3.6702
9	3.8306	3.7980	3.7694	3.6669	3.6035	3.5604	3.5055	3.4719	3.4034	3.3684	3.3471	3.3329
10	3.5832	3.5504	3.5217	3.4185	3.3546	3.3110	3.2554	3.2214	3.1517	3.1161	3.0944	3.0798
11	3.3917	3.3588	3.3299	3.2261	3.1616	3.1176	3.0613	3.0268	2.9561	2.9198	2.8977	2.8828
12	3.2393	3.2062	3.1772	3.0728	3.0077	2.9633	2.9063	2.8714	2.7996	2.7626	2.7401	2.7249
13	3.1150	3.0819	3.0527	2.9477	2.8821	2.8372	2.7797	2.7443	2.6715	2.6339	2.6109	2.5955
14	3.0119	2.9786	2.9493	2.8437	2.7777	2.7324	2.6742	2.6384	2.5646	2.5264	2.5030	2.4872
15	2.9249	2.8915	2.8621	2.7559	2.6894	2.6437	2.5850	2.5488	2.4739	2.4352	2.4114	2.3953
20	2.6369	2.6030	2.5731	2.4645	2.3959	2.3486	2.2873	2.2493	2.1699	2.1284	2.1027	2.0853
25	2.4756	2.4413	2.4110	2.3005	2.2303	2.1816	2.1183	2.0787	1.9955	1.9515	1.9242	1.9055
30	2.3724	2.3378	2.3072	2.1952	2.1237	2.0739	2.0089	1.9681	1.8816	1.8354	1.8065	1.7867
40	2.2481	2.2130	2.1819	2.0677	1.9943	1.9429	1.8752	1.8324	1.7405	1.6906	1.6590	1.6371
50	2.1758	2.1404	2.1090	1.9933	1.9186	1.8659	1.7963	1.7520	1.6558	1.6029	1.5689	1.5452
100	2.0363	2.0001	1.9679	1.8486	1.7705	1.7148	1.6401	1.5917	1.4833	1.4203	1.3781	1.3473
200	1.9688	1.9322	1.8996	1.7780	1.6978	1.6403	1.5621	1.5108	1.3927	1.3204	1.2691	1.2290
500	1.9290	1.8921	1.8592	1.7362	1.6546	1.5957	1.5151	1.4616	1.3356	1.2543	1.1918	1.1365
∞	1.9027	1.8656	1.8326	1.7085	1.6259	1.5660	1.4835	1.4284	1.2956	1.2053	1.1277	1.0000

付表 4-3　F 分布表　上側確率 1% ($\alpha = 0.01$)

$$\alpha = \int_x^\infty f_X(t)dt, \quad X \sim F(m, n)$$

n ＼ m	1	2	3	4	5	6	7	8	9	10	11	12
1	4052.2	4999.5	5403.4	5624.6	5763.6	5859.0	5928.4	5981.1	6022.5	6055.8	6083.3	6106.3
2	98.503	99.000	99.166	99.249	99.299	99.333	99.356	99.374	99.388	99.399	99.408	99.416
3	34.116	30.817	29.457	28.710	28.237	27.911	27.672	27.489	27.345	27.229	27.133	27.052
4	21.198	18.000	16.694	15.977	15.522	15.207	14.976	14.799	14.659	14.546	14.452	14.374
5	16.258	13.274	12.060	11.392	10.967	10.672	10.456	10.289	10.158	10.051	9.9626	9.8883
6	13.745	10.925	9.7795	9.1483	8.7459	8.4661	8.2600	8.1017	7.9761	7.8741	7.7896	7.7183
7	12.246	9.5466	8.4513	7.8466	7.4604	7.1914	6.9928	6.8400	6.7188	6.6201	6.5382	6.4691
8	11.259	8.6491	7.5910	7.0061	6.6318	6.3707	6.1776	6.0289	5.9106	5.8143	5.7343	5.6667
9	10.561	8.0215	6.9919	6.4221	6.0569	5.8018	5.6129	5.4671	5.3511	5.2565	5.1779	5.1114
10	10.044	7.5594	6.5523	5.9943	5.6363	5.3858	5.2001	5.0567	4.9424	4.8491	4.7715	4.7059
11	9.6460	7.2057	6.2167	5.6683	5.3160	5.0692	4.8861	4.7445	4.6315	4.5393	4.4624	4.3974
12	9.3302	6.9266	5.9525	5.4120	5.0643	4.8206	4.6395	4.4994	4.3875	4.2961	4.2198	4.1553
13	9.0738	6.7010	5.7394	5.2053	4.8616	4.6204	4.4410	4.3021	4.1911	4.1003	4.0245	3.9603
14	8.8616	6.5149	5.5639	5.0354	4.6950	4.4558	4.2779	4.1399	4.0297	3.9394	3.8640	3.8001
15	8.6831	6.3589	5.4170	4.8932	4.5556	4.3183	4.1415	4.0045	3.8948	3.8049	3.7299	3.6662
20	8.0960	5.8489	4.9382	4.4307	4.1027	3.8714	3.6987	3.5644	3.4567	3.3682	3.2941	3.2311
25	7.7698	5.5680	4.6755	4.1774	3.8550	3.6272	3.4568	3.3239	3.2172	3.1294	3.0558	2.9931
30	7.5625	5.3903	4.5097	4.0179	3.6990	3.4735	3.3045	3.1726	3.0665	2.9791	2.9057	2.8431
40	7.3141	5.1785	4.3126	3.8283	3.5138	3.2910	3.1238	2.9930	2.8876	2.8005	2.7274	2.6648
50	7.1706	5.0566	4.1993	3.7195	3.4077	3.1864	3.0202	2.8900	2.7850	2.6981	2.6250	2.5625
100	6.8953	4.8239	3.9837	3.5127	3.2059	2.9877	2.8233	2.6943	2.5898	2.5033	2.4302	2.3676
200	6.7633	4.7129	3.8810	3.4143	3.1100	2.8933	2.7298	2.6012	2.4971	2.4106	2.3375	2.2747
500	6.6858	4.6478	3.8210	3.3569	3.0540	2.8381	2.6751	2.5469	2.4429	2.3565	2.2833	2.2204
∞	6.6349	4.6052	3.7816	3.3192	3.0173	2.8020	2.6393	2.5113	2.4073	2.3209	2.2477	2.1847

n ＼ m	13	14	15	20	25	30	40	50	100	200	500	∞
1	6125.9	6142.7	6157.3	6208.7	6239.8	6260.6	6286.8	6302.5	6334.1	6350.0	6359.5	6365.9
2	99.422	99.428	99.433	99.449	99.459	99.466	99.474	99.479	99.489	99.494	99.497	99.499
3	26.983	26.924	26.872	26.690	26.579	26.505	26.411	26.354	26.240	26.183	26.148	26.125
4	14.307	14.249	14.198	14.020	13.911	13.838	13.745	13.690	13.577	13.520	13.486	13.463
5	9.8248	9.7700	9.7222	9.5526	9.4491	9.3793	9.2912	9.2378	9.1299	9.0754	9.0424	9.0204
6	7.6575	7.6049	7.5590	7.3958	7.2960	7.2285	7.1432	7.0915	6.9867	6.9336	6.9015	6.8800
7	6.4100	6.3590	6.3143	6.1554	6.0580	5.9920	5.9084	5.8577	5.7547	5.7024	5.6707	5.6495
8	5.6089	5.5589	5.5151	5.3591	5.2631	5.1981	5.1156	5.0654	4.9633	4.9114	4.8799	4.8588
9	5.0545	5.0052	4.9621	4.8080	4.7130	4.6486	4.5666	4.5167	4.4150	4.3631	4.3317	4.3105
10	4.6496	4.6008	4.5581	4.4054	4.3111	4.2469	4.1653	4.1155	4.0137	3.9617	3.9302	3.9090
11	4.3416	4.2932	4.2509	4.0990	4.0051	3.9411	3.8596	3.8097	3.7077	3.6555	3.6238	3.6024
12	4.0999	4.0518	4.0096	3.8584	3.7647	3.7008	3.6192	3.5692	3.4668	3.4143	3.3823	3.3608
13	3.9052	3.8573	3.8154	3.6646	3.5710	3.5070	3.4253	3.3752	3.2723	3.2194	3.1871	3.1654
14	3.7452	3.6975	3.6557	3.5052	3.4116	3.3476	3.2656	3.2153	3.1118	3.0585	3.0260	3.0040
15	3.6115	3.5639	3.5222	3.3719	3.2782	3.2141	3.1319	3.0814	2.9772	2.9235	2.8906	2.8684
20	3.1769	3.1296	3.0880	2.9377	2.8434	2.7785	2.6947	2.6430	2.5353	2.4792	2.4446	2.4212
25	2.9389	2.8917	2.8502	2.6993	2.6041	2.5383	2.4530	2.3999	2.2888	2.2303	2.1941	2.1694
30	2.7890	2.7418	2.7002	2.5487	2.4526	2.3860	2.2992	2.2450	2.1307	2.0700	2.0321	2.0062
40	2.6107	2.5634	2.5216	2.3689	2.2714	2.2034	2.1142	2.0581	1.9383	1.8737	1.8329	1.8047
50	2.5083	2.4609	2.4190	2.2652	2.1667	2.0976	2.0066	1.9490	1.8248	1.7567	1.7133	1.6831
100	2.3132	2.2654	2.2230	2.0666	1.9652	1.8933	1.7972	1.7353	1.5977	1.5184	1.4656	1.4272
200	2.2201	2.1721	2.1294	1.9713	1.8679	1.7941	1.6945	1.6295	1.4811	1.3912	1.3277	1.2785
500	2.1656	2.1174	2.0746	1.9152	1.8105	1.7353	1.6332	1.5658	1.4084	1.3081	1.2317	1.1644
∞	2.1299	2.0815	2.0385	1.8783	1.7726	1.6964	1.5923	1.5231	1.3581	1.2472	1.1530	1.0000

付表 4-4　F 分布表　上側確率 0.5% ($\alpha = 0.005$)

$$\alpha = \int_x^\infty f_X(t)dt, \quad X \sim F(m, n)$$

n \ m	1	2	3	4	5	6	7	8	9	10	11	12
1	16210.7	19999.5	21614.7	22499.6	23055.8	23437.1	23714.6	23925.4	24091.0	24224.5	24334.4	24426.4
2	198.50	199.00	199.17	199.25	199.30	199.33	199.36	199.37	199.39	199.40	199.41	199.42
3	55.552	49.799	47.467	46.195	45.392	44.838	44.434	44.126	43.882	43.686	43.524	43.387
4	31.333	26.284	24.259	23.155	22.456	21.975	21.622	21.352	21.139	20.967	20.824	20.705
5	22.785	18.314	16.530	15.556	14.940	14.513	14.200	13.961	13.772	13.618	13.491	13.384
6	18.635	14.544	12.917	12.028	11.464	11.073	10.786	10.566	10.391	10.250	10.133	10.034
7	16.236	12.404	10.882	10.050	9.5221	9.1553	8.8854	8.6781	8.5138	8.3803	8.2697	8.1764
8	14.688	11.042	9.5965	8.8051	8.3018	7.9520	7.6941	7.4959	7.3386	7.2106	7.1045	7.0149
9	13.614	10.107	8.7171	7.9559	7.4712	7.1339	6.8849	6.6933	6.5411	6.4172	6.3142	6.2274
10	12.826	9.4270	8.0807	7.3428	6.8724	6.5446	6.3025	6.1159	5.9676	5.8467	5.7462	5.6613
11	12.226	8.9122	7.6004	6.8809	6.4217	6.1016	5.8648	5.6821	5.5368	5.4183	5.3197	5.2363
12	11.754	8.5096	7.2258	6.5211	6.0711	5.7570	5.5245	5.3451	5.2021	5.0855	4.9884	4.9062
13	11.374	8.1865	6.9258	6.2335	5.7910	5.4819	5.2529	5.0761	4.9351	4.8199	4.7240	4.6429
14	11.060	7.9216	6.6804	5.9984	5.5623	5.2574	5.0313	4.8566	4.7173	4.6034	4.5085	4.4281
15	10.798	7.7008	6.4760	5.8029	5.3721	5.0708	4.8473	4.6744	4.5364	4.4235	4.3295	4.2497
20	9.9439	6.9865	5.8177	5.1743	4.7616	4.4721	4.2569	4.0900	3.9564	3.8470	3.7555	3.6779
25	9.4753	6.5982	5.4615	4.8351	4.4327	4.1500	3.9394	3.7758	3.6447	3.5370	3.4470	3.3704
30	9.1797	6.3547	5.2388	4.6234	4.2276	3.9492	3.7416	3.5801	3.4505	3.3440	3.2547	3.1787
40	8.8279	6.0664	4.9758	4.3738	3.9860	3.7129	3.5088	3.3498	3.2220	3.1167	3.0284	2.9531
50	8.6258	5.9016	4.8259	4.2316	3.8486	3.5785	3.3765	3.2189	3.0920	2.9875	2.8997	2.8247
100	8.2406	5.5892	4.5424	3.9634	3.5895	3.3252	3.1271	2.9722	2.8472	2.7440	2.6570	2.5825
200	8.0572	5.4412	4.4084	3.8368	3.4674	3.2059	3.0097	2.8560	2.7319	2.6292	2.5425	2.4683
500	7.9498	5.3549	4.3304	3.7632	3.3963	3.1366	2.9414	2.7885	2.6649	2.5625	2.4760	2.4018
∞	7.8794	5.2983	4.2794	3.7151	3.3499	3.0913	2.8968	2.7444	2.6210	2.5188	2.4324	2.3583

n \ m	13	14	15	20	25	30	40	50	100	200	500	∞
1	24504.5	24571.8	24630.2	24836.0	24960.3	25043.6	25148.2	25211.1	25337.5	25400.9	25439.0	25464.5
2	199.42	199.43	199.43	199.45	199.46	199.47	199.47	199.48	199.49	199.49	199.50	199.50
3	43.271	43.172	43.085	42.778	42.591	42.466	42.308	42.213	42.022	41.925	41.867	41.828
4	20.603	20.515	20.438	20.167	20.002	19.892	19.752	19.667	19.497	19.411	19.359	19.325
5	13.293	13.215	13.146	12.903	12.755	12.656	12.530	12.454	12.300	12.222	12.175	12.144
6	9.9501	9.8774	9.8140	9.5888	9.4511	9.3582	9.2408	9.1697	9.0257	8.9528	8.9088	8.8793
7	8.0967	8.0279	7.9678	7.7540	7.6230	7.5345	7.4224	7.3544	7.2165	7.1466	7.1044	7.0760
8	6.9384	6.8721	6.8143	6.6082	6.4817	6.3961	6.2875	6.2215	6.0875	6.0194	5.9782	5.9506
9	6.1530	6.0887	6.0325	5.8318	5.7084	5.6248	5.5186	5.4539	5.3223	5.2554	5.2148	5.1875
10	5.5887	5.5257	5.4707	5.2740	5.1528	5.0706	4.9659	4.9022	4.7721	4.7058	4.6656	4.6385
11	5.1649	5.1031	5.0489	4.8552	4.7356	4.6543	4.5508	4.4876	4.3585	4.2926	4.2525	4.2255
12	4.8358	4.7748	4.7213	4.5299	4.4115	4.3309	4.2282	4.1653	4.0368	3.9709	3.9309	3.9039
13	4.5733	4.5129	4.4600	4.2703	4.1528	4.0727	3.9704	3.9078	3.7795	3.7136	3.6735	3.6465
14	4.3591	4.2993	4.2468	4.0585	3.9417	3.8619	3.7600	3.6975	3.5692	3.5032	3.4630	3.4359
15	4.1813	4.1219	4.0698	3.8826	3.7662	3.6867	3.5850	3.5225	3.3941	3.3279	3.2875	3.2602
20	3.6111	3.5530	3.5020	3.3178	3.2025	3.1234	3.0215	2.9586	2.8282	2.7603	2.7186	2.6904
25	3.3044	3.2469	3.1963	3.0133	2.8981	2.8187	2.7160	2.6522	2.5191	2.4492	2.4059	2.3765
30	3.1132	3.0560	3.0057	2.8230	2.7076	2.6278	2.5241	2.4594	2.3234	2.2514	2.2066	2.1760
40	2.8880	2.8312	2.7811	2.5984	2.4823	2.4015	2.2958	2.2295	2.0884	2.0125	1.9647	1.9318
50	2.7599	2.7032	2.6531	2.4702	2.3533	2.2717	2.1644	2.0967	1.9512	1.8719	1.8214	1.7863
100	2.5180	2.4614	2.4113	2.2270	2.1080	2.0239	1.9119	1.8400	1.6809	1.5897	1.5291	1.4853
200	2.4038	2.3472	2.2970	2.1116	1.9909	1.9051	1.7897	1.7147	1.5442	1.4416	1.3694	1.3137
500	2.3373	2.2806	2.2304	2.0441	1.9223	1.8352	1.7172	1.6398	1.4598	1.3459	1.2596	1.1840
∞	2.2938	2.2371	2.1868	1.9998	1.8771	1.7891	1.6691	1.5898	1.4017	1.2763	1.1704	1.0000

索　引

欧字

和字

あ行

か行

さ行

た行

な行

は行

ま行

や行

ら行

わ行

著者紹介

松井秀俊　博士（機能数理学）
2009 年　九州大学大学院数理学府博士後期課程修了
現　在　滋賀大学データサイエンス学部 准教授

小泉和之　博士（理学）
2009 年　東京理科大学大学院理学研究科博士後期課程修了
現　在　横浜市立大学データサイエンス学部 准教授

編者紹介

竹村彰通　Ph.D
1982 年　スタンフォード大学統計学部 Ph.D. 修了
東京大学経済学部教授，東京大学大学院情報理工学系研究科教授を経て
現　在　滋賀大学データサイエンス学部 学部長，教授

NDC007　222p　21cm

データサイエンス入門シリーズ
統計モデルと推測

2019 年 11 月 26 日　第 1 刷発行
2020 年 9 月 1 日　第 3 刷発行

著　者　松井秀俊・小泉和之
編　者　竹村彰通
発行者　渡瀬昌彦
発行所　株式会社　講談社
〒 112-8001　東京都文京区音羽 2-12-21
販売　(03)5395-4415
業務　(03)5395-3615

編　集　株式会社　講談社サイエンティフィク
代表　堀越俊一
〒 162-0825　東京都新宿区神楽坂 2-14　ノービィビル
編集　(03)3235-3701
本文データ制作　藤原印刷株式会社
カバー・表紙印刷　豊国印刷株式会社
本文印刷・製本　株式会社　講談社

落丁本・乱丁本は，購入書店名を明記のうえ，講談社業務宛にお送りください．送料小社負担にてお取替えします．なお，この本の内容についてのお問い合わせは，講談社サイエンティフィク宛にお願いいたします．定価はカバーに表示してあります．

Printed in Japan

ISBN 978-4-06-517802-7